"101 计划"核心教材
数学领域

代数学（二）

李方　邓少强　冯荣权　刘东文　编著

中国教育出版传媒集团

高等教育出版社·北京

内容提要

代数学是研究数学基本问题的一门学问，本书相当于高等代数第二学期课程的内容，是此系列五卷本《代数学》的第二卷。本书从线性空间的度量化，即内积空间为开端。作为几何现象代数化的实例，介绍了欧氏空间中的旋转和反射的刻画。作为《代数学（一）》的对角化方法的延伸，以内积空间的线性变换及对角化作为一个主线，系统研究了正规变换（矩阵）的可对角化性和谱分解，包括其子类自伴变换（矩阵）和保距变换，以及对应矩阵的相应刻画。在多元多项式部分，除了通常的基本内容以外，我们强调了与后继课程代数几何的联系及多项式函数的 Jacobi 猜想。作为多重线性函数的特例，来统一考虑双线性函数和二次型，包括它们的简化等。通过对双线性函数在各种条件下的认识，对内积空间的重要推广给予了介绍，加深对几何代数化的认识。最后，我们介绍了交换环上的矩阵理论，并在此基础上完成了对代数闭域上矩阵和线性变换的 Jordan 标准形的刻画。

本书的特点是叙述简洁，深入浅出。书中配备了数量较大的习题，可以加强读者对教材内容的理解。

本书可作为高等院校数学类专业以及对数学要求较高的理工科专业的一年级本科生的高等代数课程教材，也可供高校数学教师作为教学参考书和科研工作者作为专业参考书。

总　序

　　自数学出现以来，世界上不同国家、地区的人们在生产实践中、在思考探索中以不同的节奏推动着数学的不断突破和飞跃，并使之成为一门系统的学科。尤其是进入 21 世纪之后，数学发展的速度、规模、抽象程度及其应用的广泛和深入都远远超过了以往任何时期。数学的发展不仅是在理论知识方面的增加和扩大，更是思维能力的转变和升级，数学深刻地改变了人类认识和改造世界的方式。对于新时代的数学研究和教育工作者而言，有责任将这些知识和能力的发展与革新及时体现到课程和教材改革等工作当中。

　　数学 "101 计划" 核心教材是我国高等教育领域数学教材的大型编写工程。作为教育部基础学科系列 "101 计划" 的一部分，数学 "101 计划" 旨在通过深化课程、教材改革，探索培养具有国际视野的数学拔尖创新人才，教材的编写是其中一项重要工作。教材是学生理解和掌握数学的主要载体，教材质量的高低对数学教育的变革与发展意义重大。优秀的数学教材可以为青年学生打下坚实的数学基础，培养他们的逻辑思维能力和解决问题的能力，激发他们进一步探索数学的兴趣和热情。为此，数学 "101 计划" 工作组统筹协调来自国内 16 所一流高校的师资力量，全面梳理知识点，强化协同创新，陆续编写完成符合数学学科 "教与学" 特点，体现学术前沿，具备中国特色的高质量核心教材。此次核心教材的编写者均为具有丰富教学成果和教材编写经验的数学家，他们当中很多人不仅有国际视野，还在各自的研究领域作出杰出的工作成果。在教材的内容方面，几乎是包括了分析学、代数学、几何学、微分方程、概率论、现代分析、数论基础、代数几何基础、拓扑学、微分几何、应用数学基础、统计学基础等现代数学的全部分支方向。考虑到不同层次的学生需要，编写组对个别教材设置了不同难度的版本。同时，还及时结合现代科技的最新动向，特别组织编写《人工智能的数学基础》等相关教材。

　　数学 "101 计划" 核心教材得以顺利完成离不开所有参与教材编写和审订的专家、学者及编辑人员的辛勤付出，在此深表感谢。希望读者们能通过数学 "101 计划" 核心教材更好地构建扎实的数学知识基础，锻炼数学思维能力，深化对数学的理解，进一步生发出自主学习探究的能力。期盼广大青年学生受益于这套核心教材，有更多的拔尖创新人才脱颖而出！

田 刚

数学 "101 计划" 工作组组长

中国科学院院士

北京大学讲席教授

前　言

——代数学的基本任务和我们的理解

(一)

数学的起源和发展包括三个方面:

(1) 数的起源、发展和抽象化;

(2) 代数方程 (组) 的建立和求解;

(3) 几何空间的认识、代数化和抽象化。

它们是数学的基本问题。代数学是数学的一个分支,是研究和解决包括这三个方面问题在内的数学基本问题的学问。

一个学科 (课程) 的发展有两种逻辑, 即: 历史的逻辑和内在的逻辑 (公理化)。

首先我们来谈谈**历史的逻辑**。顾名思义, 就是学科产生和发展的实际过程。这一过程对后人重新理解学科和课程的产生动机和本质是至关重要的。并且, 历史的逻辑常常也能成为后学者作为个体学习的自然引领, 我们可以把它称为人类认识的 "思维的自相似性"。

自然界和社会中普遍存在 "自相似" 现象。比如: 原子结构与宇宙星系的相似性; 树叶茎脉结构与树的结构的相似性; 人从胚胎到成人与人类进化的相似性, 等等。其实这种现象也是分形几何研究的对象。类似地, 人类个体对事物认识的过程也常常在重复人类社会历史上对该事物的认识过程。当然, 不能把这个说法绝对化, 否则总能找到反例。

从这个观点出发, 我们在学习过程中应该关注数学史上代数学的一些具体内容是怎么产生和发展的, 以此引导自己的理解。比如, 代数最早的研究对象之一就是代数方程和线性方程组。所以从上述观点出发, 后学者学习线性代数就可以从线性方程组或多项式理论出发。为此我们先来体会一下历史上著名的数学著作《九章算术》(成书于公元 1 世纪左右, 总结了战国、秦、汉时期我国的数学发展)中的一个问题:

"今有上禾三秉, 中禾二秉, 下禾一秉, 实三十九斗; 上禾二秉, 中禾三秉, 下禾一秉, 实三十四斗; 上禾一秉, 中禾二秉, 下禾三秉, 实二十六斗。问上、中、下禾实一秉各几何?"

用现代语言, 是说 "现有三个等级的稻禾, 若上等的稻禾三捆、中等的稻禾两捆、下等的稻禾一捆, 则共得稻谷三十九斗; 若上等的稻禾两捆、中等的稻禾三捆、下等的稻禾一捆, 则共得稻谷三十四斗; 若上等的稻禾一捆、中等的稻禾两捆、下等的稻禾三捆, 则共得稻谷二十六斗。问每个等级的稻禾每捆可得稻谷多少斗?"

在《九章算术》中, 这个问题是通过言辞推理的方法求出答案的。

"荅曰: 上禾一秉九斗四分斗之一, 中禾一秉四斗四分斗之一, 下禾一秉二斗四分斗之三。"

相对于现代数学的符号表示法, 言辞推理的表达复杂琐碎, 反映了中国古代数学方法上的局限性。现在我们用 x, y, z 分别表示一捆上、中、下等稻禾可得稻谷的斗数, 则可列出如下关系式:

$$\begin{cases} 3x + 2y + z = 39, \\ 2x + 3y + z = 34, \\ x + 2y + 3z = 26。 \end{cases}$$

然后用《代数学 (一)》中介绍的 Gauss 消元法, 不难得到

$$x = 9\frac{1}{4}, y = 4\frac{1}{4}, z = 2\frac{3}{4}。$$

这和前面 "荅曰" 的结果是一致的。

这是一个典型的线性方程组的实例。从这个问题在《九章算术》中的解题方法可见, 它所用的方法本质上就是 Gauss 消元法。所以在这个知识点上, 我们的方法与历史上的方法是符合 "自相似性" 这个特点的。

(二)

然后我们来谈谈学科的**内在逻辑**, 往往学科越成熟, 内在逻辑越重要。学科一旦成熟, 相对稳定了以后, 其内在逻辑可以从公理化的角度重新思考, 使得学科整体的逻辑更清楚, 更容易理解, 而不需要完全依赖于历史的逻辑。我们认为这方面最好的例子也许是 Bourbaki 学派对数学所做的改造。

基于这一观点, 我们希望对代数学找到一条主线, 以此来贯穿和整体把握代数学的整个理论。就代数学而言 (也许可以包括相当部分的数学领域), 我们认为: 不论当初发展的过程如何, 现在的代数学的整体理解应该抓住**对称性**这一关键概念, 来统领整个学科的方法。

我们认为, 对称性的思想是代数学的核心; 各个代数类的表示的实现与代数结构的分类, 是代数学的两翼。

　　后文中将要介绍的群论, 是刻画对称性的基本工具。但所有代数学的思想和理论, 都在不同层面完成对某些方面的对称性的刻画。比如线性空间、环、域、模 (表示), 乃至进一步的结构, 等等。人类之所以以对称性为美学的基本标准, 就是因为自然规律蕴含的对称性。这也决定了我们学科 (课程) 每个阶段都会面对该阶段对于对称性理解的重要性。

　　人们通常认为对群的认识是 Galois 理论产生后才逐步建立的。但其实对于对称性的认识, 人们在对数和几何空间的认识过程中就已经逐步建立起来了。对这一事实的认识很重要, 因为这说明, 对于对称性思想的认识, 在人类的整个数学乃至科学发展阶段都是起到关键作用的, 而不仅仅是群论建立之后才是这样。

　　在《代数学 (一)》的第 2 章中, 我们将通过数的发展来理解人类对于对称性的认识。对于对称性认识的另一方面, 就是人们最终认识到对几何的研究, 就是对于对称性及它的群的不变量的研究。Klein 在他著名的 Erlangen 纲领中将几何学理解为: 表述空间中图形在一已知变换群之下不变的性质的定义和定理的系统称为几何学。换言之, 几何学就是研究图形在空间的变换群之下不变的性质的学问, 或研究变换群的不变量理论的学问。

　　我们将通过抓住代数学中对称性这一主线, 以前面提到的代数学三大基本问题来引导出整个代数学课程的教学与学习, 从而使我们有能力来回答来自自然界或现实生活中与此相关的实际数学问题。

1. 数的问题: 对数的认识的扩大和抽象化

　　由正整数半群引出整数群、整数环 $\mathbb{Z}$、有理数域 $\mathbb{Q}$、实数域 $\mathbb{R}$ 和复数域 $\mathbb{C}$。以对称性引出交换半群、交换群、交换环 (含单位元)、域的概念, 再以剩余类群、剩余类环、剩余类域为例, 给出特征为素数 p 的一般的环和域的概念。这里 $\mathbb{Z}$ 是离散的, $\mathbb{R}$ 和 $\mathbb{C}$ 是连续的, 而 $\mathbb{Q}$ 是 $\mathbb{R}$ 中的稠密部分。

2. 解方程的问题

　　数学的根本任务之一是解方程。这里说的方程包括微分方程、三角方程、代数方程等。作为代数课程, 一个基本任务就是解决代数方程的问题, 包括: 一元代数方程 (一元多项式方程)、多元线性方程 (组)、多元高次方程组等。与此相关的内容, 就涉及多项式理论、线性方程组理论、二元高次方程组的结式理论等。

3. 对几何空间的代数认识问题

　　对几何空间的认识, 就是人类对自身的认识, 因为人类是生活在几何空间中的。但对几何空间的认识, 只有通过代数的方法才能实现, 这就是由众所周知的 Descartes 坐标系思想引申出来的。由向量空间 $\mathbb{R}^n$ 到一般的线性空间, 就是几何的代数化和抽象化, 也是线性代数的核心内容。

　　上述三个方面, 是《代数学》的基本任务, 也是我们展开《代数学 (一)》和《代数学 (二)》所有内容的出发点, 是带动我们思考的引导性问题。我们将学习的矩阵和行列式, 则是完成这些任务的基本工具。其他所有内容, 都是上述这些方面的交融和发展。

(三)

　　前面我们提到, 对称性的研究是代数学的核心课题, 而群论是描述对称性的最重要的工具。虽然群论的思想在很早就萌芽了, 但是对群的严格公理化定义和研究则起源于 Galois 对一元代数方程的研究。回顾这段历史对于我们学习代数学甚至是数学这门学科都是非常有益的。古巴比伦人知道如何求解一元二次方程, 但是一元三次方程和一元四次方程的求解问题比二次方程要困难得多, 因此直到 16 世纪才找到求根公式, 这得益于 15 世纪前后发展起来的行列式和线性方程组的理论。人们总结二次、三次和四次方程的求根公式发现一个非常有趣的现象, 那就是所有的求根公式都只涉及系数的加、减、乘、除和开方运算, 这样的求根公式被称为根式解公式。按照人们习惯性的思维方式, 次数小于五的一元代数方程的解都是根式解, 自然会猜测五次或更高次的一元代数方程也有根式解公式。事实上, 很多数学家都试图去证明这一点, 或者试图找出这样的根式解公式, 但都没有获得成功。此后 Abel-Ruffini 定理证明了五次及以上的一元代数方程不存在普遍适用的根式解公式 (这一结果先由 Ruffini 发表, 但是证明有漏洞, 最后 Abel 给出了完整的叙述和证明)。这一定理的发表彻底打破了人们寻求高次方程根式解公式的幻想。

　　Abel-Ruffini 定理的结论无疑是重要的。但是一个更重要的问题还是没有解决, 因为很多特征非常突出的高次方程肯定是存在根式解的, 因此寻找一般的一元代数方程存在根式解的充要条件成了摆在数学家面前的核心问题。这一问题最终是由 Galois 解决的。1830 年, 19 岁的 Galois 完成了解决这一问题的论文并投稿到巴黎科学院, 因审查人去世, 论文不知所终。次年, Galois 再次提交了论文, 但被审稿人以论证不够充分为由退稿。1832 年 5 月, Galois 在决斗前夕再次修改了他的论文, 并委托朋友再次向巴黎科学院投稿。

　　由于 Galois 的理论过于超前, 直到他死于决斗后 15 年才发表, 而其中包含的新思想立即引起了众多数学家的极大兴趣。Galois 在他的理论中用到了两种重要的思想。首先是借鉴了 Lagrange 的思想, 将方程的根看成一个集合, 然后考虑根的置换, 这就是最早的群的实例。其次, Galois 将对于四则运算封闭的数集定义为一个域 (数域), 而将解方程的过程看成把新的元素添加到域中的过程, 这里产生的思想就是域的概念和域的扩张理论。Galois 理论的出现吸引了后来的大批数学家系统研究群和域的扩张, 并形成了数学中一个非常重要的分支, 即所谓的抽象代数或近世代数。一般我们将具有运算的非空集合称为一个代数结构。从数学内在的逻辑来看, 群是只有一种运算的代数结构, 因此研究具有两种运算的代数结构是重要的。如果不考虑减法和除法, 域其实是有两种运算的代数结构, 即加法和乘法 (减法是加法的逆运算, 除法是乘法的逆运算)。但是域的条件过于严苛, 因而很多数学中出现的代数结构都不是域, 例如整数集、多项式的集合等。因此人们系统研究了具有两种运算 (一般称为加法和乘法) 且满足一定条件的代数结构, 这就是环的概念。但是我们必须强调, 数学的发展往往与数学内在的逻辑并不一致。环论的发展并不是按照逻辑进行的。虽然历史上第一个使用环这一名称的数学家是 Hilbert, 但是在他之前有很多数学家已经在环的研究中取得很多重要的成果。环论是现代交换代数的主要研究课题之一。历史上在环论的研究中取得重要成就的数学家包括 E. Artin, E. Noether, N. Jacobson 等。这里特别需要提到的是女数学家 Noether, 她不但在环论中做出杰出的贡献, 而且第一次发现了群的表示理论与模之间的联系, 使得模和表示理论的研究产生了极大的飞跃。

群、环、域、模的理论是本系列教材中《代数学 (三)》和《代数学 (四)》的主要内容。我们这里所说的域论包含了 Galois 理论, 也就是关于一元高次方程根式解存在性的完整理论。此外, 为了适应现代代数学的发展趋势, 我们还在《代数学 (四)》中介绍了范畴的基本知识。范畴论是一门致力于揭示数学结构之间联系的数学分支, 是不同的抽象数学结构的进一步抽象, 因此应用极其广泛。此外, 我们还介绍了 Gröbner 基的一些基础知识, 特别是给出了 Hilbert 零点定理的证明。我们认为在大学的抽象代数课程中适当介绍这些内容是有益的。

(四)

回到数学中对于对称性的研究。群论是描述和研究对称性的重要理论, 特别地, 对称产生群, 而群又可以用来描述对称性。利用群来研究对称性的最重要的途径就是群在集合上的作用的理论。当一个群作用到线性空间时, 我们自然会希望群的作用保持线性空间的结构, 这就是群的表示的概念。表示理论经过一个多世纪的发展, 已经成为数学中非常庞大的核心领域之一, 而且已经不再局限于群的表示。另一方面, 有限群的表示作为表示理论的基础, 已经渗透到几乎所有的数学分支中, 而这正是《代数学 (五)》的主要内容。最后, 作为表示理论的一本入门教材, 我们也在《代数学 (五)》中对李群和李代数的表示理论做了简单的介绍。

回顾前面提出的观点: 对称性的思想是代数学的核心; 各个代数类的表示的实现与代数结构的分类, 是代数学的两翼。大体上说,《代数学 (三)》是以研究各代数类的结构为主, 而《代数学 (四)》和《代数学 (五)》分别以研究环上的模和群的表示为核心。所谓研究代数类的结构, 就是研究这类代数的本身, 或者说是研究代数类的内部刻画。而研究代数类特别是群和环类的表示 (模), 以及李代数等非结合代数的表示, 都可以认为是研究它们的外部刻画。Gelfand 曾说："所有的数学就是某类表示论"，席南华在他的著名演讲"表示，随处可见"（见文献《基础代数 (三)》）中认为这就是一种泛表示论的观点，并指出"数学上需要表示的更明确的含义"，这是非常中肯的。但尽管如此，Gelfand 的观点其实也告诉我们表示的重要意义。在数学上来说，表示的意义和"作用"是等价的，也就是一个群或环只有发挥它的"作用"才能体现其用处。这就如同我们去认识一个人，不会限于理解他作为一个实体的"人"的生物性存在，更重要的是去了解他的社会关系，也就是他作为个体对社会整体的作用，这才是他作为一个人存在的价值。所以我们可以理解为什么有些数学家认为"只有表示才是有意义的"，这其实并没有否定代数结构的重要性，它们就是"皮之不存，毛将焉附"的关系。

最后体会一下：我们的《代数学 (一)》和《代数学 (二)》的高等代数内容，就是在"线性关系"或"矩阵关系"下，给各代数类提供让人们尽可能简单地理解一个复杂代数结构的"表示"的可能性。

(五)

上面叙述的就是我们这套教材的主要内容和对它们的理解。需要指出的是，考虑到数学"101 计划"对于教材的高要求，本套教材无论从内容的选取还是习题设计来说都有一定的难度，因此不一定适合所有的高校。但是我们认为，这套教材对于我国高水平高校，包括 985、211、双一流高校或其他数学强校都是适用的。此外，对于一些优秀学生，或者致力于自学数学的人员，本套教材也有很好的参考价值。

但需要特别强调的是，本套教材的部分内容完全可以灵活地作为选学内容，这取决于授课的对象、所在学校对学生在该课程上的要求等。

最后需要指出，人类对于数学的认识，本来就是以问题为引导的，所以我们应在问题引导下来学习、认识新概念和新内容。同时，希望注意下面两点 (供思考)：

(1) 一个结论是否成立，与其所处的环境有关；环境改变，结论也会改变。比如：多项式因式分解与所处域的关系。

(2) 知道怎么证明了，还需思考为什么这么证、关键点在哪里，从而通过比较，为解决其他问题提供思路。

数学的发展是一个整体，代数学更是如此，历史上并不是高等代数理论发展完善了，才开始抽象代数的发展。也就是说，课程内容的分类，不是从历史的逻辑，而是从其内在逻辑和人类对知识的需要来编排和取舍的。因此我们完全有必要重新审视整个代数学内容的安排，以期更合理也更有益于同学们的学习。本套教材并不认为有必要完全打乱现有的体系，而是尝试将抽象代数的部分概念和思想，以自然的状态渗透到高等代数阶段的学习中，并且希望这样做并不增加这一阶段的学习负担，而是更好理解高等代数阶段出现的概念和思想，也降低抽象代数阶段的"抽象性"，自然也为后一阶段的学习打下更好的基础。我们希望读者不再觉得抽象代数是抽象的。当然我们这样做更重要的原因是，希望以理解对称性来贯穿、统领整个代数学的学习，从而更接近代数学的本质。

(六)

就像在内容提要中已经说明的，《代数学 (一)》、《代数学 (二)》的内容主要涉及通常数学类专业高等代数的课程内容。要从容讲授所有内容，建议课时数是每学期 96 课时，也就是每周 6 个课时，两个学期。如果课时数相对较少，可能会觉得内容偏多。另一个可能的顾虑是，从《代数学 (一)》第一章开始为大一新生讲授是否会因抽象概念的引入而影响学生对课程的理解和吸收。对上述问题，可以灵活处理这两卷的内容以适应更多方案的大学一年级的代数课程。我们说明如下：

《代数学 (一)》的第一章的预备知识的一个处理方案是，可以在后面相应内容涉及这一章预备知识之前再补习，这样对新生也可能会更容易面对这一章中部分的相对抽象的概念。当然，先讲完《代数学 (一)》的第一章也是一个可选择的更直接的方案，这取决于教师的决定和学生的具体情况。

《代数学 (一)》的第二章的预备知识，对数学专业的学生，建议在正式内容展开之前学习。其中 2.1 和 2.2 节的内容既可以教师课堂讲授，也可以安排学生自己阅读；但 2.3 节的内容，需要在正式内容展开之前讲授。

对课时不是足够的数学类专业的学生 (比如课时只有每学期 64 的情况)，在用上述方案处理《代数学 (一)》的前两章预备知识的前提下，可根据时间进展对如下内容做部分或完全舍弃：

《代数学 (一)》的 5.1 节 (二)、5.6 节、7.3 节 (二)、8.5 节；

《代数学 (二)》的 1.4 节、2.1、2.2 节、2.3 节 (三、四)、第三章、4.4 节、5.3 节、6.3 节、第七章、9.6 节的 Chevalley 分解的内容。

对于只希望第一学期将本课程作为线性代数课程学习，第二学期不再学代数课程的学生的情况 (这种情况通常是对大类招生中已决定不在数学类专业学习的学生)，可以完全不学《代数学 (一)》的第一、二章除 1.1、1.2、2.2 节以外的所有内容，也不学《代数学 (一)》的第三章、5.1 节 (二)、5.6 节、7.3 节 (二)、8.5 节、第九章以及《代数学 (二)》，并在授课或学习过程中，将涉及群、环、域、代数、模等概念的内容都舍弃，将涉及抽象域或有限域的内容，都替换为数域 (比如有理数域、实数域、复数域) 即可。

上述各类教学方案的讨论，同样适用于自学者根据学习目标来选择不同的学习方案。

作　者

2024 年 7 月

致　谢

　　本书的写作过程得到了很多专家、同行、同事和学生的帮助。首先感谢《代数学》教材编写组的召集人、南开大学副校长白承铭教授对我们的信任、支持和帮助。白承铭教授组织了多次教材编写的研讨会，传达教育部和数学"101 计划"工作组的相关精神，同时给我们在教材内容的选择、写作风格的协调等方面提出了大量指导性的意见。感谢高等教育出版社的领导和相关老师，为《代数学 (一)》《代数学 (二)》的出版提供了大力支持；特别是高旭老师，为本套教材的出版提供了周到细致的服务。感谢本套教材编写组的成员、南开大学常亮副教授和徐彬斌副教授，在教材编写的过程中提出的很多有价值的建议。感谢南开大学陈省身数学研究所的郜东方博士和刘贵来博士，他们为教材的编写做了大量协调性的工作。本教材部分内容特别参考了文献 [16][17]，为此李方感谢合作者黄正达教授、汪国军博士和温道伟博士。感谢浙江大学的陈睿博士、董金雷博士、包雷振博士、施放博士、叶增晓同学和 2023 级本科数学求是班与强基班的同学们，他们对教材初稿的试用、校对、习题的编排、书稿的打印等，提供了具体的帮助，指出了不少问题，提出了不少好的意见和建议，做了很多有益的工作。

　　最后，感谢浙江大学数学科学学院的领导和同事对本教材的写作和试用提供的宝贵支持和帮助，感谢数学界同行多年来的热情帮助和指导。

目 录

第一章

内积空间

正如我们在前言中所说代数学的基本任务之一是几何的代数化和抽象化. 那么具体地如何来实现几何的代数化? 前面已经学习的所有关于线性空间和线性映射/变换的理论, 都是将几何代数化的一部分. 但回想一下, 几何研究中的一些基本几何量, 比如空间中的 "长度" 和 "角度" 等概念, 到目前为止还没有在抽象的线性空间中实现. 这就是从本章开始我们准备着手介绍的内积空间理论.

本章中总假定域 $F = \mathbb{R}$ 或 $\mathbb{C}$, 并考虑 F 上的线性空间.

1.1　定义与性质

记 $\mathbb{R}_{\geqslant 0}$ 为非负实数之集, $\bar{z}$ 表示复数 z 的共轭.

定义 1.1.1　设 V 是域 $F = \mathbb{R}$ 或 $\mathbb{C}$ 上的线性空间. 若二元映射 $(\cdot, \cdot) : V \times V \to F$ 满足如下性质:

(i) (正定性) $(v, v) \in \mathbb{R}_{\geqslant 0}$, $\forall v \in V$ 且 $(v, v) = 0 \Leftrightarrow v = \mathbf{0}$;

(ii) (对称性) $(u, v) = \overline{(v, u)}$, $\forall u, v \in V$;

(iii) (数乘线性性) $(au, v) = a(u, v)$, $\forall u, v \in V$, $a \in F$;

(iv) (加法线性性) $(u + v, w) = (u, w) + (v, w)$, $\forall u, v, w \in V$,

则称 $(\cdot, \cdot)$ 是 V 上的内积, 称 V 是具有内积 $(\cdot, \cdot)$ 的**内积空间**.

当 $F = \mathbb{R}$ 或 $F = \mathbb{C}$ 时, 亦分别称 V 是**欧氏空间**或**酉空间**.

在 (ii) 成立的前提下, (iii) 和 (iv) 分别等价于如下的 (iii') 和 (iv'):

(iii') $(u, av) = \bar{a}(u, v)$, $\forall u, v \in V$, $a \in F$;

(iv') $(w, u + v) = (w, u) + (w, v)$, $\forall u, v, w \in V$.

特别地, 若 V 是欧氏空间, 由于实数的复共轭即为本身, 因此 (ii) 和 (iii') 亦可分别表为

$$(u, v) = (v, u) \quad \text{和} \quad (u, av) = a(u, v), \quad \forall u, v \in V, \ a \in F.$$

一般地, 在同一个 F-线性空间 V 上可以定义不同的内积, 从而形成不同的内积空间.

例 1.1.1　(i) 在列向量空间 $\mathbb{R}^n$ 上定义两个实值二元函数 $(\cdot, \cdot)_1$ 和 $(\cdot, \cdot)_2$ 如下:

$$(x, y)_1 = x^{\mathrm{T}} y, \quad (x, y)_2 = 2 x^{\mathrm{T}} y, \quad \forall x, y \in \mathbb{R}^n.$$

则可以验证 $(\cdot, \cdot)_1 \neq (\cdot, \cdot)_2$, 并且它们均是 $\mathbb{R}^n$ 上的内积, 从而 $\mathbb{R}^n$ 关于 $(\cdot, \cdot)_1$ 和 $(\cdot, \cdot)_2$ 构成了不同的欧氏空间.

显然 $(\cdot, \cdot)_1$ 定义的内积即为线性空间 $\mathbb{R}^n$ 中向量的点积或点乘 (常记为 $x \cdot y$). 此内积通常称为 $\mathbb{R}^n$ 的**标准内积**.

(ii) 列向量空间 $\mathbb{C}^n$ 上的复值二元函数 $(x, y) = x^{\mathrm{T}}\bar{y}$ 是复线性空间 $\mathbb{C}^n$ 的内积, 亦称为**标准内积**.

若无特别说明, 本书中 $F = \mathbb{R}$ 或 $\mathbb{C}$ 上的内积空间 F^n 即指线性空间 F^n 关于标准内积形成的内积空间.

从现在起, 本章中若无特别说明, 内积空间 V 上的内积总记为 $(\cdot, \cdot)$.

例 1.1.2 对实数中有限闭区间 $[a, b]$, 记 $C([a, b])$ 为 $[a, b]$ 上连续函数 $f(x)$ 之集. 则 $C([a, b])$ 关于函数的加法、函数与实数的数乘运算构成一个实线性空间. 定义实值二元函数

$$(f(x), g(x)) = \int_a^b f(t)g(t)\mathrm{d}t, \quad \forall f(x), g(x) \in C([a, b]).$$

则 $(\cdot, \cdot)$ 是 $C([a, b])$ 上的一个内积, 从而使得 $C([a, b])$ 成为一个欧氏空间. 此内积在工程计算中有着重要应用.

可以验证, 若 $(\cdot, \cdot)$ 是 V 上的一个内积, 则

(i) $(au + bv, w) = a(u, w) + b(v, w)$,

(ii) $(w, au + bv) = \bar{a}(w, u) + \bar{b}(w, v)$,

其中 $u, v, w \in V$, $a, b \in F$. 上述等式反映的性质一般称为欧氏空间内积的**双线性性质**和酉空间内积的**半双线性性质**或**酉双线性性质**.

若 W 是内积空间 V 的一个子空间, 则由定义不难看出 W 关于 V 的内积 (即将 V 上内积映射限制到 W 上) 也构成一个内积空间, 即有:

事实 1.1.1 内积空间的子空间关于原内积亦是内积空间.

正如线性空间中任意向量均可通过在一组基下的坐标向量表示, 内积空间中任意两个向量的内积亦可由其坐标向量表示, 即有内积的如下计算方式.

设 $\alpha = \{\alpha_1, \alpha_2, \cdots, \alpha_n\}$ 是 n 维内积空间 V 的一组基. 定义 V 上内积在 α 下的**度量矩阵**为

$$A = ((\alpha_i, \alpha_j))_{n \times n} = \begin{pmatrix} (\alpha_1, \alpha_1) & (\alpha_1, \alpha_2) & \cdots & (\alpha_1, \alpha_n) \\ (\alpha_2, \alpha_1) & (\alpha_2, \alpha_2) & \cdots & (\alpha_2, \alpha_n) \\ \vdots & \vdots & & \vdots \\ (\alpha_n, \alpha_1) & (\alpha_n, \alpha_2) & \cdots & (\alpha_n, \alpha_n) \end{pmatrix}. \tag{1.1}$$

设 $u, v \in V$ 在 α 下的坐标分别为

$$x = \begin{pmatrix} x_1 \\ x_2 \\ \vdots \\ x_n \end{pmatrix}, \qquad y = \begin{pmatrix} y_1 \\ y_2 \\ \vdots \\ y_n \end{pmatrix}.$$

则有如下计算

$$(u,v) = \left(\sum_{i=1}^{n} x_i \alpha_i, \sum_{j=1}^{n} y_j \alpha_j \right) = \sum_{i=1}^{n} x_i \left(\sum_{j=1}^{n} (\alpha_i, \alpha_j) \overline{y_j} \right) = x^{\mathrm{T}} A \bar{y}. \tag{1.2}$$

由内积的对称性易知如下性质.

命题 1.1.1   域 F 上有限维内积空间的内积在一组基下的度量矩阵 A 是一个 **Hermite (埃尔米特) 矩阵**, 即 $\bar{A}^{\mathrm{T}} = A$. 若 $F = \mathbb{R}$, 则欧氏空间内积的度量矩阵是一个实对称矩阵.

注 1.1.1   对 $F = \mathbb{R}$ 或 $\mathbb{C}$ 上的矩阵 $A \in F^{m \times n}$, 记其共轭转置为

$$A^{\mathrm{H}} = \bar{A}^{\mathrm{T}}. \tag{1.3}$$

那么 A 是 Hermite 矩阵即指 $A^{\mathrm{H}} = A$. 显然若 $F = \mathbb{R}$ 则 $A^{\mathrm{H}} = A^{\mathrm{T}}$.

度量矩阵 A 与基相关, 一旦基确定则 A 亦确定. 那么度量矩阵依赖于基的选取, 但是 (u,v) 的值却与基的选取无关. 自然地我们要问, 内积空间上的内积在不同基下的度量矩阵之间有何种联系?

域 F 上两个方阵 A, B 分别称为**合同的**或 **Hermite 合同的**, 若存在 F 上可逆矩阵 M 使得 $B = M^{\mathrm{T}} A M$ 或 $B = M^{\mathrm{T}} A \overline{M}$, 其中 M 称为由 A 到 B 的**合同过渡矩阵**或 **Hermite 合同过渡矩阵**. 由定义易知 F 上方阵的合同和 Hermite 合同分别是等价关系.

注 1.1.2   (i) Hermite 合同适用于 $F = \mathbb{R}$ 或 $\mathbb{C}$, 而合同适用于一般的域. 特别地, 若 $F = \mathbb{R}$, 则 Hermite 合同即为合同.

(ii) 等价地, A 与 B 是 Hermite 合同的当且仅当存在可逆矩阵 M 使得 $B = M^{\mathrm{H}} A M$.

设 $\alpha = \{\alpha_1, \alpha_2, \cdots, \alpha_n\}$ 和 $\beta = \{\beta_1, \beta_2, \cdots, \beta_n\}$ 是内积空间 V 的两组基, 从 α 到 β 的过渡矩阵为 M. 若向量 u, v 在基 α 下的坐标分别为 x, y, 在基 β 下的坐标分别为 x', y', 则

$$x = Mx', \quad y = My'. \tag{1.4}$$

设 V 上内积在基 α 和 β 下的度量矩阵分别为 A 和 B, 则

$$(u,v) = x^{\mathrm{T}} A \bar{y} = x'^{\mathrm{T}} B \overline{y'}. \tag{1.5}$$

由 (1.4) 式和 (1.5) 式得

$$x'^{\mathrm{T}} M^{\mathrm{T}} A \overline{M y'} = x'^{\mathrm{T}} B \overline{y'},$$

从而由 x' 和 y' 的任意性易得

$$B = M^{\mathrm{T}} A \overline{M}, \tag{1.6}$$

从而 A, B 是 Hermite 合同的. 由此得如下结论:

命题 1.1.2　一个有限维内积空间上的内积在两组不同基下的度量矩阵是 Hermite 合同的, 且其 Hermite 合同过渡矩阵即为两组基之间的过渡矩阵.

例 1.1.3　已知 $\alpha_1 = \begin{pmatrix} 1 \\ 1 \\ 0 \\ 0 \end{pmatrix}, \alpha_2 = \begin{pmatrix} 1 \\ 0 \\ 1 \\ 0 \end{pmatrix}, \alpha_3 = \begin{pmatrix} -1 \\ 0 \\ 0 \\ 1 \end{pmatrix}, \alpha_4 = \begin{pmatrix} 1 \\ -1 \\ -1 \\ 1 \end{pmatrix}$ 为欧氏空间

$\mathbb{R}^4$ 的一组基, 向量 $u, v \in \mathbb{R}^4$ 在这组基下的坐标分别为 $\begin{pmatrix} 1 \\ 2 \\ 3 \\ 4 \end{pmatrix}$ 和 $\begin{pmatrix} 2 \\ 0 \\ 1 \\ 0 \end{pmatrix}$.

(i) 求标准内积在此基下的度量矩阵 A;

(ii) 求 (u, v).

解　(i) 由定义

$$A = \begin{pmatrix} (\alpha_1, \alpha_1) & (\alpha_1, \alpha_2) & (\alpha_1, \alpha_3) & (\alpha_1, \alpha_4) \\ (\alpha_2, \alpha_1) & (\alpha_2, \alpha_2) & (\alpha_2, \alpha_3) & (\alpha_2, \alpha_4) \\ (\alpha_3, \alpha_1) & (\alpha_3, \alpha_2) & (\alpha_3, \alpha_3) & (\alpha_3, \alpha_4) \\ (\alpha_4, \alpha_1) & (\alpha_4, \alpha_2) & (\alpha_4, \alpha_3) & (\alpha_4, \alpha_4) \end{pmatrix} = \begin{pmatrix} 2 & 1 & -1 & 0 \\ 1 & 2 & -1 & 0 \\ -1 & -1 & 2 & 0 \\ 0 & 0 & 0 & 4 \end{pmatrix}.$$

(ii) 由 (1.2) 式有

$$(u, v) = \begin{pmatrix} 1 & 2 & 3 & 4 \end{pmatrix} \begin{pmatrix} 2 & 1 & -1 & 0 \\ 1 & 2 & -1 & 0 \\ -1 & -1 & 2 & 0 \\ 0 & 0 & 0 & 4 \end{pmatrix} \begin{pmatrix} 2 \\ 0 \\ 1 \\ 0 \end{pmatrix} = \begin{pmatrix} 1 & 2 & 3 & 16 \end{pmatrix} \begin{pmatrix} 2 \\ 0 \\ 1 \\ 0 \end{pmatrix} = 5.$$

$\square$

作为内积空间几何意义的体现, 我们现在引入空间中向量的长度及夹角的概念.

定义 1.1.2　设 V 是内积空间, $v \in V$. 称 $|v| \stackrel{\text{def}}{=} \sqrt{(v, v)}$ 为 v 的 **长度**.

显然, 由定义可知内积的正性条件保证了向量的长度是合理定义的.

对 $k \in F, v \in V$, 易见有 $|kv| = |k||v|$, 因此对内积空间上的数乘的意义可以理解为: 数乘是对向量长度的一个 "倍乘" 作用.

进一步地, 对于内积与长度的关系我们有如下基本结论:

定理 1.1.1 (Cauchy-Schwarz (柯西–施瓦茨) 不等式) 设 V 是域 F 上的内积空间. 则

$$|(u,v)| \leqslant |u||v|, \quad \forall u,v \in V, \tag{1.7}$$

其中等号成立当且仅当 u,v 线性相关.

证明 若 $v = \mathbf{0}$, 则 (1.7) 式两边均为零. 此时显然 u,v 线性相关.

若 $v \neq \mathbf{0}$, 则对任意 $a \in F$ 有

$$0 \leqslant |u - av|^2 = (u - av, u - av) = (u,u) - \bar{a}(u,v) - a(v,u) + a\bar{a}(v,v). \tag{1.8}$$

令 $a = \dfrac{(u,v)}{(v,v)}$, 则上式右边等于 $(u,u) - \dfrac{|(u,v)|^2}{(v,v)}$, 由此即得

$$|(u,v)|^2 \leqslant (u,u)(v,v), \quad \text{即} \quad |(u,v)| \leqslant |u||v|.$$

若上式中等号成立, 则 (1.8) 式中等号亦成立. 那么 $u = av = \dfrac{(u,v)}{(v,v)}v$, 从而 u,v 线性相关.

反之, 若 u,v 线性相关, 则不妨设 $u = av$, 其中 $a \in F$. 那么

$$|(u,v)| = |a||(v,v)| = |a||v|^2 = |av||v| = |u||v|,$$

即 (1.7) 式中等号成立. $\qquad\square$

对例 1.1.1 (ii) 中的标准内积空间 $\mathbb{C}^n$, 定理 1.1.1 即给出中学阶段已熟知的 Cauchy 不等式

$$|x_1 y_1 + x_2 y_2 + \cdots + x_n y_n|^2 \leqslant (|x_1|^2 + |x_2|^2 + \cdots + |x_n|^2)(|y_1|^2 + |y_2|^2 + \cdots + |y_n|^2),$$

其中 $x_i, y_i \in \mathbb{C}$, $i = 1, 2, \cdots, n$.

对例 1.1.2 中的内积空间 $C([a,b])$, 相应的不等式为

$$\left(\int_a^b f(t)g(t)\mathrm{d}t \right)^2 \leqslant \left(\int_a^b f(t)^2 \mathrm{d}t \right) \left(\int_a^b g(t)^2 \mathrm{d}t \right).$$

根据定理 1.1.1 和区间 $[-1,1]$ 上的反三角函数 arccos, 我们可以定义欧氏空间中向量的夹角如下:

定义 1.1.3 欧氏空间 V 中非零向量 u,v 的**夹角**定义为

$$\angle(u,v) = \arccos \frac{(u,v)}{|u||v|} \in [0, \pi].$$

对任意向量 $u,v \in V$, 若 $(u,v) = 0$, 则称 u,v 在 V 的内积下**正交**或简称为 u,v **正交**, 并记作 $u \perp v$.

此定义中我们要求 V 是欧氏空间, 原因是函数 arccos 定义域为实数区间 $[-1,1]$. 因此酉空间上一般不定义向量的夹角. 但若酉空间 V 中 $(u,v)=0$, 则也称 u,v **正交**并记作 $u \perp v$.

对内积空间 V 中向量 v 和子集 T, 若 v 与 T 中所有向量均正交, 则称 v 与 T 正交并记作 $v \perp T$. 若子集 S 中任意向量均与 T 正交, 则称 S 与 T 正交并记作 $S \perp T$.

例 1.1.4 欧氏空间 $\mathbb{R}^3$ 中的正交即反映了解析几何中向量的垂直关系.

例 1.1.5 可以验证 $C([-\pi,\pi])$ 的子集 $\{1,\sin x,\cos x,\cdots,\sin nx,\cos nx,\cdots\}$ 中元素在例 1.1.2 的内积下两两正交. 此集合称为区间 $[-\pi,\pi]$ 上的一个**正交函数组**, 与所谓的 **Fourier (傅里叶) 级数**有着紧密的联系.

下面的简单性质由正交的定义直接可得

性质 1.1.1 设 V 是一个内积空间, U,W 是 V 的子空间, $v \in V$. 那么

(i) $v \perp v$ 当且仅当 $v = \mathbf{0}$;

(ii) 若 $v \perp U$ 且 $v \in U$, 则 $v = \mathbf{0}$;

(iii) 若 $U \perp W$, 则 $U \cap W = \{\mathbf{0}\}$.

由定义 1.1.1、定义 1.1.3 以及定理 1.1.1, 可以推出域 F 上的内积空间 V 中长度具有如下性质 (请读者自行证明):

(i) $|v| \geqslant 0, \forall v \in V$ 且 $|v| = 0 \Leftrightarrow v = \mathbf{0}$;

(ii) $|av| = |a||v|, \forall a \in F, v \in V$;

(iii) (**三角不等式**) $|u+v| \leqslant |u| + |v|, \forall u,v \in V$;

(iv) (**勾股定理**) 若 $u,v \in V$ 且 $u \perp v$, 则 $|u+v|^2 = |u|^2 + |v|^2$.

(i)—(iv) 说明内积空间中向量长度的概念与三维现实线性空间中通常的长度概念有着相同的性质.

在内积空间中若一个子集中的向量均非零且两两正交, 则称其为**正交向量集**.

定理 1.1.2 内积空间中的正交向量集必为线性无关向量集, 但反之不然.

证明 设 $\{v_i \mid i \in I\}$ 是内积空间 V 的一个正交向量集, 即 $v_i \neq \mathbf{0}, \forall i \in I$ 且 $(v_i,v_j)=0, \forall i,j \in I, i \neq j$. 设有不同指标 $i_1,i_2,\cdots,i_n \in I$ 和元素 $a_1,a_2,\cdots,a_n \in F$ 使得

$$a_1 v_{i_1} + a_2 v_{i_2} + \cdots + a_n v_{i_n} = \mathbf{0}.$$

对 $k=1,2,\cdots,n$, 两边与 v_{i_k} 做内积即得 $a_k(v_{i_k},v_{i_k})=0$, 再由 $v_{i_k} \neq \mathbf{0}$ 得 $a_k=0$. 因此 $\{v_i \mid i \in I\}$ 线性无关.

作为逆命题不成立的例子, $\mathbb{R}^2$ 中向量 $(1,0)$ 和 $(1,1)$ 线性无关但不正交. $\qquad\square$

若内积空间的一个正交向量集中每个向量均是单位向量, 则称其为**标准正交集**.

定理 1.1.3 设 V 是域 F 上的内积空间, $S = \{v_i \mid i \in I\}$ 是 V 的一个正交向量

集, 则对任意 $u \in \operatorname{Span} S$ 有

$$u = \sum_{i \in I} \frac{(u, v_i)}{(v_i, v_i)} v_i,$$

其中至多有有限个 $i \in I$ 使得 $\operatorname{Re}(u, v_i) \neq 0$.

证明 设 $u = \sum_{j \in I} a_j v_j$, 其中 $a_j \in F, j \in F$ 且至多有限个非零. 那么对 $i \in I$ 有

$$(u, v_i) = \left(\sum_{j \in I} a_j v_j, v_i \right) = a_i (v_i, v_i),$$

由 $v_i \neq \mathbf{0}$ 即得 $a_i = \dfrac{(u, v_i)}{(v_i, v_i)}$. $\qquad\square$

推论 1.1.1 若定理 1.1.3 中 S 是标准正交集, 则对任意 $u \in \operatorname{Span} S$ 有 $u = \sum_{i \in I} (u, v_i) v_i$.

习题 1.1

1. 问如下定义的映射是不是一个内积?

(i) $(u, v) = \sqrt{\sum_{i=1}^{n} a_i^2 b_i^2}$;

(ii) $(u, v) = \left(\sum_{i=1}^{n} a_i \right) \left(\sum_{j=1}^{n} b_j \right)$;

(iii) $(u, v) = \sum_{i=1}^{n} k_i a_i b_i \ (k_i > 0, i = 1, 2, \cdots, n)$.

这里 $u = (a_1, a_2, \cdots, a_n)^{\mathrm{T}}$, $v = (b_1, b_2, \cdots, b_n)^{\mathrm{T}}$ 为 $\mathbb{R}^n$ 中的向量.

2. 设 $u = (a_1, a_2)$, $v = (b_1, b_2)$ 为二维实线性空间 $\mathbb{R}^2$ 中的任意两个向量. 问: 如下定义的映射是不是一个内积?

(i) $(u, v) = a_1 b_2 + a_2 b_1$;

(ii) $(u, v) = (a_1 + a_2) b_1 + (a_1 + 2a_2) b_2$;

(iii) $(u, v) = a_1 b_1 + a_2 b_2 + 1$.

3. 在一个内积空间 V 中, 定义向量 u 与 v 的距离为 $d(u, v) = |u - v|$. 证明: 对于 V 中的向量 v_1, v_2, v_3 而言, 有如下不等式:

$$d(v_1, v_3) \leqslant d(v_1, v_2) + d(v_2, v_3).$$

4. 证明: 在一个内积空间 V 中, 对任意向量 u, v, 以下等式成立:

(i) $|u + v|^2 + |u - v|^2 = 2|u|^2 + 2|v|^2$;

(ii) $(u, v) = \dfrac{1}{4} |u + v|^2 - \dfrac{1}{4} |u - v|^2$.

5. 在欧氏空间 $\mathbb{R}^4$ 中, 求其上的内积在基 $\{\alpha_1,\alpha_2,\alpha_3,\alpha_4\}$ 下的度量矩阵, 其中 $\alpha_1 = (1,1,1,1),\ \alpha_2 = (1,1,1,0),\ \alpha_3 = (1,1,0,0),\ \alpha_4 = (1,0,0,0)$.

6. 设 $\mathbb{R}^3$ 关于某内积形成欧氏空间, 已知内积在基 $\alpha_1 = (1,1,1),\ \alpha_2 = (1,1,0),\ \alpha_3 = (1,0,0)$ 下的度量矩阵为 $B = \begin{pmatrix} 2 & 0 & 1 \\ 0 & 1 & -2 \\ 1 & -2 & 3 \end{pmatrix}$. 求内积在基 $\xi_1 = (1,0,0), \xi_2 = (0,1,0),$ $\xi_3 = (0,0,1)$ 下的度量矩阵.

7. 设 V 是 n 维欧氏空间, 取定 $2n$ 个向量 $v_1,v_2,\cdots,v_n,u_1,u_2,\cdots,u_n \in V$. 证明: 若存在非零向量 $v \in V$ 使得 $\sum\limits_{i=1}^{n}(v,v_i)u_i = \mathbf{0}$, 则一定存在非零向量 $u \in V$ 使得 $\sum\limits_{i=1}^{n}(u,u_i)v_i = \mathbf{0}$.

8. 设 $\{\alpha_1,\alpha_2,\cdots,\alpha_n\}$ 是域 F 上内积空间 V 中的向量组 (这里 $F = \mathbb{C}$ 或 $\mathbb{R}$), 其 Gram (格拉姆) 矩阵定义为

$$G(\alpha_1,\alpha_2,\cdots,\alpha_n) = \begin{pmatrix} (\alpha_1,\alpha_1) & (\alpha_1,\alpha_2) & \cdots & (\alpha_1,\alpha_n) \\ (\alpha_2,\alpha_1) & (\alpha_2,\alpha_2) & \cdots & (\alpha_2,\alpha_n) \\ \vdots & \vdots & & \vdots \\ (\alpha_n,\alpha_1) & (\alpha_n,\alpha_2) & \cdots & (\alpha_n,\alpha_n) \end{pmatrix}.$$

(若 $\{\alpha_1,\alpha_2,\cdots,\alpha_n\}$ 是一组基, 则上式定义的 Gram 矩阵就是内积的度量矩阵.) 令

$$R = \left\{ x = \begin{pmatrix} x_1 \\ x_2 \\ \vdots \\ x_n \end{pmatrix} \in F^n \mid x_1\alpha_1 + x_2\alpha_2 + \cdots + x_n\alpha_n = \mathbf{0} \right\}.$$

证明: $x \in R$ 当且仅当 $G(\alpha_1,\alpha_2,\cdots,\alpha_n)\bar{x} = \mathbf{0}$.

9. (i) 设有 n 维欧氏空间 V 中的向量 $v_1,v_2,\cdots,v_{n+1}$, 使得 $(v_i,v_j) < 0$ 对于任意的 $i \neq j$ 均成立. 证明: $v_1,v_2,\cdots,v_{n+1}$ 中任意 n 个向量均构成 V 的一组基;

(ii) 设有 n 维欧氏空间 V 中的 m 个向量 $v_1,v_2,\cdots,v_m$, 使得 $(v_i,v_j) < 0$ 对于任意的 $i \neq j$ 均成立. 证明: $m \leqslant n+1$.

10. 设 n 维内积空间 V 中有 m 维子空间 U 和 W, 以及 U 中非零向量 u 使得 $u \perp W$. 证明: 存在 W 中非零向量 w 使得 $w \perp U$.

1.2　标准正交基和正交补

定义 1.2.1　若内积空间 V 的一组基 $\{\xi_i \mid i \in I\}$ 同时是正交向量集, 则称其为 V 的一组**正交基**. 若此基是标准正交向量集, 则称其为 V 的一组**标准正交基**.

容易验证下面的结论, 请读者自行证明.

命题 1.2.1　n 维内积空间 V 的一组基 $\xi_1, \xi_2, \cdots, \xi_n$ 是 V 的一组正交基 (标准正交基) 的充要条件是 V 上内积在此基下的度量矩阵是对角矩阵 (单位矩阵).

例 1.2.1　对 $F = \mathbb{R}$ 或 $\mathbb{C}$, 标准基 $e_1, e_2, \cdots, e_n$ 是 F^n 的一组标准正交基.

一个基本的问题, 是否任意一个内积空间中都存在 (标准) 正交基? 本节中我们将通过构造性的方法证明任意一个有限维内积空间中都存在 (标准) 正交基.

定理 1.2.1 (Schmidt (施密特) 正交化)　设 $\alpha_1, \alpha_2, \cdots, \alpha_n$ 是 n 维内积空间 V 的一组基. 那么存在 V 的一组正交基 $\eta_1, \eta_2, \cdots, \eta_n$ 使得

$$\text{Span}\{\alpha_1, \alpha_2, \cdots, \alpha_i\} = \text{Span}\{\eta_1, \eta_2, \cdots, \eta_i\}, \quad i = 1, 2, \cdots, n, \tag{1.9}$$

其中 $\eta_1 = \alpha_1$, 并对 $i = 2, \cdots, n$ 有

$$\eta_i = \alpha_i - \frac{(\alpha_i, \eta_1)}{(\eta_1, \eta_1)}\eta_1 - \frac{(\alpha_i, \eta_2)}{(\eta_2, \eta_2)}\eta_2 - \cdots - \frac{(\alpha_i, \eta_{i-1})}{(\eta_{i-1}, \eta_{i-1})}\eta_{i-1}. \tag{1.10}$$

证明　我们通过对 $i = 1, 2, \cdots, n$ 归纳证明 (1.10) 式递推定义的向量组 $\{\eta_1, \eta_2, \cdots, \eta_i\}$ 是正交向量集, 即其中向量非零且两两正交, 并且 (1.9) 式成立. 特别地, 当 $i = n$ 时正交向量集 $\{\eta_1, \eta_2, \cdots, \eta_n\}$ 即为 V 的一组正交基.

当 $i = 1$ 时 $\eta_1 = \alpha_1$ 非零, 结论显然. 假设结论对 $i-1$ 成立, 并由 (1.10) 式定义 η_i. 下面证明结论对 i 成立. 由 (1.10) 式不难看出

$$\alpha_1, \alpha_2, \cdots, \alpha_i \in \text{Span}\{\eta_1, \eta_2, \cdots, \eta_i\}.$$

由 $\alpha_1, \alpha_2, \cdots, \alpha_i$ 线性无关即知 (1.9) 式成立且 $\eta_1, \eta_2, \cdots, \eta_i$ 线性无关. 特别地 $\eta_i \neq \mathbf{0}$. 那么只需再证明对 $j = 1, 2, \cdots, i-1$ 有 η_i 与 η_j 正交. 由归纳假设 $\eta_1, \eta_2, \cdots, \eta_{i-1}$ 两两正交, 因此 (1.10) 式两边与 η_j 做内积即得

$$(\eta_i, \eta_j) = (\alpha_i, \eta_j) - \frac{(\alpha_i, \eta_j)}{(\eta_j, \eta_j)}(\eta_j, \eta_j) = 0.$$

由归纳法结论证毕. □

由定理 1.2.1, 有限维内积空间 V 总存在正交基.

注 1.2.1 要构造 n 维内积空间的一组标准正交基 $\xi_1, \xi_2, \cdots, \xi_n$, 有两种等价的方式.

(i) 先完成上述 Schmidt 正交化过程获得一组正交基 $\eta_1, \eta_2, \cdots, \eta_n$, 然后对每个基向量单位化即得一组标准正交基 $\xi_1 = \dfrac{\eta_1}{|\eta_1|}, \cdots, \xi_n = \dfrac{\eta_n}{|\eta_n|}$;

(ii) 令 $\eta_1 = \alpha_1, \xi_1 = \dfrac{\eta_1}{|\eta_1|}$, 并对 $i = 2, \cdots, n$ 归纳地定义

$$\eta_i = \alpha_i - (\alpha_i, \xi_1)\xi_1 - (\alpha_i, \xi_2)\xi_2 - \cdots - (\alpha_i, \xi_{i-1})\xi_{i-1}, \quad \xi_i = \frac{\eta_i}{|\eta_i|}.$$

注 1.2.2 当内积空间 V 是可数无限维时, 对其一组基 $\alpha_1, \alpha_2, \cdots$ 同样可用上面的 Schmidt 正交化过程构造 (标准) 正交基.

例 1.2.2 已知 $\alpha_1 = \begin{pmatrix} 1 \\ 2 \\ -1 \end{pmatrix}, \alpha_2 = \begin{pmatrix} -1 \\ 3 \\ 1 \end{pmatrix}, \alpha_3 = \begin{pmatrix} 4 \\ -1 \\ 0 \end{pmatrix}$ 是 $\mathbb{R}^3$ 的一组基. 求 $\mathbb{R}^3$ 的一组标准正交基 ξ_1, ξ_2, ξ_3 使得 $\mathrm{Span}\{\alpha_1\} = \mathrm{Span}\{\xi_1\}, \mathrm{Span}\{\alpha_1, \alpha_2\} = \mathrm{Span}\{\xi_1, \xi_2\}$.

解 作 Schmidt 正交化

$$\eta_1 = \alpha_1, \quad \eta_2 = \alpha_2 - \frac{(\alpha_2, \eta_1)}{(\eta_1, \eta_1)}\eta_1 = \begin{pmatrix} -1 \\ 3 \\ 1 \end{pmatrix} - \frac{4}{6}\begin{pmatrix} 1 \\ 2 \\ -1 \end{pmatrix} = \frac{5}{3}\begin{pmatrix} -1 \\ 1 \\ 1 \end{pmatrix},$$

$$\eta_3 = \alpha_3 - \frac{(\alpha_3, \eta_1)}{(\eta_1, \eta_1)}\eta_1 - \frac{(\alpha_3, \eta_2)}{(\eta_2, \eta_2)}\eta_2 = \begin{pmatrix} 4 \\ -1 \\ 0 \end{pmatrix} - \frac{1}{3}\begin{pmatrix} 1 \\ 2 \\ -1 \end{pmatrix} + \frac{5}{3}\begin{pmatrix} -1 \\ 1 \\ 1 \end{pmatrix} = 2\begin{pmatrix} 1 \\ 0 \\ 1 \end{pmatrix}.$$

再将 η_1, η_2, η_3 单位化即得符合要求的一组标准正交基

$$\xi_1 = \frac{\eta_1}{|\eta_1|} = \frac{1}{\sqrt{6}}\begin{pmatrix} 1 \\ 2 \\ -1 \end{pmatrix}, \quad \xi_2 = \frac{\eta_2}{|\eta_2|} = \frac{1}{\sqrt{3}}\begin{pmatrix} -1 \\ 1 \\ 1 \end{pmatrix}, \quad \xi_3 = \frac{\eta_3}{|\eta_3|} = \frac{1}{\sqrt{2}}\begin{pmatrix} 1 \\ 0 \\ 1 \end{pmatrix}.$$

$\square$

设 $\xi = \{\xi_1, \xi_2, \cdots, \xi_n\}$ 和 $\eta = \{\eta_1, \eta_2, \cdots, \eta_n\}$ 是内积空间 V 的两组标准正交基, $A = (a_{ij})_{n \times n}$ 是从基 ξ 到基 η 的过渡矩阵. 那么

$$\eta_i = \sum_{k=1}^{n} a_{ki}\xi_k, \quad i = 1, 2, \cdots, n.$$

于是有

$$\delta_{ij} = (\eta_i, \eta_j) = \left(\sum_{k=1}^{n} a_{ki}\xi_k, \sum_{l=1}^{n} a_{lj}\xi_l \right) = \sum_{k=1}^{n}\sum_{l=1}^{n} a_{ki}\overline{a_{lj}}(\xi_k, \xi_l)$$

$$= \sum_{k=1}^{n}\sum_{l=1}^{n} a_{ki}\overline{a_{lj}}\delta_{kl} = \sum_{k=1}^{n} a_{ki}\overline{a_{kj}}.$$

这表明 $A^{\mathrm{T}}\bar{A} = I_n$, 也等价于 $A^{\mathrm{H}}A = I_n$, 其中按 (1.3) 式 $A^{\mathrm{H}} = \bar{A}^{\mathrm{T}}$ 表示 A 的共轭转置. 那么 A 可逆且

$$A^{-1} = A^{\mathrm{H}}.$$

由此我们引入如下定义:

定义 1.2.2   设 A 是域 $F = \mathbb{R}$ 或 $\mathbb{C}$ 上的 n 阶方阵. 若 $AA^{\mathrm{H}} = I_n$, 即 $A^{-1} = A^{\mathrm{H}}$, 则称 A 是一个 n 阶**正交矩阵**或 n 阶**酉矩阵**. 特别地, 正交矩阵 A 是酉矩阵, 且 $A^{-1} = A^{\mathrm{T}}$.

由定义容易验证如下事实:

事实 1.2.1   (i) 酉矩阵 (正交矩阵) 的乘积、转置、共轭、逆矩阵仍为酉矩阵 (正交矩阵);

(ii) 酉矩阵的行列式模为 1, 特别地, 正交矩阵的行列式总是 ± 1.

定理 1.2.2   设 V 是 $F = \mathbb{R}$ 或 $\mathbb{C}$ 上的 n 维内积空间. 那么

(i) 对 V 的两组基 $\xi = \{\xi_1, \xi_2, \cdots, \xi_n\}$, $\eta = \{\eta_1, \eta_2, \cdots, \eta_n\}$ 以及从 ξ 到 η 的过渡矩阵 A, 下面三个陈述中任意两个成立蕴涵余下的一个也成立:

(1) ξ 是标准正交基;

(2) η 是标准正交基;

(3) A 是酉矩阵.

(ii) $A \in F^{n \times n}$ 是酉矩阵当且仅当它是 F^n 中某两组标准正交基间的过渡矩阵.

(iii) $A \in F^{n \times n}$ 是酉矩阵当且仅当 A 的列 (行) 向量组是 F^n 上的一组标准正交基.

证明   (i) 下面的证明中我们使用命题 1.2.1 的结论.

(1) + (2) $\Rightarrow$ (3). V 上内积在 ξ 和 η 下的度量矩阵均为 I_n, 因此由 (1.6) 式得 $I_n = A^{\mathrm{T}} I_n \bar{A}$, 从而 A 是酉矩阵.

(1)+(3) $\Rightarrow$ (2). V 上内积在 ξ 下的度量矩阵为 I_n. 再由 (1.6) 式得 V 上内积在 η 下的度量矩阵为 $A^{\mathrm{T}} I_n \bar{A} = I_n$, 因此 ξ 亦是标准正交基.

(1)+(2) $\Rightarrow$ (3). η 到 ξ 的过渡矩阵 A^{-1} 亦是酉矩阵, 那么同上即得.

(ii) **充分性**. 由 (i) 中 (1) + (2) $\Rightarrow$ (3) 即得.

必要性. 设 A 是酉矩阵. 那么 A 的列向量 $\alpha_1, \alpha_2, \cdots, \alpha_n$ 构成 F^n 的一组基, 且标准正交基 $\{e_1, e_2, \cdots, e_n\}$ 到 $\{\alpha_1, \alpha_2, \cdots, \alpha_n\}$ 的过渡矩阵即为 A. 由 (i) 中 (1)+(3) $\Rightarrow$ (2) 即知 $\{\alpha_1, \alpha_2, \cdots, \alpha_n\}$ 是标准正交基.

(iii) 由上述讨论以及 (1.6) 式, F^n 上内积在 A 的列向量 $\alpha_1, \alpha_2, \cdots, \alpha_n$ 下的度量矩阵为 $A^{\mathrm{T}} I_n \bar{A}$. 因此 $\{\alpha_1, \alpha_2, \cdots, \alpha_n\}$ 是标准正交基当且仅当 $A^{\mathrm{T}} \bar{A} = I_n$, 当且仅当 A 是酉矩阵.

对 A 的行向量同理可证. □

命题 1.2.2 设 V 是 n 维内积空间, $\xi = \{\xi_1, \xi_2, \cdots, \xi_n\}$ 是 V 的一组标准正交基. 那么 V 上线性变换 φ 在 ξ 下的矩阵为 $A = (a_{ij})_{n \times n}$, 其中 $a_{ij} = (\varphi(\xi_j), \xi_i)$, $i, j = 1, 2, \cdots, n$.

证明 由定理 1.1.3, $\varphi(\xi_j) = \sum\limits_{i=1}^{n} (\varphi(\xi_j), \xi_i) \xi_i$. 由定义 $(a_{1j}, a_{2j}, \cdots, a_{nj})^{\mathrm{T}}$ 是 $\varphi(\xi_j)$ 在 ξ 下的坐标, 因此结论成立. □

在本节最后, 我们讨论内积空间中特殊类型的子空间直和——**正交和**.

定义 1.2.3 设 V 是内积空间.

(i) 若 $V_1, V_2, \cdots, V_k$ 是 V 的 k 个子空间且两两正交, 则称其和空间 $V_1 + V_2 + \cdots + V_k$ 为**正交和**;

(ii) 若 V 有子空间 W, U 满足 $V = W + U$ 是正交和, 则称 W 与 U 互为**正交补**.

由性质 1.1.1 (iii) 知, 两个子空间的正交和必为直和. 进一步对有限个子空间的情形同样有:

定理 1.2.3 若内积空间 V 中的子空间 $V_1, V_2, \cdots, V_k$ 两两正交, 则正交和 $V_1 + V_2 + \cdots + V_k$ 必是直和, 但反之不然.

证明 由假设可知对 $i = 1, 2, \cdots, k$ 有 $V_i \perp \left(\sum\limits_{j \neq i} V_j \right)$, 那么由性质 1.1.1 (iii) 有

$$V_i \cap \left(\sum_{j \neq i} V_j \right) = \mathbf{0}.$$

根据定义 $V_1 + V_2 + \cdots + V_k$ 是直和.

作为逆命题不成立的例子, 直和 $\mathbb{R}^2 = \mathrm{Span}\{(1, 0)\} + \mathrm{Span}\{(1, 1)\}$ 不是正交和. □

特别地, 正交补必为直和补, 但反之不然. 由直和理论已经知道, 直和补必然存在但一般不唯一. 但更强条件下的正交补存在且唯一, 即有:

定理 1.2.4 有限维内积空间 V 的每个子空间 W 存在唯一的正交补 U.

证明 先证明存在性. 令

$$U = \{u \in V \mid (u, w) = 0, \forall w \in W\}.$$

易验证 U 是 V 的子空间, 且显然 $W \perp U$. 取 U 的一组正交基 $\alpha_1, \alpha_2, \cdots, \alpha_m$ 并扩充为 V 的一组基 $\alpha_1, \cdots, \alpha_m, \alpha_{m+1}, \cdots, \alpha_n$. 容易看出 Schmidt 正交化可将其变为一组

正交基

$$\eta_1 = \alpha_1, \ \eta_2 = \alpha_2, \ \cdots, \ \eta_m = \alpha_m, \ \eta_{m+1}, \eta_{m+2}, \ \cdots, \ \eta_n.$$

由于 $\eta_{m+1}, \cdots, \eta_n \in U$, 因此有 $V = W + U$, 从而 U 是 W 的正交补.

再证明唯一性. 若 $V = W + U'$ 是正交和, 则由定义显然有 $U' \subseteq U$. 由于 $W + U$ 和 $W + U'$ 均为直和, 我们有

$$\dim U = \dim V - \dim W = \dim U',$$

因此 $U = U'$. $\square$

由定理 1.2.4 及其证明, 我们可将有限维内积空间 V 的子空间 W 唯一的正交补记为

$$W^\perp = \{u \in V \mid (u, w) = 0, \forall w \in W\}. \tag{1.11}$$

从而 $V = W \oplus W^\perp$. 特别地,

$$\dim W + \dim W^\perp = \dim V,$$

即任意子空间与其正交补的维数之和恰为整个空间的维数.

此时任意 $v \in V$ 都可唯一地分解为 $v = w + u$, 其中 $w \in W$, $u \in W^\perp$, 即 $(w, u) = 0$. 我们称 w 为向量 v 在子空间 W 上的**内射影**或**投影**. 此定义来源于几何, 比如我们有下面的例子:

设 $V = \mathbb{R}^3$, 子空间 W 为平面 xOy, 则 $W^\perp$ 就是 z 轴. 任意向量 $v = (a, b, c) \in \mathbb{R}^3$ 有分解 $v = w + u$, 其中 $w = (a, b, 0) \in W$, $u = (0, 0, c) \in W^\perp$. 那么 v 在 W 上的投影 w 即为从原点到由 v 的顶端对 xOy 平面作垂线所得垂足的向量 (参见图 1.1).

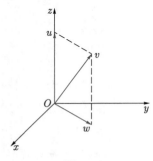

图 1.1

例 1.2.3   设有 $\mathbb{R}^3$ 的基 $\alpha_1 = (1, 1, 0)$, $\alpha_2 = (1, 0, 0)$, $\alpha_3 = (0, 0, 1)$ 和向量 $v = (1, 2, 3)$. 令 $W = \text{Span}\{\alpha_1, \alpha_2\}$. 那么 $W^\perp = \text{Span}\{\alpha_3\}$. 易知 $v = 2\alpha_1 - \alpha_2 + 3\alpha_3$, 而 $2\alpha_1 - \alpha_2 \in W$, $3\alpha_3 \in W^\perp$, 因此 v 在 W 上的投影为 $2\alpha_1 - \alpha_2$.

读者可尝试对无限维内积空间 V 的有限维子空间 W 证明定理 1.2.4.

习题 1.2

1. 设 A, B 是 n 阶实对称矩阵, 定义 $(A, B) = \operatorname{tr}(AB)$.

(i) 证明: 所有 n 阶实对称矩阵所组成的线性空间 V 关于内积 $(\cdot\,,\cdot)$ 成为一个欧氏空间;

(ii) 求 V 的维数;

(iii) 求使得 $\operatorname{tr}(A) = 0$ 的所有 A 构成的子空间 W 的维数;

(iv) 求 $W^\perp$ 的一个基.

2. 证明: 次数小于 4 的所有一元多项式以 $(f, g) = \displaystyle\int_0^1 f(x)g(x)\mathrm{d}x$ 为内积构成欧氏空间 $\mathbb{R}[x]_4$. 令 V 是常数多项式组成的子空间. 求 $V^\perp$ 以及它的一个基.

3. 设 V 是一个内积空间.

(i) 设向量 $u, v \in V$ 等长, 证明: $u + v$ 与 $u - v$ 正交;

(ii) 令 V 是有限维的, 设 W 是 V 的子空间, 证明: $\dim W + \dim W^\perp = n$, $(W^\perp)^\perp = W$;

(iii) 一般地, $(W^\perp)^\perp \supseteq W$. 举例使得 $(W^\perp)^\perp \supsetneqq W$.

4. 设 W_1, W_2 是有限维欧氏空间 V 的两个子空间. 证明:

(i) $(W_1 + W_2)^\perp = W_1^\perp \cap W_2^\perp$;

(ii) $(W_1 \cap W_2)^\perp = W_1^\perp + W_2^\perp$.

5. 在欧氏空间 $\mathbb{R}^4$ 中求一单位向量 v, 使其与 $(1, 1, -1, 1)$, $(1, -1, -1, 1)$, $(2, 1, 1, 3)$ 正交.

6. (i) 设 ξ_1, ξ_2, ξ_3 是三维欧氏空间中一组标准正交基, 证明: $\alpha_1 = \dfrac{1}{3}(2\xi_1 + 2\xi_2 - \xi_3)$, $\alpha_2 = \dfrac{1}{3}(2\xi_1 - \xi_2 + 2\xi_3)$, $\alpha_3 = \dfrac{1}{3}(\xi_1 - 2\xi_2 - 2\xi_3)$ 也是一组标准正交基;

(ii) 设 $\xi_1, \xi_2, \xi_3, \xi_4, \xi_5$ 是五维欧氏空间 V 中一组标准正交基. 令 $V_1 = \operatorname{Span}\{\alpha_1, \alpha_2, \alpha_3\}$, 其中 $\alpha_1 = \xi_1 + \xi_5$, $\alpha_2 = \xi_1 - \xi_2 + \xi_4$, $\alpha_3 = 2\xi_1 + \xi_2 + \xi_3$. 求 V_1 的一个标准正交基.

7. 下列矩阵是不是正交矩阵? 说明理由:

(i) $\begin{pmatrix} \dfrac{\sqrt{3}}{2} & -\dfrac{1}{2} \\[2mm] \dfrac{1}{2} & \dfrac{\sqrt{3}}{2} \end{pmatrix}$;
(ii) $\begin{pmatrix} \dfrac{\sqrt{2}}{2} & \dfrac{\sqrt{2}}{6} & \dfrac{\sqrt{2}}{3} \\[2mm] 0 & -\dfrac{2\sqrt{2}}{3} & \dfrac{\sqrt{1}}{3} \\[2mm] -\dfrac{\sqrt{2}}{2} & \dfrac{\sqrt{2}}{6} & \dfrac{2}{3} \end{pmatrix}$.

8. 设 α 为 n 维欧氏空间 $\mathbb{R}^n$ 中的单位向量. 证明: 存在 n 阶正交矩阵 A, 使得 α 为 A 的第一列 (或第一行).

9. 设 v 为 n 维实列向量, 满足 $v^{\mathrm{T}}v = 1$. 令 $A = I_n - 2vv^{\mathrm{T}}$, 证明 A 是对称的正交

矩阵.

10. 设 $\alpha_1, \alpha_2, \cdots, \alpha_n$ 是内积空间 V 的一组基. 证明:

(i) 若 $v \in V$ 满足 $(v, \alpha_i) = 0$, $i = 1, 2, \cdots, n$, 则 $v = \mathbf{0}$;

(ii) 若 $v_1, v_2 \in V$ 满足 $(v_1, w) = (v_2, w)$, $\forall w \in V$, 则 $v_1 = v_2$.

11. 设 $\alpha_1, \alpha_2, \cdots, \alpha_m$ 是 n 维欧氏空间 V 中一组向量. 称其 Gram 矩阵的行列式

$$|G(\alpha_1, \alpha_2, \cdots, \alpha_m)| = \begin{vmatrix} (\alpha_1, \alpha_1) & (\alpha_1, \alpha_2) & \cdots & (\alpha_1, \alpha_m) \\ (\alpha_2, \alpha_1) & (\alpha_2, \alpha_2) & \cdots & (\alpha_2, \alpha_m) \\ \vdots & \vdots & & \vdots \\ (\alpha_m, \alpha_1) & (\alpha_m, \alpha_2) & \cdots & (\alpha_m, \alpha_m) \end{vmatrix}$$

为 Gram 行列式. 证明: $\alpha_1, \alpha_2, \cdots, \alpha_m$ 线性相关当且仅当 $|G(\alpha_1, \alpha_2, \cdots, \alpha_m)| = 0$.

12. 给定欧氏空间 $\mathbb{R}^4$ 的向量组 $\alpha_1 = (1, 0, 1, 0)^{\mathrm{T}}$, $\alpha_2 = (0, 1, 2, 1)^{\mathrm{T}}$, $\alpha_3 = (-2, 1, 0, 1)^{\mathrm{T}}$.

(i) 求出 $\mathrm{Span}\{\alpha_1, \alpha_2, \alpha_3\}$ 的一组标准正交基;

(ii) 将 (i) 中所得标准正交基扩充成 $\mathbb{R}^4$ 的一组标准正交基.

13. 设 A, B 是两个 n 阶正交矩阵, 且 $|AB| = -1$. 证明:

(i) $|A^{\mathrm{T}}B| = |AB^{\mathrm{T}}| = |A^{\mathrm{T}}B^{\mathrm{T}}| = -1$;

(ii) $|A + B| = 0$.

14. 证明: 在 n 维欧氏空间 V 中, 两两成钝角的非零向量不多于 $n+1$ 个.

15. 设 $\alpha_1, \alpha_2, \cdots, \alpha_n$ 是 n 维欧氏空间 V 中的一组基, 试证明这组基为 V 的一组标准正交基的充要条件为: 对于 V 中任意两个向量 α, β, 若

$$\alpha = x_1\alpha_1 + x_2\alpha_2 + \cdots + x_n\alpha_n, \quad \beta = y_1\alpha_1 + y_2\alpha_2 + \cdots + y_n\alpha_n,$$

则必有 $(\alpha, \beta) = x_1y_1 + x_2y_2 + \cdots + x_ny_n$.

16. 设 v, w 是 n 维内积空间 V 中两个不同的向量, 且 $|v| = |w| = 1$. 证明: $(v, w) \neq 1$.

17. 设 A 为 n 阶实矩阵, 证明: A 可以分解成

$$A = QR,$$

其中 Q 为正交矩阵, R 是一个对角线上全为非负实数的上三角形矩阵. 当 A 为 n 阶非奇异实矩阵时, R 的对角线上的元素恒正且这种分解是唯一的.

1.3 正交映射与酉映射

与一般线性空间相比, 内积空间具有更丰富的结构. 设 V 和 W 是域 F 上的内积空间, $\varphi : V \to W$ 是线性映射. 我们希望考虑具有特殊性质的 φ, 使其能够反映 V 与 W 内积结构的联系.

定义 1.3.1 设 V 和 W 是 $F = \mathbb{R}$ 或 $\mathbb{C}$ 上的内积空间. 若线性映射 $\varphi : V \to W$ 保持内积不变, 即

$$(\varphi(u), \varphi(v)) = (u, v), \quad \forall u, v \in V,$$

则称 φ 是 V 到 W 的**正交映射**或**酉映射**.

此定义的条件称为**保内积性**, 由此条件我们直接得到:

事实 1.3.1 正交映射 (酉映射) 的复合仍是正交映射 (酉映射).

正交映射和酉映射的意义可以通过以下几个方面刻画:

定理 1.3.1 设 φ 是 $F = \mathbb{R}$ 或 $\mathbb{C}$ 上内积空间 V 到 W 的线性映射. 那么下面的条件等价:

(i) (**保内积**) φ 是正交映射或酉映射;

(ii) (**保长度**) φ 保持向量长度不变, 即 $|\varphi(v)| = |v|, \forall v \in V$;

(iii) (**保标准正交集**) 若 $\{v_i \mid i \in I\}$ 是 V 的标准正交集, 则 $\{\varphi(v_i) \mid i \in I\}$ 是 W 的标准正交集.

证明 (i) $\Leftrightarrow$ (ii). 若 φ 保内积, 则对任意 $v \in V$ 有 $(\varphi(v), \varphi(v)) = (v, v)$, 从而 $|\varphi(v)| = |v|$.

反之, 若 φ 保长度, 则对任意 $u, v \in V$ 有

$$\begin{aligned}
2\operatorname{Re}(\varphi(u), \varphi(v)) &= (\varphi(u), \varphi(v)) + (\varphi(v), \varphi(u)) \\
&= |\varphi(u+v)|^2 - |\varphi(u)|^2 - |\varphi(v)|^2 \\
&= |u+v|^2 - |u|^2 - |v|^2 \\
&= (u, v) + (v, u) = 2\operatorname{Re}(u, v).
\end{aligned}$$

若 $F = \mathbb{R}$, 则由上式即得 $(\varphi(u), \varphi(v)) = (u, v)$. 若 $F = \mathbb{C}$, 则由任意性以 iv 代替 v 易得

$$\operatorname{Im}(\varphi(u) \ \varphi(v)) = \operatorname{Re}(-i(\varphi(u), \varphi(v))) = \operatorname{Re}(\varphi(u), \varphi(iv)) = \operatorname{Re}(u, iv) = \operatorname{Im}(u, v),$$

因此有 $(\varphi(u), \varphi(v)) = (u, v)$.

由于保内积显然蕴涵保正交性, (i) + (ii) $\Rightarrow$ (iii) 是显然的.

(iii) ⇒ (ii) 亦显然. 任意 $v \in V$ 均可表示为 $v = au$, 其中 $u \in V$ 是单位向量. $a \in F$. 那么

$$|\varphi(v)| = |\varphi(au)| = |a\varphi(u)| = |a||\varphi(u)| = |a||u| = |au| = |v|. \qquad \square$$

注 1.3.1　注意到对线性映射 φ, 上述定理中条件 (ii) 也等价于

$$d(\varphi(u), \varphi(v)) = |\varphi(u) - \varphi(v)| = |u - v| = d(u, v), \quad \forall u, v \in V,$$

即 φ 保持向量之间的距离. 因此正交映射和酉映射亦统称为**保距线性映射**.

推论 1.3.1　内积空间 V 到 W 的保距线性映射 φ 必为单射.

证明　对 $v \in \operatorname{Ker}\varphi$ 有 $|v| = |\varphi(v)| = |\mathbf{0}| = 0$, 因此 $v = \mathbf{0}$, 即 $\operatorname{Ker}\varphi = \{\mathbf{0}\}$, 从而 φ 是单射. $\qquad \square$

推论 1.3.2　欧氏空间 V 到 W 的保距线性映射 φ 保持非零向量的夹角, 即对任意非零向量 $u, v \in V$ 有 $\angle(\varphi(u), \varphi(v)) = \angle(u, v)$.

证明　由推论 1.3.1, $\varphi(u), \varphi(v)$ 非零, 因此

$$\angle(\varphi(u), \varphi(v)) = \arccos \frac{(\varphi(u), \varphi(v))}{|\varphi(u)||\varphi(v)|} = \arccos \frac{(u, v)}{|u||v|} = \angle(u, v). \qquad \square$$

现在我们讨论特殊的保距线性映射.

定义 1.3.2　设 V 和 W 是 F 上的内积空间. 若 $\varphi : V \to W$ 是线性同构并且是保距线性映射, 则称 φ 是**保距线性同构**或简称**保距同构**, 称内积空间 V 和 W 关于 φ 是**保距同构的**.

命题 1.3.1　设 V 和 W 是 F 上的有限维内积空间. 那么线性映射 $\varphi : V \to W$ 是保距同构当且仅当 φ 是保距线性映射且是满射.

证明　必要性是显然的. 充分性: 由推论 1.3.1, φ 是单射, 从而是同构. $\qquad \square$

线性空间的线性同构是一个等价关系, 而由定义内积空间的保距同构即是保持内积不变的线性同构. 那么保距同构显然是内积空间之间具有自反性、传递性和对称性的一种关系, 即: 恒等映射是保距同构; 两个保距同构的复合是保距同构; 保距同构 $\varphi : V \cong W$ 的逆 $\varphi^{-1} : W \cong V$ 也是保距同构:

$$(\varphi^{-1}(x), \varphi^{-1}(y)) = (\varphi(\varphi^{-1}(x)), \varphi(\varphi^{-1}(y))) = (x, y), \quad \forall x, y \in W. \tag{1.12}$$

因此内积空间的保距同构是内积空间之间的一个等价关系.

由于线性空间同构当且仅当它们维数相同, 内积空间的保距同构蕴涵着它们有相同的维数. 反之, 维数相同的内积空间是不是保距同构的?

首先我们考虑 F 上的 n 维内积空间 V 和标准内积空间 F^n 之间的关系. 设 $\alpha = \{\alpha_1, \alpha_2, \cdots, \alpha_n\}$ 是 V 的一组标准正交基. 那么有线性同构

$$[\cdot]_\alpha : V \to F^n \quad v \mapsto [v]_\alpha,$$

其中 $[v]_\alpha$ 代表 v 在 α 下的坐标. 由于 V 上内积在 α 下的矩阵为 I_n, 若 $u, v \in V$ 在 α 下的坐标分别为 x, y, 则由 (1.2) 式有

$$(u, v) = x^{\mathrm{T}} \bar{y} = (x, y),$$

因此 $[\cdot]_\alpha$ 是一个保距同构. 这说明任意一个 F 上的 n 维内积空间都与 F^n 保距同构. 又由于保距同构是等价关系, 因此任意两个 n 维内积空间都是保距同构的. 综上所述我们有:

定理 1.3.2　(i) F 上任意一个 n 维内积空间都保距同构于标准内积空间 F^n;

(ii) F 上的两个有限维内积空间是保距同构的当且仅当它们维数相同.

此定理说明从抽象的观点来看, 在保距同构的意义下内积空间的结构完全由其维数决定.

最后讨论另一类特殊的保距线性映射, 即保距线性变换.

定义 1.3.3　若 φ 是内积空间 V 到自身的保距线性映射, 则称 φ 是 V 的**保距线性变换**, 简称**保距变换**. 当 V 是欧氏空间时, 亦称 φ 是**正交变换**; 当 V 是酉空间时, 亦称 φ 是**酉变换**.

当内积空间 V 维数有限时, 由推论 1.3.1 知 V 上的保距线性变换是单射, 从而是 V 到自身的保距同构. 由事实 1.3.1 和 (1.12) 式有

事实 1.3.2　有限维内积空间上保距线性变换的复合和逆变换仍为保距线性变换.

有限维内积空间上三类线性映射的关系是

$$\{\text{保距线性变换}\} \quad \subseteq \quad \{\text{保距线性同构}\} \quad \subseteq \quad \{\text{保距线性映射}\}.$$

作为特殊的保距线性映射, 定理 1.3.1 对保距线性变换当然成立. 此时在定理 1.3.1 (iii) 中, 特别地, 若 $\alpha_1, \alpha_2, \cdots, \alpha_n$ 是 V 的标准正交基, 则 $\varphi(\alpha_1), \varphi(\alpha_2), \cdots, \varphi(\alpha_n)$ 也是 V 的标准正交基. 那么 φ 在 $\alpha_1, \alpha_2, \cdots, \alpha_n$ 下的矩阵即为两组标准正交基之间的过渡矩阵, 从而由定理 1.2.2 (i) 中 (1) + (2) $\Rightarrow$ (3) 可知此矩阵是一个酉矩阵.

因此我们由定理 1.3.1 得到了下面的定理:

定理 1.3.3　设 V 是 $F = \mathbb{R}$ 或 $\mathbb{C}$ 上的 n 维内积空间, φ 是 V 上的线性变换. 那么下列陈述等价:

(i) φ 是保距线性变换;

(ii) φ 保持向量长度不变;

(iii) 若 $\alpha_1, \alpha_2, \cdots, \alpha_n$ 是 V 的标准正交基, 则 $\varphi(\alpha_1), \varphi(\alpha_2), \cdots, \varphi(\alpha_n)$ 也是 V 的标准正交基;

(iv) φ 在 V 的任意一组标准正交基 α 下的矩阵 A 是正交矩阵或酉矩阵, 即 $A^{\mathrm{H}}A = AA^{\mathrm{H}} = I_n$.

证明   由定理 1.3.1 可知 (i) $\Leftrightarrow$ (ii) $\Rightarrow$ (iii). 容易直接证明 (iii) $\Rightarrow$ (ii), 留作练习.

(iii) $\Rightarrow$ (iv). 上述讨论中已证.

(iv) $\Rightarrow$ (iii). 由定理 1.2.2 (i) 中 (1)+(3) $\Rightarrow$ (2) 即得. $\square$

注 1.3.2   定理 1.3.1 和上述定理的一个先决条件是要求 φ 是一个线性映射或线性变换. 例如固定 $v_0 \in F^n$, 并在 F^n 上定义一个平移映射

$$\varphi: F^n \to F^n, \quad v \mapsto v + v_0.$$

那么显然 φ 满足注 1.3.1 中的保距条件, 即

$$d(\varphi(u), \varphi(v)) = d(u, v), \quad \forall u, v \in F^n.$$

但当 $v_0 \neq \mathbf{0}$ 时 φ 不是线性变换, 更不是保距线性变换.

习题 1.3

1. 内积空间之间中保持向量长度不变的映射是否一定是保距线性映射? 如果是, 试证明之; 如果不是, 试给出一个反例.

2. 设 U, V, W 是内积空间, φ 是 U 到 V 的保距线性映射, ψ 是 V 到 W 的保距线性映射. 证明: $\psi\varphi$ 是 U 到 W 的保距线性映射.

3. 设 φ 是有限维内积空间 V 到 W 的一个保距线性映射. 问 φ 在 V 和 W 的标准正交基下的矩阵是怎样的?

4. 设 $\alpha_1, \alpha_2, \cdots, \alpha_m$ 与 $\beta_1, \beta_2, \cdots, \beta_m$ 为 n 维内积空间中的两个向量组. 证明: 存在保距变换 φ 使得 $\varphi(\alpha_i) = \beta_i, i = 1, 2, \cdots, m$ 的充要条件为 $(\alpha_i, \alpha_j) = (\beta_i, \beta_j), i, j = 1, 2, \cdots, m$.

5. 设 φ 为 n 维内积空间 V 上的一个保距变换, $\alpha_1, \alpha_2, \cdots, \alpha_n$ 为 V 的任意一组基, 此基的度量矩阵为 A, 线性变换 φ 在此基下的矩阵为 M. 证明: $M^{\mathrm{T}}A\overline{M} = A$.

6. 证明: 保距变换特征值的模等于 1.

7. 设 $\alpha_1, \alpha_2, \cdots, \alpha_m$ 与 $\beta_1, \beta_2, \cdots, \beta_m$ 为内积空间 V 的两组向量. 证明: 若对 $i, j = 1, 2, \cdots, m$, 有 $(\alpha_i, \alpha_j) = (\beta_i, \beta_j)$, 则子空间 $V_1 = \mathrm{Span}\{\alpha_1, \alpha_2, \cdots, \alpha_m\}$ 与 $V_2 = \mathrm{Span}\{\beta_1, \beta_2, \cdots, \beta_m\}$ 作为内积空间是同构的.

8. 设 φ, ψ 为有限维内积空间 V 上的两个线性变换, 满足 $(\varphi(v), \varphi(v)) = (\psi(v), \psi(v))$, $\forall v \in V$. 证明: 像空间 $V_1 = \varphi(V)$ 与 $V_2 = \psi(V)$ 作为内积空间是同构的.

1.4　欧氏空间的复化

若域 E 是域 F 的一个子域, 则称 F 是 E 的一个**扩域**. 这时, 以 F 中的乘法为数乘, 显然 F 可以看作 E 上的一个线性空间. 若 $\dim_E F < +\infty$, 则称 F 是 E 的**有限扩域**.

显然, $\mathbb{R}$ 是 $\mathbb{Q}$ 的扩域, $\mathbb{C}$ 是 $\mathbb{R}$ 的扩域, 并且 $\dim_{\mathbb{Q}} \mathbb{R} = +\infty, \dim_{\mathbb{R}} \mathbb{C} = 2$.

一个需要考虑的问题是: 在 F 是 E 的扩域时, 域 E 上的线性空间与 F 上的线性空间之间是什么关系?

在这里, 我们只对 $E = \mathbb{R}, F = \mathbb{C}$ 考虑上面的问题。

一般地, 对一个复线性空间 U, 由于 $\mathbb{R}$ 是 $\mathbb{C}$ 的子域, 若只考虑实数的数乘作用, 则可将 U 视作一个实线性空间. 特别地, 若 $\dim_{\mathbb{C}} U$ 有限, 则 $\dim_{\mathbb{R}} U = 2\dim_{\mathbb{C}} U$. 进一步地, 若 U 是酉空间, 内积记为 $(\cdot, \cdot)_{\mathbb{C}}$, 则由定义容易直接验证

$$(x, y)_{\mathbb{R}} \stackrel{\text{def}}{=} \mathrm{Re}\,(x, y)_{\mathbb{C}}, \quad \forall x, y \in U, \tag{1.13}$$

定义了实线性空间 U 上的一个内积, 从而 U 在 $(\cdot, \cdot)_{\mathbb{R}}$ 下成为一个欧氏空间. 这个过程可以看作酉空间内积在实部分上的限制内积, 也称为酉内积的**实化**.

设 V 是一个具有内积 $(\cdot, \cdot)_{\mathbb{R}}$ 的欧氏空间. 一个重要的问题是: 如何得到一个具有内积 $(\cdot, \cdot)_{\mathbb{C}}$ 的酉空间 U, 使得 V 是 U 作为实线性空间的子空间并且有

$$(u, v)_{\mathbb{R}} = (u, v)_{\mathbb{C}}, \quad \forall u, v \in V?$$

特别地, 上式表明 $(u, v)_{\mathbb{C}} \in \mathbb{R}$, 且 V 的内积即为 U 作为欧氏空间的内积 (1.13) 在 V 上的限制. 在此基础上, 欧氏空间 V 与酉空间 U 的结构之间关系如何? 现在我们就围绕这个问题展开.

一般地, 对实线性空间 V, 我们可以在加群 $V \times V$ 上定义如下复线性空间结构. 为了避免与内积符号混淆, 此处将 $V \times V$ 中元素记为 $u \times v$, 其中 $u, v \in V$. 对任意 $a + \mathrm{i}b \in \mathbb{C}$ 和 $u \times v \in V \times V$, 定义

$$(a + \mathrm{i}b)(u \times v) = (au - bv) \times (av + bu). \tag{1.14}$$

若在 $V \times V$ 中记 $u = u \times \mathbf{0}, \mathrm{i}v = \mathbf{0} \times v$, 则 $u \times v = u + \mathrm{i}v$, 因此有

$$V \times V = V + \mathrm{i}V = \mathrm{Span}_{\mathbb{C}}\{u + \mathrm{i}v \mid u, v \in V\}.$$

那么有加法

$$(u + \mathrm{i}v) + (u' + \mathrm{i}v') = (u + u') + \mathrm{i}(v + v'), \quad \forall u, u', v, v' \in V, \tag{1.15}$$

且 (1.14) 式中数乘可写为

$$(a + \mathrm{i}b)(u + \mathrm{i}v) = (au - bv) + \mathrm{i}(av + bu). \tag{1.16}$$

不难验证如下命题:

命题 1.4.1 设 V 是实线性空间, 那么 $V_{\mathbb{C}} \overset{\text{def}}{=} V + \mathrm{i}V$ 在加法 (1.15) 和数乘 (1.16) 下成为一个复线性空间.

上述复线性空间 $V_{\mathbb{C}}$ 称为实线性空间 V 的**复化**. 对 $w = u + \mathrm{i}v \in V_{\mathbb{C}}$, 其中 $u, v \in V$, 可以定义实部和虚部

$$\mathrm{Re}(w) = u \in V, \quad \mathrm{Im}(w) = v \in V.$$

显然 $V = \{\mathrm{Re}(w) \mid w \in V_{\mathbb{C}}\}$ 可视作 $V_{\mathbb{C}} = V + \mathrm{i}V$ 作为实线性空间的子空间.

例 1.4.1 若 $V = \mathbb{R}^n$, 则 $V_{\mathbb{C}} = \mathbb{C}^n$.

假设 V 是欧氏空间, 内积为 $(\cdot, \cdot)$. 对 $u + \mathrm{i}v, u' + \mathrm{i}v' \in V_{\mathbb{C}}$, 其中 $u, u', v, v' \in V$, 定义

$$(u + \mathrm{i}v, u' + \mathrm{i}v')_{\mathbb{C}} = (u, u') + (v, v') + \mathrm{i}(v, u') - \mathrm{i}(u, v').$$

那么可以验证 $(\cdot, \cdot)_{\mathbb{C}}$ 是 $V_{\mathbb{C}}$ 上的内积, 并且显然有

$$(u, u')_{\mathbb{C}} = (u, u'), \quad \forall u, u' \in V.$$

此酉空间 $V_{\mathbb{C}}$ 称为欧氏空间 V 的复化. 下面我们从几个方面讨论复化的性质.

(一) 基的复化不变性

定理 1.4.1 若 V 是有限维欧氏空间, $V_{\mathbb{C}}$ 是其复化酉空间, 则 $\dim_{\mathbb{R}} V = \dim_{\mathbb{C}} V_{\mathbb{C}}$, 且 V 的 (标准正交) 基也是 $V_{\mathbb{C}}$ 的 (标准正交) 基.

证明 设 $\alpha = \{\alpha_1, \alpha_2, \cdots, \alpha_n\}$ 是 V 的基. 那么显然

$$V_{\mathbb{C}} = V + \mathrm{i}V = \mathbb{R}\alpha_1 + \cdots + \mathbb{R}\alpha_n + \mathrm{i}\mathbb{R}\alpha_1 + \cdots + \mathrm{i}\mathbb{R}\alpha_n = \mathbb{C}\alpha_1 + \cdots + \mathbb{C}\alpha_n.$$

下面证明 α 在 $V_{\mathbb{C}}$ 中线性无关. 设 $c_j = a_j + \mathrm{i}b_j \in \mathbb{C}$, 其中 $a_j, b_j \in \mathbb{R}, j = 1, 2, \cdots, n$ 使得

$$\sum_{j=1}^{n} c_j \alpha_j = \sum_{j=1}^{n} a_j \alpha_j + \mathrm{i} \sum_{j=1}^{n} b_j \alpha_j = \mathbf{0}.$$

那么

$$\sum_{j=1}^{n} a_j \alpha_j = \sum_{j=1}^{n} b_j \alpha_j = \mathbf{0}.$$

由于 α 在 V 中线性无关, 我们有 $a_j = b_j = 0$ 从而 $c_j = 0, j = 1, 2, \cdots, n$.

因此 α 是 $V_{\mathbb{C}}$ 的基. 由于 $(\cdot, \cdot)_{\mathbb{C}}$ 限制到 V 上即为 $(\cdot, \cdot)$, 因此若 α 关于内积 $(\cdot, \cdot)$ 标准正交, 则关于内积 $(\cdot, \cdot)_{\mathbb{C}}$ 也标准正交. $\square$

(二) 实线性映射的复化与低维不变子空间

设 V 和 W 是实线性空间, $\varphi: V \to W$ 是线性映射. 定义 φ 的复化

$$\varphi_{\mathbb{C}}: V_{\mathbb{C}} \to W_{\mathbb{C}}, \quad u + iv \mapsto \varphi(u) + i\varphi(v), \quad \forall u, v \in V.$$

显然 $\varphi_{\mathbb{C}}$ 是加群同态, 且对 $a + ib \in \mathbb{C}$ 和 $u + iv \in V_{\mathbb{C}}$ 有

$$\begin{aligned}
\varphi_{\mathbb{C}}((a+ib)(u+iv)) &= \varphi_{\mathbb{C}}((au-bv) + i(av+bu)) \\
&= \varphi(au-bv) + i\varphi(av+bu) \\
&= a\varphi(u) - b\varphi(v) + i(a\varphi(v) + b\varphi(u)) \\
&= (a+ib)(\varphi(u) + i\varphi(v)) \\
&= (a+ib)\varphi(u+iv).
\end{aligned}$$

因此 $\varphi_{\mathbb{C}}$ 是复线性映射.

例 1.4.2　对 $A \in \mathbb{R}^{n \times n}$, 线性变换 $l_A: \mathbb{R}^n \to \mathbb{R}^n$, $x \mapsto Ax$ 的复化是

$$(l_A)_{\mathbb{C}}: \mathbb{C}^n \to \mathbb{C}^n, \quad x + iy \mapsto Ax + iAy = A(x+iy), \quad \forall x, y \in \mathbb{R}^n,$$

即将 A 视作复矩阵去左乘 $\mathbb{C}^n$ 中列向量.

下面的结论说明实线性变换的复化对应的矩阵是不变的.

定理 1.4.2　设 $\alpha = \{\alpha_1, \alpha_2, \cdots, \alpha_n\}$ 是实线性空间 V 的基, φ 是 V 上性变换. 设 A 是 φ 在基 α 下的矩阵. 视 α 为 $V_{\mathbb{C}}$ 的基, 则 $V_{\mathbb{C}}$ 上线性变换 $\varphi_{\mathbb{C}}$ 在 α 下的基仍为 A. 因此有特征多项式 $f_{\varphi}(\lambda) = f_{\varphi_{\mathbb{C}}}(\lambda) = |\lambda I_n - A|$.

证明　由定义有

$$\varphi_{\mathbb{C}}(\alpha_1, \alpha_2, \cdots, \alpha_n) = \varphi(\alpha_1, \alpha_2, \cdots, \alpha_n) = (\alpha_1, \alpha_2, \cdots, \alpha_n)A.$$

由此即得结论.　　　　　　　　　　　　　　　　　　　　　　　　　　$\square$

由于有限维复线性空间上任意线性变换总有特征值, 其对应的特征子空间是这个线性变换的不变子空间. 而实多项式未必有实根, 因此有限维实线性空间上的线性变换未必有特征值. 但通过复化我们可以得到如下结论:

定理 1.4.3　有限维实线性空间 V 上的线性变换 φ 总有一维或二维不变子空间.

证明　由于 φ 的复化是复线性空间 $V_{\mathbb{C}}$ 上的线性变换, 存在特征值 $a + ib \in \mathbb{C}$ 和对应的特征向量 $\mathbf{0} \neq u + iv \in V_{\mathbb{C}}$, 其中 $u, v \in V$. 那么

$$\varphi_{\mathbb{C}}(u+iv) = \varphi(u) + i\varphi(v) = (a+ib)(u+iv) = (au-bv) + i(av+bu).$$

那么 $\varphi(u) = au - bv$, $\varphi(v) = av + bu$. 这表明 $W = \text{Span}_{\mathbb{R}}\{u, v\}$ 是 V 的 φ-不变子空间, 并且显然 $\dim W = 1$ 或 2.　　　　　　　　　　　　　　　　　　$\square$

(三) 实线性变换复化的特征理论

对实线性空间 V 的复化 $V_{\mathbb{C}}$, 共轭映射

$$\bar{\cdot}: V_{\mathbb{C}} \to V_{\mathbb{C}}, \quad w = u + \mathrm{i}v \mapsto \bar{w} \overset{\mathrm{def}}{=} u - \mathrm{i}v, \quad \forall u, v \in V$$

显然是实线性同构, 并且有

$$\overline{cw} = \bar{c} \cdot \bar{w}, \quad \forall c \in \mathbb{C}, \ w \in V_{\mathbb{C}}. \tag{1.17}$$

若 φ 是 V 上线性变换, 则由复化的定义有

$$\overline{\varphi_{\mathbb{C}}(w)} = \varphi_{\mathbb{C}}(\bar{w}), \quad \forall w \in V_{\mathbb{C}}. \tag{1.18}$$

定理 1.4.4 设 V 是有限维实线性空间, φ 是 V 上线性变换. 那么有

(i) $\lambda \in \mathbb{R}$ 是 $\varphi_{\mathbb{C}}$ 的特征值当且仅当 λ 是 φ 的特征值, 并且此时 $\varphi_{\mathbb{C}}$ 关于 λ 的特征子空间 $V_{\mathbb{C},\lambda}$ 恰好是 φ 关于 λ 的特征子空间 V_λ 的复化;

(ii) 若 $\lambda \in \mathbb{C} \setminus \mathbb{R}$ 是 $\varphi_{\mathbb{C}}$ 的特征值, 则 $\bar{\lambda}$ 亦然, 并且有

$$V_{\mathbb{C},\bar{\lambda}} = \overline{V_{\mathbb{C},\lambda}} \overset{\mathrm{def}}{=} \{\bar{w} \mid w \in V_{\mathbb{C},\lambda}\}. \tag{1.19}$$

此时 V 的子空间

$$V_{\lambda,\bar{\lambda}} \overset{\mathrm{def}}{=} \mathrm{Span}_{\mathbb{R}} \{\mathrm{Re}(w), \mathrm{Im}(w) \mid w \in V_{\mathbb{C},\lambda}\}$$

是 φ-不变的, 且其复化为 $V_{\mathbb{C},\lambda} \oplus V_{\mathbb{C},\bar{\lambda}}$.

证明 (i) 由定理 1.4.2 有特征多项式 $f_\varphi(\lambda) = f_{\varphi_{\mathbb{C}}}(\lambda) \in \mathbb{R}[\lambda]$, 因此 φ 的特征值即为 $\varphi_{\mathbb{C}}$ 的实特征值. 设 $\lambda \in \mathbb{R}, u + \mathrm{i}v \in V_{\mathbb{C}}$, 其中 $u, v \in V$. 那么

$$\varphi_{\mathbb{C}}(u + \mathrm{i}v) = \varphi(u) + \mathrm{i}\varphi(v) = \lambda(u + \mathrm{i}v) = \lambda u + \mathrm{i}\lambda v$$

当且仅当 $\varphi(u) = \lambda u, \varphi(v) = \lambda v$. 由此即得结论.

(ii) 实多项式 $f_{\varphi_{\mathbb{C}}}(\lambda)$ 的非实数复根总是共轭成对出现, 因此若 $\lambda \in \mathbb{C} \setminus \mathbb{R}$ 是 $\varphi_{\mathbb{C}}$ 的特征值, $\bar{\lambda}$ 亦然. 由 (1.17), (1.18) 两式, 对 $w \in V_{\mathbb{C}}$ 有

$$\varphi_{\mathbb{C}}(w) = \lambda w \quad \text{当且仅当} \quad \varphi_{\mathbb{C}}(\bar{w}) = \bar{\lambda} \cdot \bar{w},$$

由此即得 (1.19) 式.

由定理 1.4.3 的证明即知 $V_{\lambda,\bar{\lambda}}$ 是 φ-不变的, 而由 (1.19) 式知其复化为 $V_{\mathbb{C},\lambda} + V_{\mathbb{C},\bar{\lambda}}$. 关于不同特征值的特征向量线性无关, 故此和空间为直和. □

注 1.4.1 由于实多项式的非实数复根共轭成对出现, 奇数次实多项式必有实根, 因此奇数维实线性空间上的线性变换总有特征值.

例 1.4.3 定义线性变换 $\varphi: \mathbb{R}^3 \to \mathbb{R}^3$, $(x_1, x_2, x_3) \mapsto (2x_1, x_2 - x_3, x_2 + x_3)$. 那么 φ 在 $\mathbb{R}^3$ 标准基 e_1, e_2, e_3 下的矩阵为

$$A = \begin{pmatrix} 2 & 0 & 0 \\ 0 & 1 & -1 \\ 0 & 1 & 1 \end{pmatrix}.$$

计算知 φ 仅有特征值 $\lambda = 2$, 对应的特征子空间为

$$V = \{(a, 0, 0) \mid a \in \mathbb{R}\}.$$

$\mathbb{R}^3$ 的复化为 $\mathbb{C}^3$. 由定理 1.4.1, e_1, e_2, e_3 也是复线性空间 $\mathbb{C}^3$ 的基. 由定理 1.4.2, $\varphi_{\mathbb{C}}$ 在此基下的矩阵也是 A. 那么 $\varphi_{\mathbb{C}}$ 有三个特征值 $\lambda_1 = 2$, $\lambda_2 = 1 + \mathrm{i}$, $\lambda_3 = 1 - \mathrm{i}$. 由定理 1.4.4, $\varphi_{\mathbb{C}}$ 关于 $\lambda_1 = 2$ 的特征子空间为

$$V_{\mathbb{C}} = \{(a, 0, 0) + \mathrm{i}(b, 0, 0) \mid a, b \in \mathbb{R}\} = \{(c, 0, 0) \mid c \in \mathbb{C}\}.$$

以上事实均是显然的或容易直接验证的.

习题 1.4

1. 设有实线性空间 V 上的线性变换 φ. 证明: 对于任意 $\lambda \in \mathbb{C}$, $m \in \mathbb{N}$, 如下等式成立:

$$\mathrm{Ker}(\varphi_{\mathbb{C}} - \overline{\lambda}\,\mathrm{id}_{V_{\mathbb{C}}})^m = \overline{\mathrm{Ker}(\varphi_{\mathbb{C}} - \lambda\,\mathrm{id}_{V_{\mathbb{C}}})^m}.$$

2. 设 φ, ψ 是实线性空间 V 上的线性变换, 证明:

$$(\varphi + \psi)_{\mathbb{C}} = \varphi_{\mathbb{C}} + \psi_{\mathbb{C}}, \quad (\lambda\varphi)_{\mathbb{C}} = \lambda\varphi_{\mathbb{C}}, \quad \lambda \in \mathbb{R}.$$

3. 设 φ 是有限维实线性空间 V 上的线性变换, 证明: $\varphi_{\mathbb{C}}$ 可逆当且仅当 φ 可逆.

4. 设 φ 是有限维实线性空间 V 上的线性变换且没有特征值. 证明: V 的每个 φ-不变子空间都是偶数维的.

5. 设 V 是有限维实线性空间, 证明:

(i) 存在 V 上线性变换 φ 满足 $\varphi^2 = -\mathrm{id}_V$ 当且仅当 V 是偶数维的;

(ii) 在 (i) 的条件下, 在 V 上定义复数的数乘为: 对 $a, b \in \mathbb{R}$, 定义 $(a + \mathrm{i}b)v = av + b\varphi(v)$. 那么, 在此复数数乘和 V 的加法下, V 成为一个复向量空间;

(iii) 由 (ii) 中给出的 V 作为复线性空间的维数是 V 作为实向量空间的维数的一半.

6. 设 φ 是 n 维实线性空间 V 上的线性变换, 满足 $\mathrm{Ker}\,\varphi^{n-2} \neq \mathrm{Ker}\,\varphi^{n-1}$. 证明: φ 最多有两个不同的特征值, 且 $\varphi_{\mathbb{C}}$ 的特征值都是实数.

7. 设 $A \in \mathbb{R}^{n \times n}$ 作为复矩阵可对角化. 证明: 存在可逆矩阵 $P \in \mathbb{R}^{n \times n}$ 使得

$$P^{-1}AP = \begin{pmatrix} \lambda_1 & & & & & & & \\ & \ddots & & & & & & \\ & & \lambda_r & & & & & \\ & & & a_1 & b_1 & & & \\ & & & -b_1 & a_1 & & & \\ & & & & & \ddots & & \\ & & & & & & a_s & b_s \\ & & & & & & -b_s & a_s \end{pmatrix},$$

其中 $r + 2s = n$, 且 $\lambda_1, \lambda_2, \cdots, \lambda_r$ 和 $a_1 \pm \mathrm{i}b_1, \cdots, a_s \pm \mathrm{i}b_s$ 分别是 A 作为复矩阵的实特征值和非实数复特征值 (按重数计算).

8. 设 $\mathbb{C}^n$ 是酉空间, 定义映射

$$\psi : \mathbb{C}^n \to \mathbb{R}^{2n}, \quad (x_1 + \mathrm{i}y_1, \cdots, x_n + \mathrm{i}y_n) \mapsto (x_1, \cdots, x_n, y_1, \cdots, y_n).$$

证明:

(i) 若将 $\mathbb{C}^n$ 和 $\mathbb{R}^{2n}$ 都视作实线性空间, 则 ψ 是实线性双射;

(ii) 对 $v, w \in \mathbb{C}^n$, 我们有 $(\psi(v), \psi(w)) = \mathrm{Re}\,(v, w)$ (Re 表示实部);

(iii) 对 $v \in \mathbb{C}^n$, 我们有 $|\psi(v)| = |v|$.

第二章

内积空间的几何

本章中只考虑内积空间, 即域 $F = \mathbb{R}$ 上的欧氏空间或 $F = \mathbb{C}$ 上的酉空间.

2.1   旋转和反射的定义和性质

由前面的讨论已经知道, 有限维欧氏空间 V 的任意一个正交变换 φ 在 V 中任意一组标准正交基下的矩阵 A 是一个正交矩阵, 即满足 $A^{\mathrm{T}}A = I_n$.

此时 $|A| = \pm 1$, 即正交矩阵 A 的行列式只有这两种可能. 当 $|A| = 1$ 时称此类正交变换为**第一类**的; 当 $|A| = -1$ 时称此类正交变换是**第二类**的. 本节的目标是对这两类正交变换给出明确的刻画, 并说明它们的几何意义.

我们先给出关于一般内积空间上保距线性变换的一个基本事实:

引理 2.1.1   若 φ 是有限维内积空间 V 上的保距线性变换, W 是 V 的 φ-不变子空间, 则 $W^{\perp}$ 也是 φ-不变的.

证明   由 $\varphi(W) \subseteq W$ 以及 φ 是同构可知 $\varphi(W) = W$, 从而 $\varphi^{-1}(W) = W$. 那么对任意 $v \in W^{\perp}$, $w \in W$ 有

$$(\varphi(v), w) = (v, \varphi^{-1}(w)) = 0.$$

这表明 $\varphi(v) \in W^{\perp}$, 即 $W^{\perp}$ 是 φ-不变的.   □

定义 2.1.1 (旋转)   设 V 是有限维欧氏空间.

(i) 规定 id_V 是一个旋转;

(ii) 设 $\dim V \geqslant 2$, W 是 V 的 2 维子空间, φ 是 V 上线性变换. 若 W 是 φ-不变的, $\varphi|_{W^{\perp}} = \mathrm{id}_{W^{\perp}}$, 并且对于 W 的标准正交基 $\{\alpha_1, \alpha_2\}$ 存在 $\theta \in \mathbb{R}$ 使得

$$\varphi(\alpha_1, \alpha_2) = (\alpha_1, \alpha_2) \begin{pmatrix} \cos\theta & -\sin\theta \\ \sin\theta & \cos\theta \end{pmatrix},$$

则称 φ 是以 2 维子空间 W 的正交补 $W^{\perp}$ 为旋转轴的旋转.

例 2.1.1   在 $\mathbb{R}^2$ 中取 $W = \mathbb{R}^2$, $W^{\perp} = \{\mathbf{0}\}$, $\mathbb{R}^2$ 的旋转 φ_θ 如图 2.1 所示, 其中 α_1, α_2 分别取 x 轴和 y 轴上的单位向量.

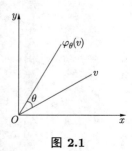

图 2.1

定义 2.1.2(反射)　设 V 是域 F 上有限维内积空间, $\dim V \geqslant 1$, W 是 V 的 1 维子空间, φ 是 V 上线性变换. 若 W 是 φ-不变的, $\varphi|_{W^\perp} = \mathrm{id}_{W^\perp}$ 且 $\varphi_W = -\mathrm{id}_W$, 则称 φ 是以 1 维子空间 W 的正交补 $W^\perp$ 为反射面的反射.

反射又被称为**镜面反射**, 反射面又被称为**镜面**.

例 2.1.2　(i) 对 $V = \mathbb{R}^2$, W 是过原点的一条直线, 反射 φ 如图 2.2(a) 所示:

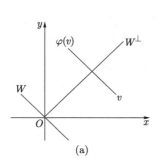 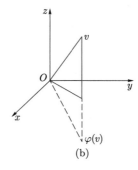

图 2.2

(ii) 对 $V = \mathbb{R}^3$, W 是 z 轴, 反射面 $W^\perp$ 就是坐标面 xOy, 此时反射 φ 就是以 xOy 为镜面的镜像 (如图 2.2(b) 所示). 这也是反射又称为镜面反射的原因.

命题 2.1.1　设 φ 是域 F 上有限维内积空间 V 上的线性变换. 那么 φ 是关于某个 1 维子空间 W 的反射当且仅当存在一个非零向量 u 使得 $\varphi(v) = v - 2\dfrac{(v, u)}{(u, u)}u$, $\forall v \in V$.

证明　**必要性**. 由反射的定义, 存在 V 的 1 维子空间 W 使得 $\varphi(w) = -w$, $\forall w \in W$ 并且 $\varphi(v) = v$, $\forall v \in W^\perp$. 取非零向量 $u \in W$, 并将其扩张为 V 的一组正交基 $\{u, \alpha_2, \cdots, \alpha_n\}$. 那么 $\{\alpha_2, \cdots, \alpha_n\}$ 是 $W^\perp$ 的一组正交基. 对任意 $v \in V$ 有 $v = c_1 u + c_2 \alpha_2 + \cdots + c_n \alpha_n$, 其中 $c_1, c_2, \cdots, c_n \in F$. 那么易得 $c_1 = \dfrac{(v, u)}{(u, u)}$ 并且有

$$\varphi(v) = -c_1 u + \sum_{i=2}^n c_i \alpha_i$$
$$= v - 2c_1 u = v - 2\frac{(v, u)}{(u, u)}u.$$

充分性. 令 $W = \mathrm{Span}\{u\}$, 于是对 W 中任意向量 cu, $c \in F$ 有

$$\varphi(cu) = cu - 2\frac{(cu, u)}{(u, u)}u = cu - 2cu = -cu.$$

同时对任意 $v \in W^\perp$ 有 $(v, u) = 0$, 从而 $\varphi(v) = v - 2\dfrac{(v, u)}{(u, u)}u = v$. □

注 2.1.1　由命题 2.1.1, 对 F 上内积空间 V 中的任意非零向量 u 可以定义一个反射, 记为

$$r_u : V \to V, \quad v \mapsto v - 2\frac{(v, u)}{(u, u)}u.$$

显然 r_u 只依赖于 u 所在的一维子空间, 即 $r_{au} = r_u, \forall a \in F^{\times}$.

命题 2.1.2　欧氏空间上的旋转和反射都是正交变换.

证明　(i) 显然恒等映射是正交变换. 设 φ 是欧氏空间 V 上以 2 维子空间 W 的正交补 $W^{\perp}$ 为旋转轴的一个旋转. 取 W 的一组标准正交基 $\{\alpha_1, \alpha_2\}$, 并将其扩充成 V 的一组标准正交基 $\alpha = \{\underbrace{\alpha_1, \alpha_2}_{\in W}, \underbrace{\alpha_3, \cdots, \alpha_n}_{\in W^{\perp}}\}$. 那么 $\varphi(\alpha_i) = \alpha_i, i = 3, \cdots, n$. 此时 φ 在基 α 下的矩阵为

$$[\varphi]_\alpha = \begin{pmatrix} \cos\theta & -\sin\theta & \\ \sin\theta & \cos\theta & \\ & & I_{n-2} \end{pmatrix},$$

其中 $\theta \in \mathbb{R}$. 易见 $[\varphi]_\alpha^{\mathrm{T}}[\varphi]_\alpha = I_n$, 即 $[\varphi]_\alpha$ 是正交矩阵. 根据定理 1.3.3, φ 是一个正交变换.

(ii) 设 φ 是欧氏空间 V 上以 1 维子空间 W 的正交补 $W^{\perp}$ 为反射面的反射. 由命题 2.1.1, 对于单位向量 $u \in W$ 有 $\varphi(v) = v - 2(v, u)u, \forall v \in V$. 那么

$$
\begin{aligned}
(\varphi(v), \varphi(v)) &= (v - 2(v, u)u, v - 2(v, u)u) \\
&= (v, v) - 2(v, u)(v, u) - 2(v, u)(v, u) + 4(v, u)^2(u, u) \\
&= (v, v).
\end{aligned}
$$

因此 φ 是一个正交变换.　　　　　　　　　　　　　　　　　□

现在设 φ 是欧氏空间 V 上以 1 维子空间 W 的正交补 $W^{\perp}$ 为反射面的反射. 取 W 中单位向量 u 并将其扩充成 V 的一组标准正交基 $\alpha = \{u, \alpha_2, \cdots, \alpha_n\}$. 由定义 $\varphi(u) = -u, \varphi(\alpha_i) = \alpha_i, i = 2, \cdots, n$. 因此

$$[\varphi]_\alpha = \mathrm{diag}\{-1, \underbrace{1, 1, \cdots, 1}_{n-1}\}.$$

显然 $|[\varphi]_\alpha| = 1$, 因此 φ 总是第二类正交变换.

由定义可知反射 φ 的特征值是 -1 和 1, 并且对应的特征子空间 W 和 $W^{\perp}$ 分别是 1 维和 $n-1$ 维的. 实际上该结论的逆命题亦成立, 即有

命题 2.1.3　对 n 维欧氏空间 V 上的正交变换 φ, 如下两个陈述等价:

(i) φ 以 1 为一个特征值, 且对应的特征子空间 V_1 维数为 $n-1$;

(ii) φ 是 V 的一个反射.

证明 (ii) $\Rightarrow$ (i). 由上述讨论即得.

(i) $\Rightarrow$ (ii). 设 $\alpha_2, \cdots, \alpha_n$ 是 V_1 的一组标准正交基, 并将其扩充为 V 的一组标准正交基 $\alpha = \{\alpha_1, \alpha_2, \cdots, \alpha_n\}$. 由引理 2.1.1, $\mathrm{Span}\{\alpha_1\} = V_1^\perp$ 是 φ-不变的, 从而 α_1 是 φ 的特征向量, 设其特征值为 λ. 那么

$$[\varphi]_\alpha = \mathrm{diag}\{\lambda, \underbrace{1, 1, \cdots, 1}_{n-1 \; \uparrow}\}.$$

由于 φ 是正交变换, $[\varphi]_\alpha$ 是正交矩阵. 由此易得 $\lambda^2 = 1$, 故 $\lambda = \pm 1$. 但 $\alpha_1 \notin V_1$, 那么必然有 $\lambda = -1$. 由此即知 φ 是以 V_1 为反射面的一个反射. $\qquad\square$

下面的结论充分说明镜面反射的普遍性和重要性:

命题 2.1.4 设 V 是 n 维欧氏空间. 那么对 V 中任意两个不同的单位向量 α, β, 存在一个反射 φ 使得 $\varphi(\alpha) = \beta$.

证明 根据注 2.1.1, 我们要证明存在非零向量 u 使其定义的反射 r_u 满足

$$r_u(\alpha) = \alpha - 2\frac{(\alpha, u)}{(u, u)}u = \beta.$$

由于 $\alpha \neq \beta$, 我们可取非零向量 $u = \alpha - \beta$. 直接计算可得

$$\begin{aligned}
r_u(\alpha) &= \alpha - 2\frac{(\alpha, \alpha - \beta)}{(\alpha - \beta, \alpha - \beta)}(\alpha - \beta) \\
&= \alpha - 2\frac{1 - (\alpha, \beta)}{2 - 2(\alpha, \beta)}(\alpha - \beta) \\
&= \alpha - (\alpha - \beta) = \beta. \qquad\square
\end{aligned}$$

习题 2.1

1. 设 V 为欧氏空间, 若 V 上线性变换 φ 在一组标准正交基下的矩阵为 A, 判断 φ 是否为正交变换, 旋转或反射, 其中:

(i) $A = \begin{pmatrix} \dfrac{1}{2} & a \\ b & \dfrac{1}{2} \end{pmatrix}$, (ii) $A = \begin{pmatrix} \dfrac{1}{2} & a \\ \dfrac{1}{2} & b \end{pmatrix}$, (iii) $A = \begin{pmatrix} \dfrac{\sqrt{3}}{3} & c & b \\ \dfrac{\sqrt{3}}{3} & a & c \\ \dfrac{\sqrt{3}}{3} & -b & a \end{pmatrix}$,

这里 a, b, c 为实数.

2. 设欧氏空间 V 中有非零向量 u, v. 求出反射 r_u, r_v 可交换的充要条件.

3. 证明: n 维欧氏空间 V 中两两不同且可交换的反射的个数不超过 n, 并且若 $r_1, r_2, \cdots, r_n$ 为两两不同且可交换的反射, 则必有 $r_1 r_2 \cdots r_n = -\mathrm{id}_V$.

4. 证明: 奇数维欧氏空间中的旋转一定以 1 为一个特征值.

5. 设 V 为 n 维欧氏空间, φ 为 V 上的正交变换, 且 φ 关于特征值 1 的特征子空间维数为 $n-1$. 证明: φ 是反射.

2.2 正交变换的旋转和反射分解

2.1 节中由命题 2.1.2 我们已经知道旋转和反射都是正交变换, 从而它们的复合也是正交变换. 本节的主要问题是: 反之, 如何将任意正交变换分解为某些旋转或反射的复合?

(一) 1 维和 2 维情形下的旋转或反射

引理 2.2.1 任意二阶正交矩阵 A 均形如 $\begin{pmatrix} \cos\theta & -\sin\theta \\ \sin\theta & \cos\theta \end{pmatrix}$ 或 $\begin{pmatrix} \cos\theta & \sin\theta \\ \sin\theta & -\cos\theta \end{pmatrix}$,

其中 $\theta \in \mathbb{R}$, 并且若 $|A| = -1$ 则 A 相似于 $\begin{pmatrix} 1 & 0 \\ 0 & -1 \end{pmatrix}$.

证明 由于 A 是正交矩阵, 我们有 $A^{\mathrm{T}} = A^{-1}$ 且 $|A| = \pm 1$. 设 $A = \begin{pmatrix} a & b \\ c & d \end{pmatrix}$. 那么

$$A^{\mathrm{T}} = \begin{pmatrix} a & c \\ b & d \end{pmatrix} = A^{-1} = \frac{1}{|A|} \begin{pmatrix} d & -b \\ -c & a \end{pmatrix}.$$

同时由 $A^{\mathrm{T}} A = I_2$ 易得 $a^2 + c^2 = 1$, 那么可设 $a = \cos\theta, c = \sin\theta, \theta \in \mathbb{R}$. 再由上式即得:

若 $|A| = 1$ 则 $d = a = \cos\theta, b = -c = -\sin\theta$, 从而 $A = \begin{pmatrix} \cos\theta & -\sin\theta \\ \sin\theta & \cos\theta \end{pmatrix}$;

若 $|A| = -1$ 则 $d = -a = -\cos\theta, b = c = \sin\theta$, 从而 $A = \begin{pmatrix} \cos\theta & \sin\theta \\ \sin\theta & -\cos\theta \end{pmatrix}$.

对后者的情形, A 的特征多项式 $f_A(x) = x^2 - 1$, 从而 A 有特征值 $\lambda_1 = 1, \lambda_2 = -1$. 因此 A 相似于 $\begin{pmatrix} 1 & 0 \\ 0 & -1 \end{pmatrix}$. $\square$

定理 2.2.1 设 φ 为欧氏空间 V 上的正交变换, $\dim V \leqslant 2$. 那么

(i) φ 要么是一个旋转, 要么是一个反射;

(ii) φ 是旋转当且仅当 $\det \varphi = 1$, φ 是反射当且仅当 $\det \varphi = -1$.

证明 先假设 $\dim V = 1$. 取单位向量 $\alpha \in V$. 那么 $\varphi(\alpha) = c\alpha$, $c \in \mathbb{R}$. 由 φ 是正交变换得 $c^2 = 1$, 从而 $\det \varphi = c = \pm 1$. 若 $c = 1$, 则 $\varphi = \mathrm{id}_V$ 是旋转; 若 $c = -1$, 则 $\varphi = -\mathrm{id}_V$ 是以零空间为反射面的反射.

下面假设 $\dim V = 2$. 取 V 的标准正交基 $\alpha = \{\alpha_1, \alpha_2\}$. 那么 $[\varphi]_\alpha$ 为二阶正交矩阵. 由引理 2.2.1, $[\varphi]_\alpha$ 形如

$$\begin{pmatrix} \cos\theta & -\sin\theta \\ \sin\theta & \cos\theta \end{pmatrix} \quad \text{或} \quad \begin{pmatrix} \cos\theta & \sin\theta \\ \sin\theta & -\cos\theta \end{pmatrix}.$$

对第一种情形, $\det \varphi = 1$ 且由定义知 φ 是旋转. 对第二种情形, $\det \varphi = -1$, 且由引理 2.2.1 知 φ 有特征值 1 且对应特征子空间 V_1 维数为 1, 再由命题 2.1.3 即知 φ 是反射. $\qquad \square$

推论 2.2.1 设 V 是欧氏空间, $\dim V \leqslant 2$. 那么 V 上反射和旋转的复合是 V 上的反射, 反射和反射的复合是 V 上的旋转, 旋转和旋转的复合是 V 上的旋转.

证明 设 φ_1, φ_2 是 V 上的旋转或反射. 那么 φ_1, φ_2 都是正交变换, $\det \varphi_i = \pm 1$, $i = 1, 2$. 因此 $\varphi_1 \varphi_2$ 也是正交变换, 并且

$$\det(\varphi_1 \varphi_2) = (\det \varphi_1)(\det \varphi_2) = \pm 1.$$

由命题 2.2.1, $\varphi_1 \varphi_2$ 是旋转或反射, 且 $\varphi_1 \varphi_2$ 是旋转当且仅当 $(\det \varphi_1)(\det \varphi_2) = 1$, 即 $\det \varphi_1 = \det \varphi_2$, 当且仅当 φ_1, φ_2 同为旋转或同为反射. $\qquad \square$

(二) 一般维数下的直和分解

定理 2.2.2 设 φ 是有限维欧氏空间 V 上的一个正交变换. 那么存在维数为 1 或 2 的两两正交的 φ-不变子空间 $W_1, W_2, \cdots, W_m$ 使得 $V = W_1 \oplus W_2 \oplus \cdots \oplus W_m$. 此时 φ 分解为不变子空间上的旋转或反射的直和: $\varphi = \varphi_{W_1} \oplus \varphi_{W_2} \oplus \cdots \oplus \varphi_{W_m}$.

证明 对 $\dim V$ 归纳. 当 $\dim V = 1$ 时令 $W_1 = V$ 即可. 假设当 $\dim V < n$ 时结论成立. 下面考虑 $\dim V = n$ 的情形.

由定理 1.4.3, 存在欧氏空间 V 的 φ-不变子空间 W_1, 满足 $1 \leqslant \dim W_1 \leqslant 2$. 由引理 2.1.1, $W_1^\perp$ 是 φ-不变的, 并且 $\varphi_{W_1^\perp}$ 也是正交变换.

由于 $V = W_1 \oplus W_1^\perp$, $\dim W_1^\perp < n$, 故由归纳假设, 存在 $W_1^\perp$ 中维数为 1 或 2 的两两正交的 φ-不变子空间 $W_2, W_3, \cdots, W_m$ 使得 $W_1^\perp = W_2 \oplus W_3 \oplus \cdots \oplus W_m$. 那么

$V = W_1 \oplus W_2 \oplus \cdots \oplus W_m$, 且 $W_1, W_2, \cdots, W_m$ 是维数为 1 或 2 的两两正交的 φ-不变子空间.

由定理 2.2.1, 正交变换 $\varphi_{W_1}, \varphi_{W_2}, \cdots, \varphi_{W_m}$ 都是旋转或反射. $\qquad\square$

在下面的讨论中, 我们将看到 $\varphi_{W_1}, \varphi_{W_2}, \cdots, \varphi_{W_m}$ 中反射的个数一般不唯一, 但是反射个数的奇偶性不依赖于 V 的分解.

定理 2.2.3 设 $\varphi, V, W_1, W_2, \cdots, W_m$ 如定理 2.2.2 中所述. 那么

(i) φ_{W_i} 中反射的个数为 $\begin{cases} \text{偶数}, & \det \varphi = 1, \\ \text{奇数}, & \det \varphi = -1; \end{cases}$

(ii) *存在分解* $V = W_1 \oplus W_2 \oplus \cdots \oplus W_m$ *使得* φ_{W_i} *中反射的个数为* $\begin{cases} 0, & \det \varphi = 1, \\ 1, & \det \varphi = -1. \end{cases}$

证明 (i) 由定理 2.2.2, $\varphi = \varphi_{W_1} \oplus \varphi_{W_2} \oplus \cdots \oplus \varphi_{W_m}$. 于是有

$$\det \varphi = (\det \varphi_{W_1})(\det \varphi_{W_2}) \cdots (\det \varphi_{W_m}).$$

由定理 2.2.1, $\det \varphi_{W_i} = \pm 1$, 并且 $\det \varphi_{W_i} = -1$ 当且仅当 φ_{W_i} 是反射. 因此 $\det \varphi = (-1)^r$, 其中 r 为 φ_{W_i} 中反射的个数. 由此即得结论.

(ii) 考虑 V 的 φ-不变子空间 $W = \mathrm{Ker}(\varphi + \mathrm{id}_V)$. 那么 $V = W \oplus W^\perp$, 并且由引理 2.1.1, $W^\perp$ 也是 φ-不变的. 显然 φ_W 和 $\varphi_{W^\perp}$ 为正交变换.

由定理 2.2.2, 存在 $W^\perp$ 中两两正交的维数为 1 或 2 的 φ-不变子空间 $W_1, W_2, \cdots, W_k$, 使得 $W^\perp = W_1 \oplus W_2 \oplus \cdots \oplus W_k$. 我们先证明 $\varphi_{W_1}, \varphi_{W_2}, \cdots, \varphi_{W_k}$ 均为旋转. 若其中某个 φ_{W_i} 为反射, 则存在 W_i 的一维 φ-不变子空间 W_0 使得 $\varphi_{W_0} = -\mathrm{id}_{W_0}$. 那么 $W_0 \subseteq W \cap W^\perp = \{\mathbf{0}\}$, 矛盾.

下面考虑 W. 取其标准正交基 $\alpha_1, \alpha_2, \cdots, \alpha_p$, 其中 $p = \dim W$. 那么有正交直和分解

$$W = W_{k+1} \oplus W_{k+2} \oplus \cdots \oplus W_{k+r},$$

其中 $W_{k+i} = \mathrm{Span}\{\alpha_{2i-1}, \alpha_{2i}\}$, $i = 1, 2, \cdots, r-1$,

$$W_{k+r} = \begin{cases} \mathrm{Span}\{\alpha_{p-1}, \alpha_p\}, & p \text{ 为偶数}, \\ \mathrm{Span}\{\alpha_p\}, & p \text{ 为奇数}. \end{cases}$$

由 $\varphi_{W_{k+i}} = -\mathrm{id}_{W_{k+i}}$ 知对 $i = 1, 2, \cdots, r-1$ 有 $\det \varphi_{W_{k+i}} = 1$ 从而 $\varphi_{W_{k+i}}$ 为旋转.

综上有 $V = W_1 \oplus W_2 \oplus \cdots \oplus W_{k+r}$, 其中 $\varphi_{W_1}, \varphi_{W_2}, \cdots, \varphi_{W_{k+r-1}}$ 均为旋转, 而 $\varphi_{W_{k+r}}$ 为反射当且仅当

$$\det \varphi = \prod_{i=1}^{k+r} \det \varphi_{W_i} = \det \varphi_{W_{k+r}} = -1. \qquad\square$$

推论 2.2.2 设 φ 为有限维欧氏空间 V 上的正交变换. 那么存在 V 上一组正交变换 $\varphi_1, \varphi_2, \cdots, \varphi_m$ 满足

(i) 每个 φ_i 均为旋转或反射, 且至多有一个 φ_i 是反射;

(ii) $\varphi_i \varphi_j = \varphi_j \varphi_i, \forall i, j = 1, 2, \cdots, m$;

(iii) $\varphi = \varphi_1 \varphi_2 \cdots \varphi_m$;

(iv) $\det \varphi = \begin{cases} 1, & \text{若每个 } \varphi_i \text{ 均为旋转}, \\ -1, & \text{恰有一个 } \varphi_i \text{ 是反射}. \end{cases}$

证明 设 $V = W_1 \oplus W_2 \oplus \cdots \oplus W_m$ 如定理 2.2.3 (ii) 所述, 其中每个 φ_{W_i} 均为旋转或反射, 且至多有一个 φ_{W_i} 为反射. 对 $i = 1, 2, \cdots, m$, 定义

$$\varphi_i : V \to V, \quad \alpha_1 + \alpha_2 + \cdots + \alpha_i + \cdots + \alpha_m \mapsto \alpha_1 + \alpha_2 + \cdots + \varphi_{W_i}(\alpha_i) + \cdots + \alpha_m,$$

其中 $\alpha_j \in W_j$, $j = 1, 2, \cdots, m$. 若 φ_{W_i} 是旋转或反射, 则 φ_i 亦然, 因此 (i) 成立. 容易直接验证 (ii), (iii), 而由

$$\det \varphi = \prod_{i=1}^{m} \det \varphi_i$$

即知 (iv) 成立. $\qquad\qquad\square$

根据上述讨论可知, 一个正交变换是第一类的当且仅当它的任意旋转或反射分解中有偶数个反射; 是第二类的当且仅当它的任意旋转或反射分解中有奇数个反射.

(三) 作为反射复合的分解

定理 2.2.4 设 V 是有限维欧氏空间. 那么 V 上任意正交变换都可表为若干反射之积.

证明 我们给出两种证明.

(i) 由推论 2.2.2, 只需证明任意旋转都可以表为反射之积. 此结论对 id_V 是显然的: 由定义易知对 V 上任意反射 φ 有 $\varphi^2 = \mathrm{id}_V$. 设 W 为 V 上旋转 φ 的 2 维不变子空间, φ_W 为旋转, $\varphi_{W^\perp} = \mathrm{id}_{W^\perp}$. 取 W 上任意反射 $\psi_{1,W}$. 那么由推论 2.2.1, $\psi_{2,W} \overset{\text{def}}{=} \psi_{1,W} \varphi_W$ 为反射. 由于 $\psi_{1,W}^2 = \mathrm{id}_W$, 因此 $\varphi_W = \psi_{1,W} \psi_{2,W}$. 对 $i = 1, 2$ 定义反射

$$\psi_i : V \to V, \quad w + v \mapsto \psi_{i,W}(w) + v, \quad w \in W, v \in W^\perp.$$

那么 $\varphi = \psi_1 \psi_2$ 为反射之积.

(ii) 对 V 的维数归纳. 当 $\dim V = 1$ 时结论显然. 设结论对 $\dim V = n - 1$ 时成立, 下面假设 $\dim V = n$, φ 为 V 上正交变换. 取 V 中单位向量 α, $\beta = \varphi(\alpha)$. 那么 β 亦为单位向量. 若 $\alpha \neq \beta$, 则由命题 2.1.4, 存在反射 φ_1 使得 $\varphi_1(\alpha) = \beta$. 由于 $\varphi_1 = \varphi_1^{-1}$, 因此 $\varphi_1(\beta) = \alpha$. 若令 $\psi = \varphi_1 \varphi$, 则 $\psi(\alpha) = \alpha$.

令 $W = \text{Span}\{\alpha\}$. 显然 W 是 ψ-不变的且 $\psi_W = \text{id}_W$. 对正交变换 $\psi_{W^\perp}$ 使用归纳假设, 存在 $W^\perp$ 上反射 $\psi_2, \psi_3, \cdots, \psi_m$ 使得 $\psi_{W^\perp} = \psi_2 \psi_3 \cdots \psi_m$. 对 $i = 2, 3, \cdots, m$, 定义反射

$$\varphi_i : V \to V, \quad w + v \mapsto w + \psi_i(v), \quad w \in W, \ v \in W^\perp.$$

那么 $\psi = \varphi_2 \varphi_3 \cdots \varphi_m$, 故 $\varphi = \varphi_1 \psi = \varphi_1 \varphi_2 \cdots \varphi_m$ 为反射之积. □

设 V 为有限维欧氏空间. 易证 V 上旋转的逆变换还是旋转 (见习题 2.2), 因此 V 上所有旋转及其复合关于线性变换的复合构成一个群, 称为**旋转群**或**特殊正交群**, 并记作 $\text{SO}(V)$. 上面定理 2.2.4 的证明中用到了一个事实: V 上的反射为幂等变换, 其逆变换即为自身, 因此 V 上所有反射及其复合构成一个群, 称为**正交群**, 并记作 $\text{O}(V)$. 由定理 2.2.4 知 $\text{O}(V)$ 即为 V 上所有正交变换构成的群.

V 上行列式等于 1 的线性变换均可逆且构成一个群, 称为**特殊线性群**, 并记作 $\text{SL}(V)$, 它是一般线性群 $\text{GL}(V)$ 的子群. 不难验证, $\text{SO}(V)$ 即为 V 上所有行列式等于 1 的正交变换构成的群, 故 $\text{SO}(V)$ 是 $\text{SL}(V)$ 的子群, 而 $\text{O}(V)$ 显然是 $\text{GL}(V)$ 的子群. 综上所述, 我们有如下关系:

$$
\begin{array}{ccc}
\text{SO}(V) & \subset & \text{O}(V) \\
\cap & & \cap \\
\text{SL}(V) & \subset & \text{GL}(V).
\end{array}
$$

习题 2.2

1. 证明: (i) 旋转的逆变换还是旋转; (ii) 反射的逆变换即为自身.

2. 试讨论欧氏空间上什么样的正交变换可以写成若干个两两互换的反射之积.

3. 设 $\mathbb{R}^2$ 上正交变换 φ 在标准基下的矩阵为 $\begin{pmatrix} \cos\theta & -\sin\theta \\ \sin\theta & \cos\theta \end{pmatrix}$. 将 φ 表为反射之积.

4. 若有限维欧氏空间 V 上的线性变换 φ 是幂等且对称的 (即 $(\varphi(u), v) = (u, \varphi(v))$, $\forall u, v \in V$), 则称 φ 为**正交投影变换**. 证明: V 上任意反射都可表为两个正交投影变换之差.

5. 设 V 是 n 维欧氏空间, $n \geqslant 2$. 证明: V 上任意正交变换均可表为不超过 n 个反射之积.

6. 设 V 为 4 维欧氏空间, V 上的线性变换 φ 在一组标准正交基下的矩阵为

$$A = \frac{1}{2} \begin{pmatrix} 1 & 1 & 1 & 1 \\ 1 & 1 & -1 & -1 \\ 1 & -1 & 1 & -1 \\ 1 & -1 & -1 & 1 \end{pmatrix}.$$

试将 φ 写成反射之积.

7. 设 V 为 n 维欧氏空间, $n \geqslant 4$, φ 为 V 上的正交变换, 且 φ 关于特征值 1 的特征子空间维数为 $n-2$. 试问 φ 最少可以写成多少个反射之积?

2.3 投影与最小二乘解问题

(一) 子空间上的投影

设 V 是内积空间. 对 $u, v \in V$, 称 $|u-v| = \sqrt{(u-v, u-v)}$ 为 u 与 v 的距离, 并记作 $d(u, v)$. 由内积的定义和 Cauchy-Schwarz 不等式不难验证:

(i) $d(u, v) = d(v, u)$;

(ii) $d(u, v) \geqslant 0$, 其中等号成立当且仅当 $u = v$;

(iii) $d(u, w) \leqslant d(u, v) + d(v, w)$, $\forall u, v, w \in V$ (三角不等式).

设 W 是 V 的有限维子空间, $v \in V$. 定义

$$d(v, W) = \inf\{d(v, w) \mid w \in W\},$$

称为 v 到 W 的距离.

可以证明 $d(v, W) = \min\{d(v, w) \mid w \in W\}$, 因此 $d(v, W) = 0$ 当且仅当 $v \in W$. 那么当 $v \notin W$ 时, 如何来确定距离 $d(v, W)$ 呢? 我们知道, 在几何空间 $\mathbb{R}^3$ 中, 点到平面的距离等于垂线的长度. 类似地, 在内积空间中也可以定义向量 v 到子空间 W 的 "垂线", 而 $d(v, W)$ 即等于 "垂线" 的长度.

设 $v \notin W$. 那么 W 是 $V_1 = W + \mathrm{Span}\{v\}$ 的真子空间. 由定理 1.2.4, W 在 V_1 中有唯一正交补 $W^\perp$ 使得 $V_1 = W \oplus W^\perp$, 且 $\dim W^\perp = 1$. 此时有唯一分解

$$v = w + u, \quad \text{其中} \quad w \in W, u \in W^\perp,$$

且 $W^\perp = \mathrm{Span}\{u\}$. 那么 $u \perp W$, 即 u 与 W 中所有元素 "垂直". 此时称 u 是 v 到 W 的**垂线**, 而 w 就是 v 在 W 上的**投影** (或称**内射影**)(关于投影的进一步讨论, 参见第 3.5 节). 由于任意向量的正交分解存在且唯一, 因此有如下事实:

事实 2.3.1 设 W 是内积空间 V 的有限维子空间, $v \in V$. 那么存在由 v 和 W 所唯一确定的 v 在 W 上的投影以及 v 到 W 的垂线.

定理 2.3.1 设 W 是内积空间 V 的有限维子空间, $v \in V \setminus W$, w 是 v 在 W 上的投影, u 是 v 到 W 的垂线. 那么 v 到 W 中向量的距离以到投影的距离为最短, 且等

于垂线的长度, 即对任意 $w' \in W$ 有

$$|u| = |v - w| \leqslant |v - w'|,$$

从而 $d(v, W) = |u| = |v - w|$.

证明   由定义 $u = v - w$. 因为 $v - w' = (v - w) + (w - w') = u + (w - w')$, 其中 $w - w' \in W$, 所以 $u \perp (w - w')$. 根据勾股定理,

$$|v - w'|^2 = |u|^2 + |w - w'|^2 = |v - w|^2 + |w - w'|^2 \geqslant |v - w|^2,$$

因此 $|v - w| \leqslant |v - w'|$.   □

(二) 矛盾方程组的最小平方逼近

一般情况下, 域 F 上的线性方程组

$$\begin{cases} a_{11}x_1 + a_{12}x_2 + \cdots + a_{1n}x_n = b_1, \\ a_{21}x_1 + a_{22}x_2 + \cdots + a_{2n}x_n = b_2, \\ \qquad \cdots\cdots\cdots\cdots \\ a_{m1}x_1 + a_{m2}x_2 + \cdots + a_{mn}x_n = b_m, \end{cases} \quad 或 \quad Ax = b \qquad (2.1)$$

可能无解. 若方程组 (2.1) 无解, 则称其为一个**矛盾方程组**.

现假设 $F = \mathbb{R}$ 或 $\mathbb{C}$. 显然方程组 (2.1) 无解当且仅当不存在 $x \in F^n$ 使得

$$d \overset{\text{def}}{=} |Ax - b|^2 = 0. \qquad (2.2)$$

而无论方程组 (2.1) 是否有解, 都可设法找到 $x_0 \in F^n$ 使得 d 最小. 我们称这类问题为**最小平方逼近问题**或**最小二乘解问题**. 此时我们可以把 x_0 看成使得方程组 (2.1) 尽可能接近成立的一个 "近似解", 故称这样的 x_0 为该方程组的**最小平方逼近解**, 或称为**最小二乘解**.

由上述定义可见, 当且仅当方程组 (2.1) 有解时, 最小的 $d = 0$, 此时最小平方逼近解 x_0 就是方程组的解; 当方程组 (2.1) 无解时, 最小平方逼近解 x_0 是使得方程组 (2.1) 最接近成立的值.

令 $y = Ax$. 那么 (2.2) 式中 $d = |y - b|^2$ 即为内积空间 F^m 中向量 y 和 b 距离的平方. 最小二乘解问题就是找 $x_0 \in F^n$, 使得 $y = Ax_0$ 与 b 的距离最短. 按《代数学 (一)》将 A 的列空间记为

$$V_A = \{Ax \mid x \in F^n\}.$$

设 $y_0 \in V_A$ 是 b 在 V_A 上的投影. 由定理 2.3.1 知, 当 $y = y_0$ 时 y 与 b 的距离最短, 从而使得

$$y_0 = Ax_0 \tag{2.3}$$

成立的 x_0 就是方程组 (2.1) 的最小二乘解.

由事实 2.3.1, b 在 V_A 上的投影 y_0 一定存在. 由 $y_0 \in V_A$, 满足式 (2.3) 的 x_0 也一定存在. 因此方程组 (2.1) 一定有最小二乘解. 需要注意, 虽然投影 y_0 是唯一确定的, 但方程组 (2.1) 的最小二乘解 x_0 未必是唯一的. 虽然我们利用投影证明了最小二乘解的存在性, 但是利用投影求最小二乘解一般比较复杂. 所以我们现在讨论最小二乘解更为可行的求法.

记 $A = (\alpha_1 \ \alpha_2 \ \cdots \ \alpha_n)$, 其中 $\alpha_1, \alpha_2, \cdots, \alpha_n$ 为列向量. 那么 A 的共轭转置为

$$A^{\mathrm{H}} = \bar{A}^{\mathrm{T}} = \begin{pmatrix} \overline{\alpha_1}^{\mathrm{T}} \\ \overline{\alpha_2}^{\mathrm{T}} \\ \vdots \\ \overline{\alpha_n}^{\mathrm{T}} \end{pmatrix}.$$

由 (2.3) 式可得,

x_0 是 $Ax = b$ 的一个最小二乘解

$\Leftrightarrow y_0 = Ax_0$ 是 b 在 V_A 上的投影

$\Leftrightarrow (b - y_0) \perp V_A$, 即 $(b - y_0) \perp \alpha_i$, $i = 1, 2, \cdots, n$

$\Leftrightarrow \overline{\alpha_i}^{\mathrm{T}}(b - y_0) = 0$, $i = 1, 2, \cdots, n$

$\Leftrightarrow \bar{A}^{\mathrm{T}}(b - y_0) = A^{\mathrm{H}}(b - y_0) = \mathbf{0}$

$\Leftrightarrow A^{\mathrm{H}}y_0 = A^{\mathrm{H}}Ax_0 = A^{\mathrm{H}}b$

$\Leftrightarrow x_0$ 是方程组 $A^{\mathrm{H}}Ax = A^{\mathrm{H}}b$ 的一个解.

称方程组

$$A^{\mathrm{H}}Ax = A^{\mathrm{H}}b$$

是由 $Ax = b$ 导出的 **正规方程组**. 由于已知最小二乘解必然存在, 所以无论方程组 $Ax = b$ 是否有解, 它导出的正规方程组总是有解的. 综上可得

定理 2.3.2　域 $F = \mathbb{R}$ 或 $\mathbb{C}$ 上任意方程组 $Ax = b$ 导出的正规方程组 $A^{\mathrm{H}}Ax = A^{\mathrm{H}}b$ 必然有解, 其解 x_0 就是方程组 $Ax = b$ 的最小二乘解. 反之, 若 x_0 是 $Ax = b$ 的最小二乘解, 则 x_0 必是其正规方程组的解.

由此定理可知, 最小二乘解的求解问题实际上就是正规方程组的求解问题. 另外上面根据最小二乘解的存在性说明了正规方程组解的存在性. 下面我们利用线性方程组的求解理论直接来证明正规方程组

$$A^{\mathrm{H}} A x = A^{\mathrm{H}} b$$

总是有解的, 从而反过来说明了 $Ax = b$ 的最小二乘解总存在.

令 $V_{A^{\mathrm{H}}}$ 和 $V_{A^{\mathrm{H}} A}$ 分别为 A^{H} 和 $A^{\mathrm{H}} A$ 的列空间. 那么总有

$$V_{A^{\mathrm{H}} A} \subseteq V_{A^{\mathrm{H}}}.$$

对 $A \in F^{m \times n}$ 有 (见《代数学 (一)》中习题)

$$r(A^{\mathrm{H}} A) = r(A) = r(A^{\mathrm{H}}). \tag{2.4}$$

事实上, 考虑 F^n 的标准内积, 应用等式

$$\bar{x}^{\mathrm{T}} A^{\mathrm{H}} A x = \bar{x}^{\mathrm{T}} \bar{A}^{\mathrm{T}} A x = (Ax, Ax)$$

即可证明方程组 $A^{\mathrm{H}} A x = \mathbf{0}$ 和 $A x = \mathbf{0}$ 解空间相同. 若此解空间维数为 t, 则由维数定理有

$$r(A^{\mathrm{H}} A) = n - t = r(A).$$

容易直接证明 $r(A) = r(A^{\mathrm{H}})$, 从而 (2.4) 式成立. 于是我们有

$$\dim V_{A^{\mathrm{H}} A} = r(A^{\mathrm{H}} A) = r(A) = r(A^{\mathrm{H}}) = \dim V_{A^{\mathrm{H}}}.$$

这表明 $V_{A^{\mathrm{H}} A} = V_{A^{\mathrm{H}}}$, 因此 $A^{\mathrm{H}} b \in V_{A^{\mathrm{H}}} = V_{A^{\mathrm{H}} A}$, 即存在 $x_0 \in F^n$ 使得 $A^{\mathrm{H}} A x_0 = A^{\mathrm{H}} b$.

如前所述, 一个线性方程组的最小二乘解一般是不唯一的. 但我们有所谓极短解的概念, 并且可以证明这样的极短解是唯一的. 我们先给出下面的一般结果.

定理 2.3.3   设域 $F = \mathbb{R}$ 或 $\mathbb{C}$ 上的线性方程组 $Ax = b$ 有解, 令 W 是其对应的齐次线性方程组 $Ax = \mathbf{0}$ 的解空间. 那么

(i) 方程组 $Ax = b$ 不同的解向量到 W 的垂线是相同的, 记为 x_0;

(ii) x_0 是方程组 $Ax = b$ 的解集中唯一长度最短的解, 称为**极短解**.

证明   (i) 设 y 和 y' 均为方程组 $Ax = b$ 的解, 并作分解

$$y = x_0 + w, \quad y' = x_0' + w', \quad \text{其中 } x_0, x_0' \in W^\perp, \ w, w' \in W.$$

由线性方程组解集的结构知 $x_0 = y - w$ 和 $x_0' = y' - w'$ 均为 $Ax = b$ 的解, 从而 $x_0 - x_0'$ 是齐次方程组 $Ax = \mathbf{0}$ 的解, 即 $x_0 - x_0' \in W$. 但又有 $x_0 - x_0' \in W^\perp$, 因此由 $W \cap W^\perp = \{\mathbf{0}\}$ 可得 $x_0 - x_0' = \mathbf{0}$, 即 $x_0 = x_0'$.

(ii) 设 $y = x_0 + w$ 如上所述. 那么 x_0 是 $Ax = b$ 的解, 且由勾股定理

$$|y|^2 = |x_0|^2 + |w|^2 \geqslant |x_0|^2,$$

其中等号成立当且仅当 $w = \mathbf{0}$ 即 $y = x_0$. 这表明 x_0 是 $Ax = b$ 唯一长度最短的解.　□

由于方程组 $Ax = b$ 的最小二乘解恰是对应正规方程组 $A^{\mathrm{H}}Ax = A^{\mathrm{H}}b$ 的解, 因此我们有如下推论:

推论 2.3.1　　域 $F = \mathbb{R}$ 或 $\mathbb{C}$ 上线性方程组 $Ax = b$ 存在唯一的极短最小二乘解, 即为对应正规方程组 $A^{\mathrm{H}}Ax = A^{\mathrm{H}}b$ 唯一的极短解.

下面给出最小二乘解问题实际应用的一个例子.

例 2.3.1　　已知某种材料在生产过程中的废品率 y 与某种化学成分 x 有关, 以下记载的是某工厂中 y 与相应 x 的实际数据:

$y/\%$	1	0.9	0.9	0.81	0.6	0.56	0.35
$x/\%$	3.6	3.7	3.8	3.9	4	4.1	4.2

据此找出 y 对 x 的一个近似公式.

解　　如何取近似公式, 首先取决于对实际数据分布规律的认识. 将表中数据在平面坐标系中绘图, 可发现其变化趋势近似于一条直线. 因此我们可合理地选取一条直线的方程来表达 y 对 x 的近似公式. 设所求直线为 $y = cx + d$, 即选取适当的 c, d 使得

$$\begin{cases} 3.6c + d = 1, \\ 3.7c + d = 0.9, \\ 3.8c + d = 0.9, \\ 3.9c + d = 0.81, \\ 4c + d = 0.6, \\ 4.1c + d = 0.56, \\ 4.2c + d = 0.35. \end{cases}$$

但实际上这是不可能的, 因为上述关于 c, d 的线性方程组是无解的, 或说是矛盾方程组. 比如第 2 个方程减去第 3 个方程得 $c = 0$, 将其代入第 1 个方程得 $d = 1$, 代入第 2 个方程得 $d = 0.9$, 矛盾.

因此用一条直线方程来完全精确表达上面数据的分布规律是不可能的. 但我们可以将此关于 c, d 的线性方程组的最小二乘解来作为误差最小的 c, d.

将上述方程组表为 $Ax = b$, 其中

$$A = \begin{pmatrix} 3.6 & 1 \\ 3.7 & 1 \\ 3.8 & 1 \\ 3.9 & 1 \\ 4 & 1 \\ 4.1 & 1 \\ 4.2 & 1 \end{pmatrix}, \quad b = \begin{pmatrix} 1 \\ 0.9 \\ 0.9 \\ 0.81 \\ 0.6 \\ 0.56 \\ 0.35 \end{pmatrix}.$$

其对应的正规方程组 $A^{\mathrm{T}}A \begin{pmatrix} c \\ d \end{pmatrix} = A^{\mathrm{T}}b$ 经计算后为

$$\begin{cases} 106.75c + 27.3d = 19.675, \\ 27.3c + 7d = 5.12. \end{cases} \tag{2.5}$$

由此解得 $c = -1.05$, $d = 4.81$(取三位有效数字), 此即为所求的最小二乘解, 即这样的 c, d 决定的直线给出了实验数据 y 对 x 在平方逼近意义下最好的近似公式.

注意, 由于方程组 $A^{\mathrm{T}}Ax = b$ 即 (2.5) 的系数方阵可逆, 故其唯一解即为唯一的极短解, 也是方程组 $Ax = b$ 唯一的极短最小二乘解. □

(三) 矩阵的广义逆与方程组的通解公式

对一般的域 F 以及矩阵 $A \in F^{m \times n}$, 若存在 $G \in F^{n \times m}$ 使得 $AGA = A$, 则称 G 是 A 的一个**广义逆矩阵**, 简称**广义逆**. 当 A 可逆时, 显然 A^{-1} 就是 A 唯一的广义逆.

设 A 的秩为 r, 则有分解

$$A = P \begin{pmatrix} I_r & O \\ O & O \end{pmatrix} Q, \tag{2.6}$$

其中 P, Q 分别为 m 阶和 n 阶可逆矩阵. 可以直接验证如下形式的矩阵

$$G = Q^{-1} \begin{pmatrix} I_r & B \\ C & D \end{pmatrix} P^{-1}$$

即为 A 所有的广义逆, 其中 B, C, D 分别是 $r \times (m-r)$, $(n-r) \times r$, $(n-r) \times (m-r)$ 矩阵. 因此矩阵的广义逆总存在, 但通常不唯一.

现在我们对 $F = \mathbb{R}$ 或 $\mathbb{C}$ 给出一类具有唯一性的特殊的广义逆. 对 $A \in F^{m \times n}$, 若存在 $G \in F^{n \times m}$ 满足

$$AGA = A, \quad GAG = G, \quad (AG)^{\mathrm{H}} = AG, \quad (GA)^{\mathrm{H}} = GA,$$

则称 G 是 A 的 **Moore-Penrose (穆尔–彭罗斯) 广义逆**, 简称 **M-P 逆**. 当 A 可逆时, 显然 A^{-1} 就是 A 唯一的 M-P 逆. M-P 逆作为特殊的广义逆, 其特点是:

  (i) 对称性, 即若 G 是 A 的 M-P 逆, 则 A 也是 G 的 M-P 逆. 这可由定义直接看出;

  (ii) M-P 逆不但存在而且是唯一的. 下面对此给出简单说明.

  设 $A \in F^{m \times n}$ 的秩为 r, 并有分解 (2.6). 那么

$$A = P \begin{pmatrix} I_r & O \\ O & O \end{pmatrix} Q = P \begin{pmatrix} I_r \\ O \end{pmatrix}_{m \times r} \begin{pmatrix} I_r, & O \end{pmatrix}_{r \times n} Q = BC,$$

其中

$$B = P \begin{pmatrix} I_r \\ O \end{pmatrix}_{m \times r}, \quad C = \begin{pmatrix} I_r, & O \end{pmatrix}_{r \times n} Q.$$

显然 B, C 的秩均为 r, 即 B 和 C 分别是列满秩和行满秩的. 这种分解 $A = BC$ 称为 A 的**满秩分解**. 由 (2.4) 式我们有

$$r(B^{\mathrm{H}}B) = r(B) = r, \quad r(CC^{\mathrm{H}}) = r(C) = r.$$

因此 $B^{\mathrm{H}}B$ 和 CC^{H} 是 r 阶可逆矩阵. 令

$$A^+ = C^{\mathrm{H}}(CC^{\mathrm{H}})^{-1}(B^{\mathrm{H}}B)^{-1}B^{\mathrm{H}}. \tag{2.7}$$

可逐条验证 A^+ 是 A 的 M-P 逆, 还可证明 A^+ 是 A 唯一的 M-P 逆.

  用广义逆可以给出一般域 F 上线性方程组有解的通解公式.

  命题 2.3.1 设 $G \in F^{n \times m}$ 是 $A \in F^{m \times n}$ 的一个广义逆. 那么当线性方程组 $Ax = b$ 有解时, 其通解可表示为

$$x = Gb + (I_n - GA)y, \quad \text{其中 } y \in F^n.$$

  证明 假设 $Ax = b$ 存在解 x_0. 那么有 $AGb = AGAx_0 = Ax_0 = b$, 从而对任意 $y \in F^n$ 有

$$A(Gb + (I_n - GA)y) = AGb + Ay - AGAy = b + Ay - Ay = b.$$

因此 $Gb + (I_n - GA)y$ 是 $Ax = b$ 的解.

  反之, 若 $Ax = b$, 则

$$x = Gb + x - Gb = Gb + x - GAx = Gb + (I_n - GA)x,$$

即满足如上通解形式. $\square$

(四) 最小二乘解的通解和极短解

从上述命题 2.3.1出发，下面对 $F = \mathbb{R}$ 或 $\mathbb{C}$ 上的方程组 $Ax = b$，可以给出它的最小二乘解的通解公式和极短解的刻画.

由定理 2.3.2，$Ax = b$ 的最小二乘解即为对应正规方程组 $A^{\mathrm{H}}Ax = A^{\mathrm{H}}b$ 的解，而正规方程组总有解. 因此由命题 2.3.1，其通解公式为

$$x = GA^{\mathrm{H}}b + (I_n - GA^{\mathrm{H}}A)y, \quad \text{其中 } y \in F^n.$$

这里 G 是 $A^{\mathrm{H}}A$ 的任意一个广义逆. 特别地，若取 G 为 M-P 逆 $(A^{\mathrm{H}}A)^{+}$，则有通解

$$x = (A^{\mathrm{H}}A)^{+}A^{\mathrm{H}}b + (I_n - (A^{\mathrm{H}}A)^{+}A^{\mathrm{H}}A)y, \quad \text{其中 } y \in F^n.$$

由 M-P 逆的定义及其唯一性可以证明等式

$$(A^{\mathrm{H}}A)^{+}A^{\mathrm{H}} = A^{+}.$$

因此 $Ax = b$ 最小二乘解的通解公式可表为

$$x = A^{+}b + (I_n - A^{+}A)y, \quad \text{其中 } y \in F^n. \tag{2.8}$$

注 2.3.1　由命题 2.3.1 和 (2.8) 式，在 $Ax = b$ 有解时其解和最小二乘解具有相同的通解公式，即二者相同. 这说明最小二乘解是方程组一般解的推广.

最后我们可以用 M-P 逆给出极短最小二乘解：

命题 2.3.2　域 $F = \mathbb{R}$ 或 $\mathbb{C}$ 上线性方程组 $Ax = b$ 唯一的极短最小二乘解为 $x_0 = A^{+}b$.

证明　在 (2.8) 式中取 $y = \mathbf{0}$ 即得 $x_0 = A^{+}b$ 是 $Ax = b$ 的一个最小二乘解. 由勾股定理不难看出，要证明 $A^{+}b$ 是唯一的极短最小二乘解，只需证明对任意 $y \in F^n$ 有

$$A^{+}b \perp (I_n - A^{+}A)y.$$

由 M-P 逆的定义，我们有内积

$$
\begin{aligned}
(A^{+}b, (I_n - A^{+}A)y) &= \bar{y}^{\mathrm{T}}(I_n - A^{+}A)^{\mathrm{H}}A^{+}b \\
&= \bar{y}^{\mathrm{T}}(A^{+} - (A^{+}A)^{\mathrm{H}}A^{+})b \\
&= \bar{y}^{\mathrm{T}}(A^{+} - A^{+}AA^{+})b = 0.
\end{aligned}
$$

由此即得结论.　　　　　　　　　　　　　　　　　　　　　　　　　　　　□

由最小二乘解的定义, 对 $Ax = b$ 的最小二乘解 x_0, 向量 Ax_0 不依赖于 x_0 的选取, 且

$$|Ax_0 - b| = \min\{|Ax - b| \mid x \in F^n\}.$$

此长度越小说明 Ax_0 越接近 b, 即体现了最小二乘解的 "误差". 我们称 $Ax_0 - b$ 为方程组 $Ax = b$ 的**残差向量**, 称 $|Ax_0 - b|$ 为**残差**.

显然当 $Ax = b$ 有解时, 残差和残差向量均为零.

例 2.3.2 设 $A = \begin{pmatrix} 1 & 0 & -1 \\ 1 & 2 & 0 \\ 0 & 2 & 1 \end{pmatrix}, b = \begin{pmatrix} 0 \\ 2 \\ 3 \end{pmatrix}$. 求 $Ax = b$ 的极短最小二乘解 x_0 及其残差, 并求出全部最小二乘解.

解 由 M-P 逆的计算公式 (2.7) 可求出

$$A^+ = \frac{1}{9} \begin{pmatrix} 3 & 2 & -1 \\ 0 & 2 & 2 \\ -3 & -1 & 2 \end{pmatrix}.$$

于是极短最小二乘解是

$$x_0 = A^+ b = \frac{1}{9} \begin{pmatrix} 3 & 2 & -1 \\ 0 & 2 & 2 \\ -3 & -1 & 2 \end{pmatrix} \begin{pmatrix} 0 \\ 2 \\ 3 \end{pmatrix} = \frac{1}{9} \begin{pmatrix} 1 \\ 10 \\ 4 \end{pmatrix},$$

残差向量是

$$Ax_0 - b = \frac{1}{9} \begin{pmatrix} 1 & 0 & -1 \\ 1 & 2 & 0 \\ 0 & 2 & 1 \end{pmatrix} \begin{pmatrix} 1 \\ 10 \\ 4 \end{pmatrix} - \begin{pmatrix} 0 \\ 2 \\ 3 \end{pmatrix} = \begin{pmatrix} -\dfrac{1}{3} \\ \dfrac{1}{3} \\ -\dfrac{1}{3} \end{pmatrix},$$

残差为 $|Ax_0 - b| = \dfrac{1}{\sqrt{3}}$.

进一步地, 最小二乘解的通解是

$$x = x_0 + (I_3 - A^+ A)y$$

$$= \frac{1}{9} \begin{pmatrix} 1 \\ 10 \\ 4 \end{pmatrix} + \frac{1}{9} \begin{pmatrix} 4 & -2 & 4 \\ -2 & 1 & -2 \\ 4 & -2 & 4 \end{pmatrix} \begin{pmatrix} y_1 \\ y_2 \\ y_3 \end{pmatrix}$$

$$= \frac{1}{9} \begin{pmatrix} 1 \\ 10 \\ 4 \end{pmatrix} + t \begin{pmatrix} 2 \\ -1 \\ 2 \end{pmatrix},$$

其中 $t = \frac{1}{9}(2y_1 - y_2 + 2y_3)$ 可取 $\mathbb{C}$ 中任意值. $\square$

习题 2.3

1. 已知平面上四个点 $(0,1), (1,2.1), (2,2.9)$ 和 $(3,3.2)$. 求直线 l 的方程, 使得这四个点到直线 l 的距离平方和最小.

2. 设 $A = \begin{pmatrix} 1 & 0 & 0 & 1 \\ 2 & 1 & -1 & 2 \\ 0 & 2 & 3 & 0 \\ 1 & 0 & 2 & 1 \end{pmatrix}$, $b = \begin{pmatrix} 0 \\ 1 \\ -1 \\ 2 \end{pmatrix}$. 求 $Ax = b$ 的所有最小二乘解, 并给出极短的最小二乘解.

3. 找到实线性方程组

$$\begin{cases} x + 2y - z = 1, \\ 2x + 3y + z = 2, \\ 4x + 7y - z = 4 \end{cases}$$

的极短解.

4. 设复线性方程组 $Ax = b$ 有解. 证明:

(i) 令 x_0 是 $Ax = b$ 的极短解, 则 $x_0 \in \operatorname{Im} l_{A^H}$;

(ii) 若存在复向量 y 使得 $AA^H y = b$, 则上述 $x_0 = A^H y$.

(提示: 先证明 $\operatorname{Im} l_{A^H} = (\operatorname{Ker} l_A)^{\perp}$)

5. 设 $A = (a_1, a_2, \cdots, a_n) \neq \mathbf{0}$. 求 A^+ 及 $(A^H)^+$.

6. 设 $A = \begin{pmatrix} 0 & 0 & 1 \\ 0 & 0 & 2 \\ 1 & 1 & 0 \\ 1 & 1 & 1 \end{pmatrix}$. 求 A 的 M-P 逆.

7. 用广义逆方法给出线性方程组

$$\begin{cases} 4x_1 - x_2 - 3x_3 + x_4 = 7, \\ -2x_1 + 5x_2 - x_3 - 3x_4 = 3, \\ 2x_1 + 13x_2 - 9x_3 - 5x_4 = 20 \end{cases}$$

的最小二乘解的通解公式.

第三章

内积空间中的可对角化变换和谱分解

目前为止, 线性代数的核心问题是, 研究一个有限维线性空间上的线性变换何时是可对角化的. 等价地, 即研究线性变换在某组基下的矩阵何时是可相似对角化的. 我们知道并非所有的线性变换均可对角化, 并且给出了线性变换可对角化的充要条件. 对此我们提出一个问题: 内积空间作为特殊的线性空间, 其上的线性变换在某组标准正交基下的矩阵为对角矩阵的充要条件是什么? 对于这类具有度量的空间来说, 其上的线性变换对角化问题是否会给出更丰富的理论?

由定义我们知道, 线性空间上的一个线性变换可对角化等价于线性空间有一组由此线性变换的特征向量构成的基. 将此现象移植到内积空间上, 针对内积空间的特点, 我们有理由考虑将这里的基改为能更好刻画内积空间的标准正交基. 也就是说我们可以考虑:

问题 3.0.1 设有限维内积空间 V 有一组由某个线性变换 φ 的特征向量构成的标准正交基 $\{\xi_1, \xi_2, \cdots, \xi_n\}$ (即 φ 关于一组标准正交基可对角化), 那么此线性变换 φ 有什么特点?

设问题 3.0.1 中 $\xi_1, \xi_2, \cdots, \xi_n$ 分别是 φ 关于特征值 $\lambda_1, \lambda_2, \cdots, \lambda_n$ 的特征向量. 对 V 的任意一组标准正交基 $\alpha_1, \alpha_2, \cdots, \alpha_n$, 设 φ 在此基下的矩阵是 A, 从基 $\alpha_1, \alpha_2, \cdots, \alpha_n$ 到基 $\xi_1, \xi_2, \cdots, \xi_n$ 的过渡矩阵是 U. 那么当 V 是欧氏空间 (酉空间) 时, U 是一个正交矩阵 (酉矩阵). 此时我们有

$$U^{\mathrm{H}} A U = \mathrm{diag}\{\lambda_1, \lambda_2, \cdots, \lambda_n\}. \tag{3.1}$$

因此问题 3.0.1 意味着需要考虑当等式 (3.1) 成立时, 矩阵 A 会有什么样的特点.

定义 3.0.1 两个 n 阶实 (复) 矩阵 A, B 称为**正交相似的** (**酉相似的**), 是指存在正交矩阵 (酉矩阵)U 使得 $U^{\mathrm{T}} A U = B$ ($U^{\mathrm{H}} A U = B$).

显然正交相似 (酉相似) 关系是实 (复) 方阵中的等价关系. 由于此时 $U^{-1} = U^{\mathrm{T}}$ ($U^{-1} = U^{\mathrm{H}}$), 正交相似和酉相似都是特殊的相似关系. 由于 $\mathbb{R} \subseteq \mathbb{C}$, 正交相似又是特殊的酉相似.

所以, 问题 3.0.1 又可以叙述为: 当实 (复) 矩阵 A 与一个对角矩阵正交相似 (酉相似) 时, A 会有什么样的特点? 这就是本章主要考虑的问题.

3.1 伴随变换

在前面实数域或复数域上线性方程组最小二乘解的求解中, 系数矩阵 A 的共轭转置 $A^{\mathrm{H}} = \bar{A}^{\mathrm{T}}$ 起到了关键作用. 我们知道在 n 维线性空间的一组固定基下, 一个 n 阶矩阵 A 可以对应一个线性变换 φ, 此时若 A 可逆则其逆矩阵 A^{-1} 对应 φ 的逆变换 φ^{-1}.

若 n 阶矩阵 A, B 分别对应于线性变换 φ, ψ, 则它们的和、差、积 $A \pm B, AB$ 以及 A 的常数倍 cA 分别对应于线性变换 $\varphi \pm \psi, \varphi\psi$ 以及 φ 的常数倍 $c\varphi$. 现在的问题是:

如何刻画实数域或复数域上方阵 A 的伴随矩阵 $A^{\mathrm{H}} = \bar{A}^{\mathrm{T}}$ 对应的线性变换?

现在我们来解决这个问题. 首先我们对任意内积空间 (包括无限维情形) 引入伴随变换的定义, 然后在有限维内积空间的情形下考虑与共轭转置矩阵的关系.

定义 3.1.1 设 φ 是内积空间 V 上的线性变换. 若存在 V 上的线性变换 ψ 满足

$$(\varphi(u), v) = (u, \psi(v)), \quad \forall u, v \in V,$$

则称 ψ 是 φ 的一个**伴随变换**, 表为 $\psi = \varphi^*$.

定理 3.1.1 设 φ 是有限维内积空间 V 上的线性变换, α 是 V 的一组标准正交基, φ 在基 α 下的矩阵是 A. 那么

(i) φ 存在唯一的伴随变换, 即 V 上有唯一的线性变换 φ^* 满足

$$(\varphi(u), v) = (u, \varphi^*(v)), \quad \forall u, v \in V;$$

(ii) 此变换 φ^* 在基 α 下的矩阵是 A^{H}, 即 $[\varphi^*]_\alpha = [\varphi]_\alpha^{\mathrm{H}}$.

证明 (i) 先证明 φ^* 是一个映射, 即证明对任意向量 $v \in V$, 存在唯一的向量 $w \in V$ 使得

$$(\varphi(u), v) = (u, w), \quad \forall u \in V.$$

那么即可定义 $\varphi^*(v) = w$. 若令 $x = [u]_\alpha$, $y = [v]_\alpha$, $z = [w]_\alpha$, 则 $\varphi(u)$ 在 α 下的坐标为 Ax, 因此

$$(\varphi(u), v) = (u, w), \quad \forall u \in V$$

$$\Leftrightarrow (Ax)^{\mathrm{T}} \bar{y} = x^{\mathrm{T}} A^{\mathrm{T}} \bar{y} = x^{\mathrm{T}} \bar{z}, \quad \forall x \in F^n$$

$$\Leftrightarrow \bar{x}^{\mathrm{T}} A^{\mathrm{H}} y = \bar{x}^{\mathrm{T}} z, \quad \forall x \in F^n$$

$$\Leftrightarrow A^{\mathrm{H}} y = z.$$

由此即知结论成立.

由定义可直接验证映射 φ^* 是线性的, 留作练习.

(ii) 由 (i) 中计算可知 $\varphi^*(v)$ 在 α 下的坐标为 $A^{\mathrm{H}}[v]_\alpha$, 因此 φ 在 α 下的矩阵为 A^{H}. $\square$

推论 3.1.1 设 φ 是有限维内积空间 V 上的线性变换, 则

$$(u, \varphi(v)) = (\varphi^*(u), v), \quad \forall u, v \in V.$$

证明 由内积的对称性有

$$(u, \varphi(v)) = \overline{(\varphi(v), u)} = \overline{(v, \varphi^*(u))} = (\varphi^*(u), v). \qquad \square$$

推论 3.1.2   设 F^n 是 $F = \mathbb{R}$ 或 $\mathbb{C}$ 上的标准内积空间, $A \in F^{n \times n}$. 那么 $(l_A)^* = l_{A^{\mathrm{H}}}$.

证明 l_A 在 F^n 的标准正交基 $\{e_1, e_2, \cdots, e_n\}$ 下的矩阵是 A, 故由上述定理, $(l_A)^*$ 在 $\{e_1, e_2, \cdots, e_n\}$ 下的矩阵是 A^{H}. 而 $l_{A^{\mathrm{H}}}$ 在 $\{e_1, e_2, \cdots, e_n\}$ 下的矩阵也是 A^{H}, 因此 $(l_A)^* = l_{A^{\mathrm{H}}}$.   □

例 3.1.1   设 e_1, e_2 是 $\mathbb{C}^2$ 的标准基. 定义线性变换

$$\varphi : \mathbb{C}^2 \to \mathbb{C}^2, \quad \begin{pmatrix} a_1 \\ a_2 \end{pmatrix} \mapsto \begin{pmatrix} 2a_1\mathrm{i} + 3a_2 \\ a_1 - a_2 \end{pmatrix}.$$

那么

$$\varphi(e_1, e_2) = (2\mathrm{i}e_1 + e_2, 3e_1 - e_2) = (e_1, e_2) \begin{pmatrix} 2\mathrm{i} & 3 \\ 1 & -1 \end{pmatrix},$$

即 φ 在标准基下的矩阵为 $\begin{pmatrix} 2\mathrm{i} & 3 \\ 1 & -1 \end{pmatrix}$. 因此 φ^* 在标准基下的矩阵是

$$\begin{pmatrix} 2\mathrm{i} & 3 \\ 1 & -1 \end{pmatrix}^{\mathrm{H}} = \begin{pmatrix} -2\mathrm{i} & 1 \\ 3 & -1 \end{pmatrix},$$

从而有 φ 的伴随变换

$$\varphi^* : \mathbb{C}^2 \to \mathbb{C}^2, \quad \begin{pmatrix} a_1 \\ a_2 \end{pmatrix} \mapsto \begin{pmatrix} -2a_1\mathrm{i} + a_2 \\ 3a_1 - a_2 \end{pmatrix}.$$

对 $F = \mathbb{C}$ 或 $\mathbb{R}$ 上的有限维内积空间 V, 定义映射

$$* : \mathrm{End}(V) \to \mathrm{End}(V), \quad \varphi \mapsto \varphi^*.$$

由伴随变换的定义, 可以证明对任意 $\varphi, \psi \in \mathrm{End}(V)$ 有

(i) $(\varphi + \psi)^* = \varphi^* + \psi^*$;

(ii) $(c\varphi)^* = \bar{c}\varphi^*$, $\quad \forall c \in F$;

(iii) $(\varphi\psi)^* = \psi^*\varphi^*$;

(iv) $\varphi^{**} = \varphi$;

(v) $\mathrm{id}_V^* = \mathrm{id}_V$.

由于 (iv) 成立, 我们称映射 $*$ 是一个**对合**, 这一性质直接导出了 $*$ 是一个双射.

当 $F = \mathbb{R}$ 时, 由 (i) 和 (ii) 可知 $*$ 是线性空间 $\mathrm{End}(V)$ 的一个自同构; 当 $F = \mathbb{C}$ 时, 由 (i) 和 (ii) 可见, 数乘线性性相差一个复共轭, 此时我们称 $*$ 为**自半同构**. (v) 意

味着 ∗ 是保单位元的, 但 (iii) 将 End(V) 作为 F-代数的乘法 "反" 保持了. 作为总结, 当 $F = \mathbb{R}$ 时我们称 ∗ 是 F-代数 End(V) 的一个**代数反自同构**; 当 $F = \mathbb{C}$ 时称 ∗ 为 End(V) 的一个**代数反自半同构**.

(i)—(v) 的证明留给读者作为练习.

命题 3.1.1 令 φ 为 $F = \mathbb{R}$ 或 $\mathbb{C}$ 上有限维内积空间 V 上的线性变换. 若 φ 有一个特征值 $\lambda \in F$, 则 φ^* 有一个特征值 $\bar{\lambda}$.

证明 设 $u \neq \mathbf{0}$ 是 φ 关于特征值 λ 的特征向量. 那么对任意 $v \in V$ 有

$$0 = (\mathbf{0}, v) = ((\varphi - \lambda \operatorname{id}_V)(u), v) = (u, (\varphi - \lambda \operatorname{id}_V)^*(v)) = (u, (\varphi^* - \bar{\lambda} \operatorname{id}_V)(v)),$$

即 $u \perp \operatorname{Im}(\varphi^* - \bar{\lambda} \operatorname{id}_V)$, 这表明 $u \notin \operatorname{Im}(\varphi^* - \bar{\lambda} \operatorname{id}_V)$. 因此 $\varphi^* - \bar{\lambda} \operatorname{id}_V$ 不是满射, 从而也不是单射, 即 $\operatorname{Ker}(\varphi^* - \bar{\lambda} \operatorname{id}_V) \neq \{\mathbf{0}\}$. 这证明了 $\bar{\lambda}$ 是 φ^* 的一个特征值. □

习题 3.1

1. 对有限维内积空间 V 和 $\varphi, \psi \in \operatorname{End}(V)$, 证明: 映射 ∗ 满足性质 (i)—(v).

2. 设 φ 是有限维内积空间 V 上的线性变换, $\psi_1 = \varphi + \varphi^*$, $\psi_2 = \varphi \varphi^*$. 证明: $\psi_1 = \psi_1^*$, $\psi_2 = \psi_2^*$.

3. 设 φ 是有限维内积空间 V 上的线性变换. 证明: 若 φ 可逆, 则 φ^* 也可逆且 $(\varphi^*)^{-1} = (\varphi^{-1})^*$.

4. 设 φ 是内积空间 V 上的线性变换. 证明: 若 $\varphi^* \varphi = \mathbf{0}$, 则 $\varphi = \mathbf{0}$. 假定 $\varphi \varphi^* = \mathbf{0}$, 是否有同样的结果?

5. 设 φ 是内积空间 V 上的线性变换. 证明:

(i) $(\operatorname{Im} \varphi^*)^\perp = \operatorname{Ker} \varphi$;

(ii) 若 V 维数有限, 则 $\operatorname{Im} \varphi^* = (\operatorname{Ker} \varphi)^\perp$.

6. 对 $F = \mathbb{R}$ 或 $\mathbb{C}$ 上的有限维内积空间 V, W, 设其内积分别为 $(\cdot, \cdot)_1$ 和 $(\cdot, \cdot)_2$, 令 $\varphi : V \to W$ 是一个线性变换. 若映射 $\varphi^* : W \to V$ 满足

$$(\varphi(v), w)_2 = (v, \varphi^*(w)), \quad \forall v \in V, \ w \in W,$$

则称 φ^* 为 φ 的**伴随**. 证明:

(i) φ 有唯一的伴随 φ^*, 并且 φ^* 是线性映射;

(ii) 若 α 和 β 分别是 V 和 W 的标准正交基, 则 $[\varphi^*]_{\beta, \alpha} = [\varphi]_{\alpha, \beta}^{\mathrm{H}}$;

(iii) $\operatorname{rank}(\varphi) = \operatorname{rank}(\varphi^*)$.

(iv) $(w, \varphi(v))_2 = (\varphi^*(w), v)_1, \forall v \in V, w \in W$.

(v) 对任意 $v \in V$, $\varphi^* \varphi(v) = \mathbf{0}$ 当且仅当 $\varphi(v) = \mathbf{0}$.

3.2　可对角化与正规变换

这一节我们来回答问题 3.0.1.

我们称域 F 上的一个 $n(>0)$ 次多项式 $f(x)$ 是**分裂的**, 若 $f(x)$ 可分解为 F 上的一次因子之积, 等价地, 若 $f(x)$ 在 F 中有 n 个根 (计重数), 其中 $n = \deg f(x)$. 特别地由代数学基本定理, 复多项式总是分裂的.

定理 3.2.1 (Schur (舒尔))　设 φ 为 $F = \mathbb{R}$ 或 $\mathbb{C}$ 上有限维内积空间 V 上的线性变换, 且特征多项式 $f_\varphi(x)$ 在 F 上分裂. 那么存在 V 的标准正交基 ξ 使得 $[\varphi]_\xi$ 是上三角形矩阵.

证明　我们对 V 的维数 n 归纳. 当 $n = 1$ 时结论显然. 假设结论对 $n - 1$ 维内积空间上特征多项式分裂的线性变换成立. 现在我们考虑 V 为 n 维的情况.

由于 $f_\varphi(x)$ 分裂, φ 有特征值 λ. 由命题 3.1.1, φ^* 有特征值 $\bar\lambda$. 设 w 是 φ^* 关于特征值 $\bar\lambda$ 的特征向量, 并不妨假定 w 是单位向量. 令 $W = \mathrm{Span}\{w\}$.

首先可以证明 $W^\perp$ 是 φ-不变的. 事实上, 对任意 $v \in W^\perp$ 和 $u \in W$ 我们有

$$(\varphi(v), u) = (v, \varphi^*(u)) = (v, \bar\lambda u) = \lambda(v, u) = 0.$$

因此 $\varphi(v) \in W^\perp$, 从而 $W^\perp$ 是 φ-不变的.

容易证明 $\varphi_{W^\perp}$ 的特征多项式 $f_{\varphi_{W^\perp}}(x)$ 整除 φ 的特征多项式 $f_\varphi(x)$, 因此 $f_{\varphi_{W^\perp}}(x)$ 也在 F 上分裂. 注意到 $\dim W^\perp = n - 1$, 对 $\varphi_{W^\perp}$ 使用归纳假设, 我们有 $W^\perp$ 的标准正交基 η 使得 $[\varphi_{W^\perp}]_\eta$ 是上三角形矩阵. 那么由 $V = W^\perp \oplus W$, 显然 $\xi = \eta \cup \{w\}$ 是 V 的标准正交基, 并且 $[\varphi]_\xi$ 是上三角形矩阵. 由归纳法知结论成立. $\qquad\square$

特别地, 由于复多项式分裂, 上述定理对有限维酉空间上的线性变换总成立; 但当 $F = \mathbb{R}$ 时, $\mathbb{R}[x]$ 中的多项式未必分裂, 因此对欧氏空间需假设 $f_\varphi(x)$ 分裂的条件.

在上述定理的条件下, 设 α 是 V 的任意一组标准正交基, φ 在基 α 下的矩阵是 A. 由于 α 和 β 均为标准正交基, 故 α 到 β 的过渡矩阵 P 是一个正交矩阵 (酉矩阵). 那么作为上述定理的矩阵版本, 我们有如下推论:

推论 3.2.1　任意复方阵 A 均酉相似于一个上三角形复矩阵. 若 n 阶实方阵有 n 个实特征值 (计重数), 那么 A 正交相似于一个上三角形实矩阵.

为了回答问题 3.0.1, 我们需要如下概念:

定义 3.2.1　(i) 设 φ 是有限维内积空间 V 上的线性变换. 若 $\varphi^*\varphi = \varphi^*\varphi$, 则称 φ 是**正规变换**.

(ii) 如果实 (复) 方阵 A 满足 $AA^\mathrm{T} = A^\mathrm{T}A$ $(AA^\mathrm{H} = A^\mathrm{H}A)$, 则称 A 是**正规矩阵**.

由定义直接验证可得:

性质 3.2.1　与实 (复) 正规方阵 A 正交相似 (酉相似) 的方阵 B 仍是正规方阵.

由上述定义和定理 3.1.1 即得:

性质 3.2.2 设 φ 是 $F = \mathbb{R}$ 或 $\mathbb{C}$ 上有限维内积空间 V 上的线性变换, φ 在 V 的一组标准正交基下的矩阵为 A. 那么, φ 是正规变换当且仅当 A 是正规矩阵.

我们先证明关于正规变换的如下命题:

命题 3.2.1 设 φ 是有限维内积空间 V 上的正规变换. 那么

(i) 对任意 $v \in V$ 有 $|\varphi(v)| = |\varphi^*(v)|$;

(ii) 对任意 $c \in F$, 线性变换 $\varphi - c\,\mathrm{id}_V$ 是正规的;

(iii) 若 v 是 φ 关于特征值 $\lambda \in F$ 的特征向量, 则 v 也是 φ^* 关于特征值 $\bar{\lambda}$ 的特征向量;

(iv) 若 λ_1 和 λ_2 是 φ 不同的特征值, 则 $V_{\lambda_1} \perp V_{\lambda_2}$.

证明 (i) 对任意 $v \in V$ 有

$$|\varphi(v)|^2 = (\varphi(v), \varphi(v)) = (\varphi^*\varphi(v), v) = (\varphi\varphi^*(v), v) = (\varphi^*(v), \varphi^*(v)) = |\varphi^*(v)|^2.$$

(ii) 对 $c \in F$ 有

$$
\begin{aligned}
(\varphi - c\,\mathrm{id}_V)(\varphi - c\,\mathrm{id}_V)^* &= (\varphi - c\,\mathrm{id}_V)(\varphi^* - \bar{c}\,\mathrm{id}_V) \\
&= \varphi\varphi^* - c\,\mathrm{id}_V\varphi^* - \varphi\,\bar{c}\,\mathrm{id}_V + c\,\mathrm{id}_V\,\bar{c}\,\mathrm{id}_V \\
&= \varphi^*\varphi - \varphi^*c\,\mathrm{id}_V - \bar{c}\,\mathrm{id}_V\varphi + \bar{c}\,\mathrm{id}_V\,c\,\mathrm{id}_V \\
&= (\varphi - c\,\mathrm{id}_V)^*(\varphi - c\,\mathrm{id}_V).
\end{aligned}
$$

(iii) 由假设 $(\varphi - \lambda\,\mathrm{id}_V)(v) = \mathbf{0}$. 由 (ii) 知 $\varphi - \lambda\,\mathrm{id}_V$ 正规, 再由 (i) 得

$$|(\varphi^* - \bar{\lambda}\,\mathrm{id}_V)(v)| = |(\varphi - \lambda\,\mathrm{id}_V)(v)| = |\mathbf{0}| = 0,$$

因此 $(\varphi^* - \bar{\lambda}\,\mathrm{id}_V)(v) = \mathbf{0}$, 即 $\varphi^*(v) = \bar{\lambda}v$. 因此非零向量 v 是 φ^* 关于特征值 $\bar{\lambda}$ 的特征向量.

(iv) 只需证明 $(v_1, v_2) = 0$, $\forall v_1 \in V_{\lambda_1}$, $v_2 \in V_{\lambda_2}$. 由 (iii) 我们有

$$\lambda_1(v_1, v_2) = (\lambda_1 x_1, x_2) = (\varphi(v_1), v_2) = (v_1, \varphi^*(v_2)) = (v_1, \overline{\lambda_2}v_2) = \lambda_2(v_1, v_2).$$

由 $\lambda_1 \neq \lambda_2$ 即得 $(v_1, v_2) = 0$. $\qquad\square$

容易看到, 这个命题的 (iii) 是前面命题 3.1.1 的进一步结论, 即当线性变换 φ 是正规变换时, φ 和 φ^* 分别关于特征值 λ 和 $\bar{\lambda}$ 的特征向量是一致的.

下面我们可以对酉空间和欧氏空间统一回答问题 3.0.1.

定理 3.2.2 设 φ 是 $F = \mathbb{R}$ 或 $\mathbb{C}$ 上有限维内积空间 V 上的线性变换. 那么 V 有一组由 φ 的特征向量构成的标准正交基 (即 φ 关于一组标准正交基可对角化) 当且仅当 φ 是一个特征多项式在 F 上分裂的正规变换.

证明 **必要性**. 设 ξ 是由 φ 的特征向量构成的 V 的标准正交基. 那么 $[\varphi]_\xi$ 为对角矩阵, 从而 φ 的特征多项式分裂, 并且 $[\varphi^*]_\xi = [\varphi]_\xi^{\mathrm{H}}$ 也是对角矩阵. 因此

$$[\varphi\varphi^*]_\xi = [\varphi]_\xi[\varphi^*]_\xi = [\varphi^*]_\xi[\varphi]_\xi = [\varphi^*\varphi]_\xi.$$

这表明 $\varphi\varphi^* = \varphi^*\varphi$, 即 φ 正规.

充分性. 设 φ 的特征多项式分裂且是正规变换. 那么根据 Schur 定理, 存在 V 的标准正交基 $\xi = \{\xi_1, \xi_2, \cdots, \xi_n\}$ 使得 $A = [\varphi]_\xi$ 为上三角形矩阵. 特别地, ξ_1 是 φ 的特征向量.

下面证明: 对 $k = 2, 3, \cdots, n$, 若 $\xi_1, \xi_2, \cdots, \xi_{k-1}$ 是 φ 的特征向量, 则 ξ_k 也是 φ 的特征向量.

事实上, 设 ξ_j 是 φ 关于特征值 λ_j 的特征向量, $j = 1, 2, \cdots, k - 1$. 由命题 3.2.1 (iii) 有 $\varphi^*(\xi_j) = \overline{\lambda_j}\xi_j$. 由于 $A = (a_{ij})$ 是上三角形矩阵, 我们有

$$\varphi(\xi_k) = a_{1k}\xi_1 + a_{2k}\xi_2 + \cdots + a_{kk}\xi_k.$$

上式两边与 ξ_j, $j = 1, 2, \cdots, k - 1$ 做内积可得

$$a_{jk} = (\varphi(\xi_k), \xi_j) = (\xi_k, \varphi^*(\xi_j)) = (\xi_k, \overline{\lambda_j}\xi_j) = \lambda_j(\xi_k, \xi_j) = 0.$$

因此 $\varphi(\xi_k) = a_{kk}\xi_k$, 从而 ξ_k 也是 φ 的特征向量.

由归纳法即知所有的 $\xi_1, \xi_2, \cdots, \xi_n$ 都是 φ 的特征向量. $\qquad\square$

特别地, 由于复多项式总是分裂的, 我们对酉空间有如下结论:

推论 3.2.2 设 φ 是有限维酉空间 V 上的线性变换. 那么如下陈述等价:

(i) V 有一组由 φ 的特征向量构成的标准正交基;

(ii) φ 在 V 的任意标准正交基下对应的矩阵都酉相似于一个对角矩阵;

(iii) φ 是正规变换.

作为矩阵版本的结论, 我们有

推论 3.2.3 $A \in \mathbb{C}^{n \times n}$ 酉相似于对角矩阵当且仅当 A 是正规矩阵.

下面的例子说明, 上述定理 3.2.2 和推论 3.2.2 对于无限维酉空间一般是不成立的.

例 3.2.1 现在给出一个例子, 说明无限维酉空间上的正规变换未必有特征向量, 自然未必存在由其特征向量构成的标准正交基.

考虑 $[0, 2\pi]$ 上复值连续函数构成的内积空间 H, 内积定义为

$$(f, g) = \frac{1}{2\pi}\int_0^{2\pi} f(t)\overline{g(t)}\mathrm{d}t, \quad f, g \in H.$$

那么 H 中有标准正交集

$$S = \{f_n(t) = \mathrm{e}^{int} \mid n \in \mathbb{Z}\}.$$

令 $V = \operatorname{Span}\{S\}$. 定义线性变换

$$\varphi : V \to V, \quad f \mapsto f_1 f,$$

$$\psi : V \to V, \quad f \mapsto f_{-1} f.$$

那么对 $n \in \mathbb{Z}$ 显然有 $\varphi(f_n) = f_{n+1}$, $\psi(f_n) = f_{n-1}$. 因此

$$(\varphi(f_m), f_n) = (f_{m+1}, f_n) = \delta_{m+1,n} = \delta_{m,n-1} = (f_m, f_{n-1}) = (f_m, \psi(f_n)).$$

这表明 $\psi = \varphi^*$. 显然 $\varphi\varphi^* = \operatorname{id}_V = \varphi^*\varphi$, 从而 φ 是正规变换.

我们来证明 φ 在 V 中没有特征向量. 假设 $\varphi(f) = \lambda f$, 其中 $f \in V$ 非零, $\lambda \in \mathbb{C}$. 由 V 的定义我们可以设

$$f = \sum_{i=n}^{m} a_i f_i, \qquad \text{其中} \quad a_n, a_{n+1}, \cdots, a_m \in \mathbb{C},\ a_m \neq 0.$$

那么

$$\sum_{i=n}^{m} a_i f_{i+1} = \varphi(f) = \lambda f = \sum_{i=n}^{m} \lambda a_i f_i.$$

由于 $a_m \neq 0$, 上式表明 f_{m+1} 可表为 $f_n, f_{n+1}, \cdots, f_m$ 的线性组合. 这与 S 线性无关矛盾. 因此 φ 没有特征向量.

最后我们来给出正规变换的一个基本性质, 即: 正规变换不变子空间的正交补也是不变子空间. 首先我们有如下引理:

引理 3.2.1 设 $F = \mathbb{R}$ 或 $\mathbb{C}$ 上的方阵 A 是分块上三角形矩阵 $A = \begin{pmatrix} A_1 & A_2 \\ O & A_3 \end{pmatrix}$

或分块下三角形矩阵 $A = \begin{pmatrix} A_1 & O \\ A_2 & A_3 \end{pmatrix}$, 其中 A_1, A_3 是方阵. 那么 A 是正规矩阵当且仅当 $A_2 = O$ 且 A_1, A_3 是正规矩阵.

证明 易证充分性, 留作练习. 下面证明必要性.

不妨设 A 是分块上三角形矩阵, 对分块下三角形矩阵的情形证明类似. 设 A 是正规矩阵, 即 $A^H A = A A^H$. 直接计算分块矩阵乘法可得

$$A^H A = \begin{pmatrix} A_1^H & O \\ A_2^H & A_3^H \end{pmatrix} \begin{pmatrix} A_1 & A_2 \\ O & A_3 \end{pmatrix} = \begin{pmatrix} A_1^H A_1 & * \\ * & A_2^H A_2 + A_3^H A_3 \end{pmatrix},$$

$$A A^H = \begin{pmatrix} A_1 & A_2 \\ O & A_3 \end{pmatrix} \begin{pmatrix} A_1^H & O \\ A_2^H & A_3^H \end{pmatrix} = \begin{pmatrix} A_1 A_1^H + A_2 A_2^H & * \\ * & A_3 A_3^H \end{pmatrix}.$$

于是由 $A^{\mathrm{H}}A = AA^{\mathrm{H}}$ 得出

$$A_1^{\mathrm{H}}A_1 = A_1A_1^{\mathrm{H}} + A_2A_2^{\mathrm{H}}, \quad A_2^{\mathrm{H}}A_2 + A_3^{\mathrm{H}}A_3 = A_3A_3^{\mathrm{H}}. \tag{3.2}$$

对 (3.2) 式中第一个等式两边取迹, 由 $\mathrm{tr}(A_1^{\mathrm{H}}A_1) = \mathrm{tr}(A_1A_1^{\mathrm{H}})$ 可得 $\mathrm{tr}(A_2A_2^{\mathrm{H}}) = 0$. 将 A_2^{H} 按列分块为 $A_2^{\mathrm{H}} = (v_1 \ v_2 \ \cdots \ v_n)$, 其中 $v_1, v_2, \cdots, v_n$ 为 F 上列向量. 那么 $A_2A_2^{\mathrm{H}}$ 的对角元为

$$\overline{v_i}^{\mathrm{T}}v_i = |v_i|^2, \quad i = 1, 2, \cdots, n,$$

其中 $|v_i|$ 表示列向量空间上的标准内积. 因此

$$\mathrm{tr}(A_2A_2^{\mathrm{H}}) = |v_1|^2 + |v_2|^2 + \cdots + |v_n|^2 = 0.$$

由内积的正性可知 $|v_i| = 0$ 从而 $v_i = \mathbf{0}$, $i = 1, 2, \cdots, n$, 即 $A_2 = O$. 再由 (3.2) 式得到

$$A_1^{\mathrm{H}}A_1 = A_1A_1^{\mathrm{H}}, \quad A_3^{\mathrm{H}}A_3 = A_3A_3^{\mathrm{H}},$$

即 A_1, A_3 正规. $\qquad\square$

定理 3.2.3 设 φ 是有限维内积空间 V 上的正规变换, W 是 V 的 φ-不变子空间. 那么 $W^{\perp}$ 也是 φ-不变子空间.

证明 任取 W 的标准正交基 $\{\xi_1, \xi_2, \cdots, \xi_r\}$, 并扩充为 V 的标准正交基 $\xi = \{\xi_1, \xi_2, \cdots, \xi_n\}$. 那么 $\{\xi_{r+1}, \xi_{r+2}, \cdots, \xi_n\}$ 是 $W^{\perp}$ 的标准正交基. 由于 W 是 φ-不变子空间, φ 在基 ξ 下的矩阵为分块上三角形矩阵

$$A = \begin{pmatrix} A_1 & A_2 \\ O & A_3 \end{pmatrix},$$

其中 A_1 为 φ_W 在 $\{\xi_1, \xi_2, \cdots, \xi_r\}$ 下的矩阵. 那么 A 正规, 因此由引理 3.2.1 知 $A_2 = O$, 从而 $W^{\perp}$ 也是 φ-不变子空间. $\qquad\square$

由本节主要定理 3.2.2可知, 正规变换或其相应的正规矩阵实现对角化以后, 能决定这个正规变换和正规矩阵的进一步性质的, 应该就是所得对角矩阵的对角元的特点. 后面我们分三类特殊的重要正规矩阵来讨论这进一步的问题.

习题 3.2

下面出现的内积空间均假设是有限维的.

1. 设 φ 是内积空间 V 上的正规变换, W 是 V 的子空间. 证明: 若 W 是 φ-不变的, 则 W 也是 φ^*-不变的, 从而 φ_W 仍是正规变换.

2. 设 φ 和 ψ 为有限维内积空间上的正规变换, 且 $\mathrm{Im}\,\varphi \perp \mathrm{Im}\,\psi$. 证明: $\varphi + \psi$ 为正规变换.

3. 设 φ 是内积空间 V 上的正规变换. 证明: $\operatorname{Ker}\varphi = \operatorname{Ker}\varphi^*$ 且 $\operatorname{Im}\varphi = \operatorname{Im}\varphi^*$.

4. 设实数 $\lambda_1, \lambda_2, \cdots, \lambda_r$ 和共轭复数 $a_1 \pm \mathrm{i}b_1, \cdots, a_s \pm \mathrm{i}b_s$ $(a_k, b_k \in \mathbb{R}, b_k \neq 0,$ $k = 1, 2, \cdots, s)$ 是 n 阶实正规矩阵 A 在 $\mathbb{C}$ 中的所有特征值, 其中 $r + 2s = n$. 证明: A 可正交相似于标准形

$$D = \operatorname{diag}\left\{ \lambda_1, \cdots, \lambda_r, \begin{pmatrix} a_1 & b_1 \\ -b_1 & a_1 \end{pmatrix}, \cdots, \begin{pmatrix} a_s & b_s \\ -b_s & a_s \end{pmatrix} \right\}.$$

5. 举出实方阵 A 的例子, 使得 A 不是正规方阵, 但 A^2 是正规方阵.

6. 假设复方阵 A 与 $A^{\mathrm{H}}A$ 可交换. 那么 A 是否一定是正规的?

7. 设 φ 是内积空间 V 上的线性变换. 证明: φ 是正规变换当且仅当 $|\varphi(v)| = |\varphi^*(v)|, \forall v \in V$.

8. 设 $A = (a_{ij})$ 是 n 阶复矩阵, 特征值为 $\lambda_1, \lambda_2, \cdots, \lambda_n$. 求证: $\sum\limits_{i=1}^{n} |\lambda_i|^2 \leqslant \sum\limits_{i,j=1}^{n} |a_{ij}|^2$, 其中等号成立当且仅当 A 正规.

3.3 自伴变换和反自伴变换

定义 3.3.1 (i) 设 φ 是有限维内积空间 V 上的线性变换. 若 $\varphi^* = \varphi$, 则称 φ 是自伴变换.

(ii) 若复 (或实) 方阵 A 满足 $A = A^{\mathrm{H}}$(或 $A = A^{\mathrm{T}}$), 即是 Hermite 矩阵或实对称矩阵, 则统称 A 是自伴矩阵.

注 3.3.1 (i) 有限维内积空间上的自伴变换显然是一类正规变换. 对应地, 实对称矩阵和 Hermite 矩阵是正规矩阵.

(ii) 由定理 3.1.1, 有限维内积空间 V 上的线性变换 φ 是自伴的当且仅当

$$(\varphi(u), v) = (u, \varphi(v)), \quad \forall u, v \in V.$$

由定义不难验证如下性质:

性质 3.3.1 设 φ 是有限维内积空间上的线性变换. 若 φ 是自伴变换, 则对任意实数 c, 有 $\varphi - c\,\mathrm{id}_V$ 是自伴变换.

由上述定义和定理 3.1.1 即得

性质 3.3.2 (i) 与实 (复) 自伴矩阵 A 正交相似 (酉相似) 的方阵 B 仍是自伴矩阵.

(ii) 设 φ 是 $F = \mathbb{R}$ 或 $\mathbb{C}$ 上有限维内积空间 V 上的线性变换, φ 在 V 的一组标准正交基下的矩阵为 A, 那么 φ 是自伴变换当且仅当 A 是自伴矩阵, 即是实对称矩阵或 Hermite 矩阵.

为了对欧氏空间给出问题 3.0.1 更容易应用的答案, 我们需要关于自伴变换的一个结果.

引理 3.3.1　设 φ 是有限维内积空间 V 上的自伴变换. 那么 φ 的特征多项式 $f_\varphi(x)$ 总是分裂的, 并且 φ 的特征值均为实数.

证明　我们分两种情况讨论:

(i) 当 V 是酉空间, 由代数基本定理, $f_\varphi(x)$ 总是分裂的. 若 v 是 φ 关于特征值 λ 的特征向量, 则由命题 3.2.1 (iii), v 也是 $\varphi^* = \varphi$ 关于特征值 $\bar{\lambda}$ 的特征向量. 因此 $\lambda = \bar{\lambda}$, 即 λ 是实数.

(ii) 当 V 是欧氏空间, 设 φ 在 V 的一组标准正交基下的矩阵为 A. 由性质 3.3.2, A 为实对称矩阵. 考虑标准内积空间 $\mathbb{C}^n$ 上的线性变换

$$l_A : \mathbb{C}^n \to \mathbb{C}^n, \quad x \mapsto Ax.$$

由于 A 作为实对称矩阵也是 Hermite 矩阵并且 A 是 l_A 在标准基下的矩阵, 由性质 3.3.2, l_A 是自伴变换. 那么由 (i), l_A 在 $\mathbb{C}$ 中的 n 个特征值全为实数. 由于 l_A, A 和 φ 三者的特征多项式相同, 因此 $f_\varphi(x)$ 在 $\mathbb{R}$ 上分裂. □

对自伴变换应用定理 3.2.2, 特别地, 作为对欧氏空间上问题 3.0.1 的重新回答, 我们有如下的结论:

定理 3.3.1　设 φ 是有限维内积空间 V 上的线性变换. 那么下列陈述等价:

(i) V 有一组由 φ 的特征向量构成的标准正交基, 且对应特征值均为实数;

(ii) φ 是自伴变换.

特别地, 若 V 是有限维欧氏空间, 则 V 有一组由 φ 的特征向量构成的标准正交基当且仅当 φ 是一个自伴变换.

证明　(i) $\Rightarrow$ (ii). 注意到实对角矩阵是 Hermite 矩阵, 由性质 3.3.2 即得.

(ii) $\Rightarrow$ (i). 由定理 3.2.2 和引理 3.3.1 即得. □

推论 3.3.1　有限维欧氏空间 V 上的线性变换 φ 是特征多项式在 $\mathbb{R}$ 上分裂的正规变换当且仅当 φ 是一个自伴变换.

证明　由定理 3.2.2 和定理 3.3.1 (ii) 即得. □

对照推论 3.2.2 和定理 3.3.1, 我们可得如下的推论:

推论 3.3.2　设 φ 为有限维内积空间 V 上的线性变换, φ 在 V 的一组标准正交基下的矩阵为 A. 那么

(i) 若 V 是酉空间, 则 φ 是一个自伴变换当且仅当 A 酉相似于一个实对角矩阵;

(ii) 若 V 是欧氏空间, 则 φ 是一个自伴变换当且仅当 A 正交相似于一个实对角矩阵.

证明 对酉空间或欧氏空间, 标准正交基之间的过渡矩阵分别是酉矩阵或正交矩阵, 而线性变换在不同基下的矩阵通过过渡矩阵相似. 那么分别由推论 3.2.2 和定理 3.3.1 即得结论. □

相应的矩阵版本结论是:

推论 3.3.3 (i) $A \in \mathbb{C}^{n \times n}$ 酉相似于实对角矩阵当且仅当 A 是 Hermite 矩阵;

(ii) $A \in \mathbb{R}^{n \times n}$ 正交相似于对角矩阵当且仅当 A 是实对称矩阵.

证明 对 $F = \mathbb{R}$ 或 $\mathbb{C}$ 上的 n 阶矩阵 A, 对标准内积空间 F^n 上的线性变换 l_A 使用上述结论和性质 3.3.2 即得. □

正规变换的另一重要特例是反自伴变换, 它在方法上与自伴变换既是相似的, 又是相反的. 下面我们首先来给出定义.

定义 3.3.2 若域 F 上的有限维内积空间 V 上的线性变换 φ 满足 $\varphi^* = -\varphi$, 则称 φ 是**反自伴变换**.

若方阵 $A \in F^{n \times n}$ 满足 $A^{\mathrm{H}} = -A$, 则称 A 是**反自伴矩阵**. 特别地, 当 $F = \mathbb{C}$ 时, 称 A 是**反 Hermite 矩阵**; 当 $F = \mathbb{R}$ 时, A 就是**反对称实矩阵**.

注 3.3.2 (i) 有限维欧氏空间或酉空间上的反自伴变换 φ 在标准正交基下的矩阵即为反对称实矩阵或反 Hermite 矩阵.

(ii) 反自伴变换显然是正规变换, 亦显然地, 反自伴矩阵 (包括反对称实矩阵和反 Hermite 矩阵) 是正规矩阵.

与自伴变换类似, 我们有

性质 3.3.3 有限维内积空间 V 上的线性变换 φ 是一个反自伴变换当且仅当

$$(\varphi(u), v) = -(u, \varphi(v)), \quad \forall u, v \in V.$$

由定义不难验证如下性质:

性质 3.3.4 设 φ 是有限维内积空间上的线性变换. 若 φ 是反自伴变换, 则对 F 中的任意纯虚数 c 有 $\varphi - c\,\mathrm{id}_V$ 是反自伴变换.

引理 3.3.2 设 φ 是域 $F = \mathbb{R}$ 或 $\mathbb{C}$ 上的 n 维内积空间 V 上的反自伴变换, 那么

(i) 若 $F = \mathbb{C}$, 则 φ 的所有特征值均为纯虚数;

(ii) 若 $F = \mathbb{R}$, 则 φ 的特征值为 0 或者不存在, 且 φ 的特征多项式 $f_\varphi(x)$ 在 $\mathbb{R}$ 上分解为形如 x 或 $x^2 + b\,(b > 0)$ 的不可约多项式之积.

证明   (i) 设 $\varphi(v) = \lambda v$, 其中 $v \in V$ 非零, $\lambda \in \mathbb{C}$. 那么

$$\lambda(v,v) = (\varphi(v),v) = -(v,\varphi(v)) = -(v,\lambda v) = -\bar{\lambda}(v,v).$$

由 $v \neq \mathbf{0}$ 可得 $\lambda = -\bar{\lambda}$, 从而 λ 是纯虚数.

(ii) 由 (i) 即得. $\square$

特别地, 若有限维欧氏空间上的反自伴变换 φ 在一组标准正交基下的矩阵为对角矩阵, 则此对角矩阵为 O 从而 $\varphi = \mathbf{0}$. 类似地, 若反对称实矩阵 A 可正交相似对角化, 则 $A = O$. 反之, 若反对称实矩阵 A 的特征多项式不可分裂, 则 A 是一个不可正交相似对角化的实正规矩阵, 例如 $A = \begin{pmatrix} 0 & 1 \\ -1 & 0 \end{pmatrix}$.

下面给出酉空间上反自伴变换的对角化.

定理 3.3.2   设 φ 是有限维酉空间 V 上的线性变换, 那么如下陈述等价:

(i) φ 是反自伴变换, 即在 V 的任意一组标准正交基下的矩阵为反 Hermite 矩阵;

(ii) φ 在 V 的某组标准正交基下的矩阵是对角元均为纯虚数的对角矩阵;

(iii) φ 的特征值均为纯虚数且 V 有一组由 φ 的特征向量构成的标准正交基;

证明   由定理 3.2.2 和引理 3.3.2 即得. $\square$

习题 3.3

下面出现的内积空间均假设是有限维的.

1. 设 φ 是酉空间 V 上的线性变换, 其伴随变换为 φ^*. 证明:

(i) 若 φ 自伴, 则 $(\varphi(v),v)$ 是实数, $\forall v \in V$;

(ii) 若 $(\varphi(v),v) = 0$, $\forall v \in V$, 则 $\varphi = \mathbf{0}$;

(iii) 若 $(\varphi(v),v)$ 是实数, $\forall v \in V$, 则 φ 自伴.

2. 设 A 和 B 是可对角化复方阵. 证明或否定: A 与 B 是相似的当且仅当 A 与 B 是酉相似的.

3. 设 A,B 均为实对称矩阵或复正规矩阵. 证明: $AB = BA$ 当且仅当存在正交矩阵或酉矩阵 U 使得 $U^{\mathrm{H}}AU$ 和 $U^{\mathrm{H}}BU$ 均为对角矩阵.

4. 设 A,B 是 $m \times n$ 阶实矩阵. 证明: $A^{\mathrm{T}}A = B^{\mathrm{T}}B$ 当且仅当存在 m 阶正交矩阵 Q 使得 $A = QB$.

5. 证明: 任意一个秩为 r 的 Hermite 矩阵均可分解为 r 个秩为 1 的 Hermite 矩阵之和.

6. 设 3 阶实对称矩阵 A 有互异的特征值 $\lambda_1, \lambda_2, \lambda_3$, 且 ξ_1, ξ_2 分别为 A 关于 λ_1, λ_2 的特征向量. 求 A 关于 λ_3 的特征向量.

7. 设 φ 是欧氏空间 V 上的线性变换. 证明: $\varphi^* = -\varphi$ 当且仅当 $(\varphi(v), v) = 0$, $\forall v \in V$.

8. 设 φ 和 ψ 是内积空间 V 上的自伴变换. 证明: $\varphi\psi$ 是自伴变换当且仅当 $\varphi\psi = \psi\varphi$.

9. 令 V 是酉空间, φ 是 V 上线性变换. 定义

$$\varphi_1 = \frac{1}{2}(\varphi + \varphi^*), \quad \varphi_2 = \frac{1}{2\mathrm{i}}(\varphi - \varphi^*).$$

(i) 证明: φ_1, φ_2 是自伴的, 并且 $\varphi = \varphi_1 + \mathrm{i}\varphi_2$;

(ii) 设 $\varphi = \psi_1 + \mathrm{i}\psi_2$, 其中 ψ_1, ψ_2 是自伴的. 证明: $\psi_1 = \varphi_1$, $\psi_2 = \varphi_2$;

(iii) 证明: φ 是正规的当且仅当 $\varphi_1\varphi_2 = \varphi_2\varphi_1$.

10. 设 φ 是内积空间 V 上的线性变换, W 是 V 的 φ-不变子空间. 证明:

(i) 若 φ 是自伴的, 则 φ_W 也是自伴的;

(ii) $W^\perp$ 是 φ^*-不变的;

(iii) 若 W 是 φ-不变且 φ^*-不变的, 则 $(\varphi_W)^* = (\varphi^*)_W$。

11. 证明: 若 A 是 n 阶反对称实矩阵, 则 $I_n + A$ 可逆.

3.4　保距变换和对角化的算法

本节中, 我们研究一类特殊的正规变换——保距变换 (即酉变换和正交变换), 及它对角化时的特点. 最后我们对正规变换和正规矩阵进行正交或酉相似对角化的一个具体算法.

我们先来看酉变换和正交变换, 它们统称保距变换, 其定义即为保内积的线性变换. 而 n 阶酉矩阵和正交矩阵 A 的定义为 $AA^{\mathrm{H}} = A^{\mathrm{H}}A = I_n$. 下面的命题给出对其定义的统一的理解.

命题 3.4.1 设 φ 是 n 维内积空间 V 上的线性变换, 那么下面的陈述等价:

(i) φ 是保距变换;

(ii) $\varphi\varphi^* = \varphi^*\varphi = \mathrm{id}_V$.

证明 由定理 1.3.3, φ 是保距变换当且仅当对 V 的任意标准正交基 α 有

$$[\varphi]_\alpha[\varphi]_\alpha^{\mathrm{H}} = [\varphi]_\alpha^{\mathrm{H}}[\varphi]_\alpha = I_n,$$

即 $[\varphi\varphi^*]_\alpha = [\varphi^*\varphi]_\alpha = I_n = [\mathrm{id}_V]_\alpha$, 故当且仅当 $\varphi\varphi^* = \varphi^*\varphi = \mathrm{id}_V$. □

由此命题我们知道, 保距变换 (即酉变换或正交变换) 是正规变换的特殊情况, 故自然也满足定理 3.2.2 的结论: 若保距变换 φ 的特征多项式分裂, 则存在一组标准正交基

α, 使得 φ 在 α 下的矩阵是对角矩阵 $D = \text{diag}\{\lambda_1, \lambda_2, \cdots, \lambda_n\}$.

我们现在研究保距变换对应的对角矩阵 D 具有的性质.

定理 3.4.1   设 φ 是 $F = \mathbb{R}$ 或 $\mathbb{C}$ 上有限维内积空间 V 的线性变换. 那么如下陈述等价:

(i) φ 是特征多项式在 F 上分裂的保距变换;

(ii) φ 在 V 的某组标准正交基 α 下的矩阵是一个对角元模均为 1 的对角矩阵;

(iii) φ 的特征值的模均为 1, 且 V 有一组由 φ 的特征向量构成的标准正交基.

证明   (i) $\Rightarrow$ (ii). 由定理 3.2.2, φ 在 V 的某组标准正交基 α 下的矩阵为对角矩阵

$$D = \text{diag}\{\lambda_1, \lambda_2, \cdots, \lambda_n\}.$$

由于 φ 保距, $DD^{\mathrm{H}} = \text{diag}\{|\lambda_1|^2, |\lambda_2|^2, \cdots, |\lambda_n|^2\} = I_n$, 即 $|\lambda_i| = 1$, $i = 1, 2, \cdots, n$.

(ii) $\Rightarrow$ (iii) 显然.

(iii) $\Rightarrow$ (i). 设 V 有标准正交基 $\alpha = \{\alpha_1, \alpha_2, \cdots, \alpha_n\}$, 其中 α_i 是关于 φ 的特征值 λ_i 的特征向量且 $|\lambda_i| = 1$, $i = 1, 2, \cdots, n$. 那么 $[\varphi]_\alpha = D = \text{diag}\{\lambda_1, \lambda_2, \cdots, \lambda_n\}$, 从而 φ 的特征多项式分裂. 由上述计算知 $DD^{\mathrm{H}} = I_n$, 从而 φ 是保距变换. $\square$

作为内积空间的特例, 当 V 是欧氏空间时, 其上保距变换对角化后的对角元变成了更具体的情况, 即 ± 1, 此即如下结论:

推论 3.4.1   设 φ 是有限维欧氏空间 V 上的线性变换. 那么如下陈述等价:

(i) φ 是特征多项式在 $\mathbb{R}$ 上分裂的保距变换;

(ii) φ 在 V 的某组标准正交基 α 下的矩阵是一个对角元均为 ± 1 的对角矩阵;

(iii) φ 的特征值均为 ± 1, 且 V 有一组由 φ 的特征向量构成的标准正交基.

在此条件下, φ 同时是自伴变换, 其在标准正交基下对应的正交矩阵同时是对称矩阵.

证明   (i)—(iii) 的等价性的证明作为定理 3.4.1 的特殊情况即可得到.

在此情况下, 由 (ii) 知, φ 正交相似对角化的对角矩阵的对角元均为 ± 1, 故是一个显然的实对称矩阵, 从而 φ 同时是一个自伴变换. $\square$

读者可自行陈述定理 3.4.1 和推论 3.4.1 的矩阵版本. 特别地, 酉矩阵总可酉相似于一个对角元模均为 1 的对角矩阵, 对称正交矩阵总可正交相似于一个对角元均为 ± 1 的对角矩阵.

作为不可正交相似对角化的正交矩阵的实例, 考虑 $A = \begin{pmatrix} \cos\theta & -\sin\theta \\ \sin\theta & \cos\theta \end{pmatrix}$, 其中 $\theta \in \mathbb{R}$, $\sin\theta \neq 0$. 那么 A 没有实的特征值, 因此 A 的特征多项式不是分裂的.

注 3.4.1   保距变换 φ 的常数倍 $c\varphi$ 是正规变换, 但 $c\varphi$ 是保距变换当且仅当 $|c| = 1$.

作为总结, 假设 φ 是 $F = \mathbb{R}$ 或 $\mathbb{C}$ 上有限维内积空间 V 上的线性变换, 其特征多项式在 F 上分裂, 且在一组标准正交基下的矩阵为 A. 那么 φ 是保距变换、自伴变换、反自伴变换的各种情况当且仅当 A 正交相似或酉相似于一个对角元的模均为 1 的复数、实数、纯虚数的对角矩阵. 下面我们用一个图示来总结它们之间的关系.

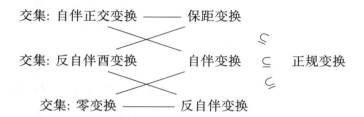

其中由推论 3.4.1 知, φ 是自伴正交变换当且仅当 φ 在某组标准正交基下的矩阵是对角元均为 ± 1 的对角矩阵, 不妨称为**拟幺变换**; 同理, φ 是反自伴酉变换当且仅当 φ 在某组标准正交基下的矩阵是对角元均为 $\pm \mathrm{i}$ 的对角矩阵, 不妨称为**拟虚幺变换**.

对角化的具体算法

求一个线性变换的对角化, 就是求它在某组基下的矩阵的对角化, 所以下面我们只需要给出一个矩阵的对角化步骤.

设 A 是 $\mathbb{R}$ 或 $\mathbb{C}$ 上的 n 阶方阵. 由定理 3.2.2, 若 A 正规 (从而包括正交矩阵、酉矩阵、(反)Hermite 矩阵, 特别地包括实对称矩阵) 且特征多项式 $f_A(x)$ 在 F 上分裂, 则 A 可正交相似或酉相似对角化. 下面我们总结定理 3.2.2 的证明方法, 给出具体计算正交矩阵或酉矩阵 U 使得 $U^{\mathrm{H}}AU$ 为对角矩阵的步骤.

我们可以用类似《代数学 (一)》中将一个矩阵相似对角化的步骤来写出与正规矩阵相似的对角矩阵及相应的正交矩阵或酉矩阵, 不同之处在于这里不需要判断矩阵是否可对角化的步骤, 因为特征多项式分裂的正规矩阵总是可对角化的.

下面我们给出当 A 是 $F = \mathbb{R}$ 或 $\mathbb{C}$ 上特征多项式分裂的 n 阶正规矩阵时, 求正交矩阵或酉矩阵 U 使得 $U^{\mathrm{H}}AU$ 为对角矩阵 Λ 的计算步骤:

第一步. 求出 A 的特征多项式 $f_A(x)$, 从而求出 A 在 F 中所有互异的特征值 $\lambda_1, \lambda_2, \cdots, \lambda_k$.

第二步. 对 $i = 1, 2, \cdots, k$ 求出

$$(\lambda_i I_n - A)x = \mathbf{0}$$

的一组基础解系 $\eta_{i1}, \eta_{i2}, \cdots, \eta_{in_i}$, 其中 $n_i = n - r(\lambda_i I_n - A)$. 那么 $\eta_{i1}, \eta_{i2}, \cdots, \eta_{in_i}$ 构成特征子空间 V_{λ_i} 的一组基并且有 $n_1 + n_2 + \cdots + n_k = n$.

第三步. 对 $i = 1, 2, \cdots, k$, 利用 Schmidt 正交化方法将 $\eta_{i1}, \eta_{i2}, \cdots, \eta_{in_i}$ 变为 V_{λ_i} 的一组标准正交基 $\xi_{i1}, \xi_{i2}, \cdots, \xi_{in_i}$. 那么

$$\xi_{11}, \xi_{12}, \cdots, \xi_{1n_1}, \cdots, \xi_{k1}, \xi_{k2}, \cdots, \xi_{kn_k}$$

构成了 F^n 的一组标准正交基.

第四步. 令

$$\Lambda = \begin{pmatrix} \lambda_1 I_{n_1} & & & \\ & \lambda_2 I_{n_2} & & \\ & & \ddots & \\ & & & \lambda_k I_{n_k} \end{pmatrix}, \quad U = (\xi_{11} \ \xi_{12} \ \cdots \ \xi_{1n_1} \ \cdots \ \xi_{k1} \ \xi_{k2} \ \cdots \ \xi_{kn_k}).$$

那么 U 为正交矩阵或酉矩阵且 $U^H A U = \Lambda$.

注 3.4.2 需要注意 U 与 Λ 构造的关系：特征值与其特征向量在 Λ 与 U 中的位置是相对应的.

例 3.4.1 设实矩阵

$$A = \begin{pmatrix} 0 & -1 & 1 \\ -1 & 0 & 1 \\ 1 & 1 & 0 \end{pmatrix}.$$

求一个正交矩阵 U 及对角矩阵 Λ 使得 $U^T A U = \Lambda$.

解 计算特征多项式

$$|\lambda I_3 - A| = \begin{vmatrix} \lambda & 1 & -1 \\ 1 & \lambda & -1 \\ -1 & -1 & \lambda \end{vmatrix} = (\lambda + 2)(\lambda - 1)^2,$$

得实对称矩阵 A 的所有特征值为 $\lambda_1 = -2, \lambda_2 = 1$.

将 $\lambda_1 = -2$ 代入 $(\lambda I_3 - A)x = \mathbf{0}$ 得其一组基础解系 $\eta_1 = \begin{pmatrix} -1 \\ -1 \\ 1 \end{pmatrix}$, 再将 η_1 单位化

可得

$$\xi_1 = \frac{1}{|\eta_1|} \eta_1 = \begin{pmatrix} -\dfrac{1}{\sqrt{3}} \\ -\dfrac{1}{\sqrt{3}} \\ \dfrac{1}{\sqrt{3}} \end{pmatrix}.$$

将 $\lambda_2 = 1$ 代入 $(\lambda I_3 - A)x = \mathbf{0}$ 得其一组基础解系

$$\eta_2 = \begin{pmatrix} -1 \\ 1 \\ 0 \end{pmatrix}, \quad \eta_3 = \begin{pmatrix} 1 \\ 0 \\ 1 \end{pmatrix}.$$

令 $\beta_2 = \eta_2$, $\beta_3 = \eta_3 - \dfrac{(\eta_3, \beta_2)}{(\beta_2, \beta_2)}\beta_2 = \dfrac{1}{2}\begin{pmatrix} 1 \\ 1 \\ 2 \end{pmatrix}$. 再将 β_2, β_3 单位化得

$$\xi_2 = \frac{1}{|\beta_2|}\beta_2 = \begin{pmatrix} -\dfrac{1}{\sqrt{2}} \\ \dfrac{1}{\sqrt{2}} \\ 0 \end{pmatrix}, \quad \xi_3 = \frac{1}{|\beta_3|}\beta_3 = \begin{pmatrix} \dfrac{1}{\sqrt{6}} \\ \dfrac{1}{\sqrt{6}} \\ \dfrac{2}{\sqrt{6}} \end{pmatrix}.$$

于是 ξ_1, ξ_2, ξ_3 是 $\mathbb{R}^3$ 的一组标准正交基. 令

$$U = (\xi_1\ \xi_2\ \xi_3) = \begin{pmatrix} -\dfrac{1}{\sqrt{3}} & -\dfrac{1}{\sqrt{2}} & \dfrac{1}{\sqrt{6}} \\ -\dfrac{1}{\sqrt{3}} & \dfrac{1}{\sqrt{2}} & \dfrac{1}{\sqrt{6}} \\ \dfrac{1}{\sqrt{3}} & 0 & \dfrac{2}{\sqrt{6}} \end{pmatrix}.$$

那么 U 是正交矩阵且

$$U^{\mathrm{T}}AU = \begin{pmatrix} -2 & 0 & 0 \\ 0 & 1 & 0 \\ 0 & 0 & 1 \end{pmatrix}.$$

$\square$

习题 3.4

1. 设 x, y 为实数, 矩阵

$$A = \begin{pmatrix} 1 & -2 & -4 \\ -2 & x & -2 \\ -4 & -2 & 1 \end{pmatrix} \quad 与 \quad \Lambda = \begin{pmatrix} 5 & & \\ & -4 & \\ & & y \end{pmatrix}$$

相似. 求正交矩阵 U 使得 $U^{\mathrm{T}}AU = \Lambda$.

2. 已知 3 阶实对称矩阵 A 的特征值为 $\lambda_1 = 1$, $\lambda_2 = -1$, $\lambda_3 = 0$, 关于 λ_1, λ_2 的特征向量分别为 $\eta_1 = \begin{pmatrix} 1 \\ 2 \\ 2 \end{pmatrix}$, $\eta_2 = \begin{pmatrix} 2 \\ 1 \\ -2 \end{pmatrix}$. 求 A 以及 A^{1000}.

3. 设 A 是 n 阶反对称实矩阵. 令 $\varphi = l_A : \mathbb{R}^n \to \mathbb{R}^n$, $x \mapsto Ax$.

(i) 证明: A^2 的特征值均为非正实数;

(ii) 设 $x \in \mathbb{R}^n$ 是 A^2 关于特征值 λ 的特征向量, 证明: 当 $\lambda = 0$ 时 $Ax = \mathbf{0}$; 当 $\lambda \neq 0$ 时 $W \stackrel{\text{def}}{=} \text{Span}\{x, Ax\}$ 是 φ-不变子空间, 且 φ_W 在 W 的任意一组标准正交基下的矩阵形如 $\begin{pmatrix} 0 & b \\ -b & 0 \end{pmatrix}$, 其中 $\pm ib$ 是 φ_W 的特征值且 $\lambda = -b^2$;

(iii) 证明: A 可正交相似于标准形

$$\text{diag}\left\{ \begin{pmatrix} 0 & b_1 \\ -b_1 & 0 \end{pmatrix}, \cdots, \begin{pmatrix} 0 & b_s \\ -b_s & 0 \end{pmatrix}, O_{n-2s} \right\},$$

其中 $2s = r(A)$, 且 $b_1, b_2, \cdots, b_s$ 为非零实数.

4. 设有反对称实矩阵

$$A = \begin{pmatrix} 0 & 1 & 1 & 1 \\ -1 & 0 & 1 & 1 \\ -1 & -1 & 0 & 1 \\ -1 & -1 & -1 & 0 \end{pmatrix}.$$

求正交方阵 U 使得 $U^{\mathrm{T}}AU$ 为上题中的标准形.

5. 设 $A = \begin{pmatrix} 1 & -2 & 0 \\ -2 & 2 & -2 \\ 0 & -2 & 3 \end{pmatrix}$. 求正交矩阵 U 使得 $U^{\mathrm{T}}AU$ 是对角矩阵, 并求 A^k, $k \geqslant 1$.

6. 设 φ 是有限维内积空间 V 上的线性变换, φ^* 是 φ 的伴随变换, W 是 V 的 φ-不变子空间. 证明: $W^{\perp}$ 是 φ^*-不变子空间.

7. 设 A 是 n 阶实方阵. 证明下列条件中任意两个成立蕴涵另一个也成立:

(i) A 是对称的;   (ii) A 是正交的;   (iii) $A^2 = I_n$.

8. 设 A 是 n 阶实对称矩阵且 $A^2 = I_n$, 证明: 存在正交矩阵 U 使得 $U^{\mathrm{T}}AU = \begin{pmatrix} I_r & O \\ O & -I_{n-r} \end{pmatrix}$, 其中 $r = r(A + I_n)$.

9. 设 A 是 n 阶实对称矩阵且 $A^2 = A$, 证明: 存在正交矩阵 U 使得 $U^{\mathrm{T}}AU =$

$$\begin{pmatrix} I_r & O \\ O & O \end{pmatrix}, \text{其中 } r = r(A).$$

10. 证明: 对任意 n 阶复矩阵 A, 存在 n 阶对角矩阵 $J = \text{diag}\{\pm1, \pm1, \cdots, \pm1\}$ 使得 $|A + J| \neq 0$.

11. 证明: 若 φ 是有限维酉空间 V 上的酉变换, 则 φ 存在酉平方根, 即存在酉变换 ψ 满足 $\varphi = \psi^2$.

12. 证明: n 阶正交方阵可正交相似于如下标准形:

$$\text{diag}\left\{ I_p, -I_q, \begin{pmatrix} \cos\theta_1 & \sin\theta_1 \\ -\sin\theta_1 & \cos\theta_1 \end{pmatrix}, \cdots, \begin{pmatrix} \cos\theta_s & \sin\theta_s \\ -\sin\theta_s & \cos\theta_s \end{pmatrix} \right\},$$

其中 $p + q + 2s = n$, $\theta_i \in \mathbb{R}$ 且 $\sin\theta_i \neq 0$, $i = 1, 2, \cdots, s$.

3.5 正规变换的谱分解定理

若域 F 上的一个 n 阶方阵 A 可相似对角化, 则存在可逆矩阵 U 使得

$$U^{-1}AU = \begin{pmatrix} \lambda_1 I_{n_1} & & & \\ & \lambda_2 I_{n_2} & & \\ & & \ddots & \\ & & & \lambda_k I_{n_k} \end{pmatrix} = \text{diag}\{\lambda_1 I_{n_1}, \lambda_2 I_{n_2}, \cdots, \lambda_k I_{n_k}\},$$

其中 $\lambda_1, \lambda_2, \cdots, \lambda_k$ 是 A 所有互异的特征值. 那么

$$A = \lambda_1 A_1 + \lambda_2 A_2 + \cdots + \lambda_k A_k, \tag{3.3}$$

其中对 $i = 1, 2, \cdots, k$ 有 $A_i = U \,\text{diag}\{O_{n_1 \times n_1}, \cdots, I_{n_i}, \cdots, O_{n_k \times n_k}\}U^{-1}$. 此分解一个显然的特点是其中的矩阵 A_i 满足

$$A_i^2 = U \,\text{diag}\{O_{n_1 \times n_1}, \cdots, I_{n_i}^2, \cdots, O_{n_k \times n_k}\}U^{-1}$$

$$= U \,\text{diag}\{O_{n_1 \times n_1}, \cdots, I_{n_i}, \cdots, O_{n_k \times n_k}\}U^{-1} = A_i,$$

即 A_i 是一个幂等矩阵.

特别地, 若 A 是实对称矩阵或复正规矩阵, 则 U 可取为正交矩阵或酉矩阵使得

$$U^{\mathrm{H}}AU = \text{diag}\{\lambda_1 I_{n_1}, \lambda_2 I_{n_2}, \cdots, \lambda_k I_{n_k}\},$$

从而在 (3.3) 式中有 $A_i = U \operatorname{diag}\{O_{n_1 \times n_1}, \cdots, I_{n_i}, \cdots, O_{n_k \times n_k}\}U^{\mathrm{H}}$. 此时 A_i 进一步满足

$$A_i^2 = A_i = A_i^{\mathrm{H}},$$

即 A_i 是一个幂等 Hermite 矩阵.

本节的主要动机在于, 如何将上述矩阵分解表达为线性变换版本, 并明确分解后各项线性变换的意义? 上述分解式 (3.3) 中 A_i 的意义如何? 上述分解中 A_i 是幂等 Hermite 矩阵的观察, 会给我们带来对所求线性变换分解的认识.

在第 2.3 节, 为了研究最小二乘解, 我们从内积空间的子空间正交和分解给出了投影的概念, 并在事实 2.3.1 中说明了投影的存在唯一性. 现在我们首先将投影的概念及基本事实在线性空间的直和分解下加以建立, 并也给出相应的基本事实.

定义 3.5.1   对线性空间 V 及其子空间 W_1, W_2, 若 $V = W_1 \oplus W_2$, 则可定义线性变换

$$\varphi : V \to V, \quad v_1 + v_2 \mapsto v_1, \quad \forall v_1 \in W_1, v_2 \in W_2.$$

此线性变换 φ 称为 V **在子空间 W_1 上关于子空间 W_2 的投影**, 简称 V **的投影**.

由定义直接可得下面的基本事实, 证明省略:

事实 3.5.1   设 φ 是 V 在子空间 W_1 上关于子空间 W_2 的投影. 那么

(i) W_1, W_2 是 φ-不变子空间且 $\varphi_{W_1} = \operatorname{id}_{W_1}$, $\varphi_{W_2} = \mathbf{0}$;

(ii) $\operatorname{Im} \varphi = W_1$, $\operatorname{Ker} \varphi = W_2$.

命题 3.5.1   线性空间 V 上的线性变换 φ 是 V 的一个投影当且仅当 φ 是幂等变换, 即 $\varphi^2 = \varphi$.

证明   必要性由投影的定义直接验证即得.

下面证明充分性. 假设 $\varphi^2 = \varphi$. 我们先证明 $V = \operatorname{Im} \varphi \oplus \operatorname{Ker} \varphi$. 对任意 $v \in V$ 有

$$v = \varphi(v) + v - \varphi(v).$$

显然 $\varphi(v) \in \operatorname{Im} \varphi$. 由 $\varphi^2 = \varphi$ 可得 $\varphi(v - \varphi(v)) = \varphi(v) - \varphi^2(v) = \mathbf{0}$, 从而 $v - \varphi(v) \in \operatorname{Ker} \varphi$. 这表明 $V = \operatorname{Im} \varphi + \operatorname{Ker} \varphi$.

若 $v \in \operatorname{Im} \varphi \cap \operatorname{Ker} \varphi$, 则存在 $w \in V$ 使得 $v = \varphi(w)$, 从而

$$v = \varphi(w) = \varphi^2(w) = \varphi(v) = \mathbf{0}.$$

这表明 $\operatorname{Im} \varphi \cap \operatorname{Ker} \varphi = \{\mathbf{0}\}$.

综上即得 $V = \operatorname{Im} \varphi \oplus \operatorname{Ker} \varphi$. 再由分解 $v = \varphi(v) + (v - \varphi(v)) \in \operatorname{Im} \varphi \oplus \operatorname{Ker} \varphi$ 及定义即知 φ 是 V 在 $\operatorname{Im} \varphi$ 上关于 $\operatorname{Ker} \varphi$ 的投影. $\qquad \square$

一般情况下, 子空间的补空间不唯一. 若有直和分解 $V = W_1 \oplus W_2 = W_1 \oplus W_3$ 但 $W_2 \neq W_3$, 令 φ, ψ 是 V 在 W_1 上分别关于 W_2 和 W_3 的投影, 则 $\operatorname{Ker} \varphi = W_2$ 与 $\operatorname{Ker} \psi = W_3$ 不相等, 因此 $\varphi \neq \psi$.

下面假设 V 是内积空间. 若 V 是有限维的, 则 V 的任意子空间 W 有唯一的正交补 $W^\perp$, 即 $V = W \oplus W^\perp$. 对一般的内积空间 V 及其子空间 W, 仍由 (1.11) 式定义

$$W^\perp = \{v \in V \mid (v, w) = 0, \forall w \in W\}.$$

显然 $W^\perp$ 是 V 的子空间, 且 $W + W^\perp$ 是直和, 但 $V = W \oplus W^\perp$ 未必成立. 当此正交分解成立时可定义 V 在 W 上的正交投影.

定义 3.5.2 若内积空间 V 关于子空间 W 有正交补分解 $V = W \oplus W^\perp$, 则 V 在 W 上关于 $W^\perp$ 的投影

$$\varphi : V \to V, \quad v_1 + v_2 \mapsto v_1, \quad \forall v_1 \in W, v_2 \in W^\perp$$

称为 V 在子空间 W 上的正交投影, 简称 V 的正交投影.

注 3.5.1 (i) 若 $V = W \oplus W^\perp$ 成立, 则 $(W^\perp)^\perp = W$;

(ii) 由命题 3.5.1 及其证明, 内积空间 V 上的幂等变换 φ 是正交投影当且仅当 $\operatorname{Ker} \varphi = (\operatorname{Im} \varphi)^\perp$, 再由 (i) 当且仅当 $\operatorname{Im} \varphi = (\operatorname{Ker} \varphi)^\perp$.

基于命题 3.5.1 关于投影的刻画, 我们对正交投影进一步有

命题 3.5.2 内积空间 V 上的线性变换 φ 是 V 的一个正交投影当且仅当 φ 是自伴幂等变换, 即 $\varphi^2 = \varphi = \varphi^*$.

证明 必要性. 设 φ 是在子空间 W 上的正交投影, 那么 $V = W \oplus W^\perp$. 由命题 3.5.1 有 $\varphi^2 = \varphi$, 故只需再证明 $\varphi = \varphi^*$, 即 φ 是自身的一个伴随变换. 任取 $u, v \in V$ 并作分解 $u = u_1 + u_2, v = v_1 + v_2$, 其中 $u_1, v_1 \in W, u_2, v_2 \in W^\perp$. 那么

$$(\varphi(u), v) = (u_1, v_1 + v_2) = (u_1, v_1) + (u_1, v_2) = (u_1, v_1),$$

$$(u, \varphi(v)) = (u_1 + u_2, v_1) = (u_1, v_1) + (u_2, v_1) = (u_1, v_1),$$

从而 $(\varphi(u), v) = (u, \varphi(v))$. 这表明 φ 的伴随存在且 $\varphi = \varphi^*$.

充分性. 设 $\varphi^2 = \varphi = \varphi^*$. 那么由命题 3.5.1, φ 是一个投影且 $V = \operatorname{Im} \varphi \oplus \operatorname{Ker} \varphi$. 只需再证明 $\operatorname{Ker} \varphi = (\operatorname{Im} \varphi)^\perp$.

设 $u \in \operatorname{Im} \varphi, v \in \operatorname{Ker} \varphi$. 那么 $u = \varphi(u)$ 从而由 $\varphi = \varphi^*$ 可得

$$(u, v) = (\varphi(u), v) = (u, \varphi(v)) = (u, \mathbf{0}) = 0.$$

这表明 $\operatorname{Ker} \varphi \subseteq (\operatorname{Im} \varphi)^\perp$.

反之, 任意 $v \in (\operatorname{Im} \varphi)^\perp$ 有分解 $v = v_1 + v_2$, 其中 $v_1 \in \operatorname{Im} \varphi, v_2 \in \operatorname{Ker} \varphi$. 那么由上述包含 $\operatorname{Ker} \varphi \subseteq (\operatorname{Im} \varphi)^\perp$ 可知

$$v_1 = v - v_2 \in \operatorname{Im} \varphi \cap (\operatorname{Im} \varphi)^\perp = \{\mathbf{0}\},$$

从而 $v = v_2 \in \operatorname{Ker}\varphi$. 因此又有 $(\operatorname{Im}\varphi)^\perp \subseteq \operatorname{Ker}\varphi$.

综上即得 $\operatorname{Ker}\varphi = (\operatorname{Im}\varphi)^\perp$. $\qquad\qquad\qquad\qquad\qquad\qquad\qquad\square$

设 V 是有限维内积空间, W 是 V 的子空间, φ 是 V 到 W 上的正交投影. 选取 W 的一组标准正交基 $\{\alpha_1, \alpha_2, \cdots, \alpha_k\}$ 并扩充为 V 的标准正交基 $\alpha = \{\alpha_1, \alpha_2, \cdots, \alpha_n\}$. 那么易知

$$[\varphi]_\alpha = \begin{pmatrix} I_k & O \\ O & O \end{pmatrix}_{n \times n}. \tag{3.4}$$

注意到, 对 V 到 W 上的任意投影 ψ, 总可以选取 V 的基 β 使得 $[\psi]_\beta$ 是上面形式的矩阵, 但 β 未必是标准正交的, 因此 ψ 未必是正交投影. 也就是说 (3.4) 式的矩阵形式并不是只有正交投影才有, 一般的投影也可有此形式的矩阵表达.

定理 3.5.1（谱分解）   设 φ 是域 $F = \mathbb{R}$ 或 $\mathbb{C}$ 上有限维内积空间 V 上的正规变换, 特征多项式 $f_\varphi(x)$ 在 F 上分裂, 其所有不同的特征值为 $\lambda_1, \lambda_2, \cdots, \lambda_k$. 对 $i = 1, 2, \cdots, k$, 令 φ_i 是 V 到 V_{λ_i} 的正交投影. 那么下列结论成立:

(i) $V = V_{\lambda_1} \oplus V_{\lambda_2} \oplus \cdots \oplus V_{\lambda_k}$;

(ii) $V_{\lambda_i}^\perp = \bigoplus\limits_{j \neq i} V_{\lambda_j}$, $i = 1, 2, \cdots, k$;

(iii) $\varphi_i \varphi_j = \delta_{ij}\varphi_i$, $i, j = 1, 2, \cdots, k$;

(iv) $\operatorname{id}_V = \varphi_1 + \varphi_2 + \cdots + \varphi_k$;

(v) $\varphi = \lambda_1\varphi_1 + \lambda_2\varphi_2 + \cdots + \lambda_k\varphi_k$.

特别地, 上述 (i)—(v) 对有限维欧氏空间上的自伴变换成立.

证明   (i) 由定理 3.2.2 知 φ 可对角化, 故结论成立.

(ii) 记 $W_i = \bigoplus\limits_{j \neq i} V_{\lambda_j}$. 由命题 3.2.1 有 $V_{\lambda_i} \perp V_{\lambda_j}$, $\forall i \neq j$, 因此 $W_i \subseteq V_{\lambda_i}^\perp$. 由 (i) 有

$$\dim W_i = \sum_{j \neq i} \dim V_{\lambda_j} = \dim V - \dim V_{\lambda_i} = \dim V_{\lambda_i}^\perp.$$

于是我们得到 $W_i = V_{\lambda_i}^\perp$.

(iii) 由 (i), (ii) 知对 $i = 1, 2, \cdots, k$ 我们有正交投影

$$\varphi_i : V \to V_{\lambda_i}, \quad v = v_1 + v_2 + \cdots + v_k \mapsto v_i, \quad \forall v_l \in V_{\lambda_l}, l = 1, 2, \cdots, k. \tag{3.5}$$

于是对任意 $i, j = 1, 2, \cdots, k$ 以及 $v = v_1 + v_2 + \cdots + v_k \in V$, 其中 $v_l \in V_{\lambda_l}, l = 1, 2, \cdots, k$ 我们有

$$(\varphi_i \varphi_j)(v) = \varphi_i(v_j) = \delta_{ij} v_i = \delta_{ij}\varphi_i(v).$$

(iv) 由 (3.5) 式即得结论.

(v) 对 $v \in V$, 作分解 $v = v_1 + v_2 + \cdots + v_k$, 其中 $v_i \in V_{\lambda_i}$. 那么由 (3.5) 式我们有

$$\varphi(v) = \varphi(v_1) + \varphi(v_2) + \cdots + \varphi(v_k)$$

$$= \lambda_1 v_1 + \lambda_2 v_2 + \cdots + \lambda_k v_k$$

$$= \lambda_1 \varphi_1(v) + \lambda_2 \varphi_2(v) + \cdots + \lambda_k \varphi_k(v)$$

$$= (\lambda_1 \varphi_1 + \lambda_2 \varphi_2 + \cdots + \lambda_k \varphi_k)(v).$$

由推论 3.3.1 即知结论 (i)—(v) 对有限维欧氏空间上的自伴变换成立. □

上述定理 3.5.1 中 φ 的互异特征值之集 $\{\lambda_1, \lambda_2, \cdots, \lambda_k\}$ 称为 φ 的**谱**, (iv) 中的分解 $\mathrm{id}_V = \varphi_1 + \varphi_2 + \cdots + \varphi_k$ 称为由 φ 诱导的**恒等算子解消**, (v) 中的分解 $\varphi = \lambda_1 \varphi_1 + \lambda_2 \varphi_2 + \cdots + \lambda_k \varphi_k$ 称为 φ 的**谱分解**. 若不计特征值的顺序, 则 φ 的谱分解是唯一的.

沿用上面的符号, 令 ξ 为 $V_{\lambda_1}, V_{\lambda_2}, \cdots, V_{\lambda_k}$ 的标准正交基之并, 并记 $n_i = \dim V_{\lambda_i}$, $i = 1, 2, \cdots, k$. 那么

$$[\varphi]_\xi = \begin{pmatrix} \lambda_1 I_{n_1} & O & \cdots & O \\ O & \lambda_2 I_{n_2} & \cdots & O \\ \vdots & \vdots & & \vdots \\ O & O & \cdots & \lambda_k I_{n_k} \end{pmatrix},$$

即 $[\varphi]_\xi$ 为对角矩阵, 其对角元为 φ 的特征值 λ_i 且每个 λ_i 出现 n_i 次. 若 $\lambda_1 \varphi_1 + \lambda_2 \varphi_2 + \cdots + \lambda_k \varphi_k$ 为 φ 的谱分解, 则由定理 3.5.1 给出的关系易证, 对任意多项式 $g(x) \in F[x]$ 有

$$g(\varphi) = g(\lambda_1)\varphi_1 + g(\lambda_2)\varphi_2 + \cdots + g(\lambda_k)\varphi_k. \tag{3.6}$$

这个事实将在下面用到.

我们列出谱分解定理的若干推论, 其中均假设 φ 为域 $F = \mathbb{R}$ 或 $\mathbb{C}$ 上有限维内积空间 V 上的线性变换.

推论 3.5.1　设 φ 是 F 上有限维内积空间 V 上的线性变换且特征多项式 $f_\varphi(x)$ 在 F 上分裂. 那么 φ 是保距变换当且仅当 φ 正规且其特征值的模均为 1.

证明　若 φ 是保距变换, 则 φ 正规且由定理 3.4.1 知其特征值的模均为 1.

反之, 若 φ 正规, 则可作谱分解 $\varphi = \lambda_1 \varphi_1 + \lambda_2 \varphi_2 + \cdots + \lambda_k \varphi_k$. 那么由 $\varphi_i^* = \varphi_i$ 我们有

$$\varphi^* = \overline{\lambda_1} \varphi_1 + \overline{\lambda_2} \varphi_2 + \cdots + \overline{\lambda_k} \varphi_k. \tag{3.7}$$

若 $|\lambda_i| = 1$, $i = 1, 2, \cdots, k$, 则由定理 3.5.1 可得

$$\varphi\varphi^* = (\lambda_1\varphi_1 + \lambda_2\varphi_2 + \cdots + \lambda_k\varphi_k)(\overline{\lambda_1}\varphi_1 + \overline{\lambda_2}\varphi_2 + \cdots + \overline{\lambda_k}\varphi_k)$$

$$= |\lambda_1|^2\varphi_1 + |\lambda_2|^2\varphi_2 + \cdots + |\lambda_k|^2\varphi_k$$

$$= \varphi_1 + \varphi_2 + \cdots + \varphi_k = \mathrm{id}_V.$$

因此 φ 是保距变换.   □

推论 3.5.2   设 φ 是 F 上有限维内积空间 V 上的正规变换且特征多项式 $f_\varphi(x)$ 在 F 上分裂. 那么 φ 是自伴的当且仅当 φ 的特征值均为实数.

证明   **必要性**. 已在引理 3.3.1 中证明.

充分性. 作谱分解 $\varphi = \lambda_1\varphi_1 + \lambda_2\varphi_2 + \cdots + \lambda_k\varphi_k$. 若特征值 λ_i 均为实数, 则由 (3.7) 式可得

$$\varphi^* = \overline{\lambda}_1\varphi_1 + \overline{\lambda}_2\varphi_2 + \cdots + \overline{\lambda}_k\varphi_k = \lambda_1\varphi_1 + \lambda_2\varphi_2 + \cdots + \lambda_k\varphi_k = \varphi,$$

即 φ 是自伴的.   □

推论 3.5.3   有限维酉空间上的线性变换 φ 是正规变换当且仅当存在多项式 $g(x) \in \mathbb{C}[x]$ 使得 $\varphi^* = g(\varphi)$.

证明   **必要性**. 若 φ 正规, 则有谱分解 $\varphi = \lambda_1\varphi_1 + \lambda_2\varphi_2 + \cdots + \lambda_k\varphi_k$. 由 Lagrange (拉格朗日) 插值公式, 存在多项式 $g(x) \in \mathbb{C}[x]$ 使得 $g(\lambda_i) = \overline{\lambda_i}$, $i = 1, 2, \cdots, k$. 那么由 (3.6) 式和 (3.7) 式可知

$$g(\varphi) = g(\lambda_1)\varphi_1 + g(\lambda_2)\varphi_2 + \cdots + g(\lambda_k)\varphi_k = \overline{\lambda_1}\varphi_1 + \overline{\lambda_2}\varphi_2 + \cdots + \overline{\lambda_k}\varphi_k = \varphi^*.$$

充分性. 若存在 $g(x) \in \mathbb{C}[x]$ 使得 $\varphi^* = g(\varphi)$, 则显然 φ 与 φ^* 可交换, 因此 φ 是正规的.   □

推论 3.5.4   设 φ 为谱定理中的正规变换, 谱分解为 $\varphi = \lambda_1\varphi_1 + \lambda_2\varphi_2 + \cdots + \lambda_k\varphi_k$. 那么每个 φ_j 均为 φ 的多项式.

证明   由 Lagrange 插值公式, 存在多项式 $g_j(x)$, $j = 1, 2, \cdots, k$ 使得 $g_j(\lambda_i) = \delta_{ij}$, $i = 1, 2, \cdots, k$. 那么由 (3.6) 式知

$$g_j(\varphi) = g_j(\lambda_1)\varphi_1 + g_j(\lambda_2)\varphi_2 + \cdots + g_j(\lambda_k)\varphi_k = \varphi_j.$$ □

最后作为正规变换谱分解定理 3.5.1 的特例, 我们给出矩阵版本的谱定理, 然后具体给出实对称矩阵和复正规矩阵的谱分解方法.

推论 3.5.5 (矩阵谱分解)   设 A 是 n 阶实对称矩阵或复正规矩阵, 其不同的特征值为 $\lambda_1, \lambda_2, \cdots, \lambda_k$, 其中每个 λ_i 的代数重数是 n_i. 那么存在 $\mathbb{R}$ 或 $\mathbb{C}$ 上的 n 阶矩阵 $A_1, A_2, \cdots, A_k$ 使得如下陈述成立:

(i) $A = \lambda_1 A_1 + \lambda_2 A_2 + \cdots + \lambda_k A_k$;

(ii) $A_i A_j = O, \forall i, j = 1, 2, \cdots, k, i \neq j$;

(iii) A_i 是秩为 n_i 的幂等 Hermite 矩阵, $i = 1, 2, \cdots, k$;

(iv) $I_n = A_1 + A_2 + \cdots + A_k$.

满足 (i)—(iv) 的矩阵 $A_1, A_2, \cdots, A_k$ 是唯一的, 称为正规矩阵 A 的**正交投影矩阵**.

证明　对 $F = \mathbb{R}$ 或 $\mathbb{C}$ 上的对称矩阵或正规矩阵 A, 标准内积空间 F^n 上的线性变换 l_A 是正规变换且特征多项式在 F 上分裂. 因此由定理 3.5.1 有谱分解

$$l_A = \lambda_1 \varphi_1 + \lambda_2 \varphi_2 + \cdots + \lambda_k \varphi_k.$$

令 A_i 是 φ_i 在 F^n 标准基下的矩阵, $i = 1, 2, \cdots, k$.

(i) 由上述谱分解即得.

(ii) 由 $\varphi_i \varphi_j = \delta_{ij} \varphi_i$ 即得.

(iii) 由 φ_i 是正交投影即知 A_i 是幂等 Hermite 矩阵, 且

$$r(A_i) = \operatorname{rank} \varphi_i = \dim V_{\lambda_i} = n_i,$$

其中 V_{λ_i} 是 l_A 关于特征值 λ_i 的特征子空间.

(iv) 由 $\operatorname{id}_{F^n} = \varphi_1 + \varphi_2 + \cdots + \varphi_k$ 即得.

若 $A_1, A_2, \cdots, A_k$ 满足 (i)—(iv), 则容易证明 l_{A_i} 即为 F^n 到 V_{λ_i} 的正交投影, $i = 1, 2, \cdots, k$, 故 $A_1, A_2, \cdots, A_k$ 由 A 唯一确定. $\qquad\square$

上述定理即回答了本节开始所给 A 的分解 (3.3) 式中矩阵 A_i 的意义.

最后我们给出矩阵谱分解的具体算法. 对 $F = \mathbb{R}$ 或 $\mathbb{C}$ 上的对称矩阵或正规矩阵 A, 存在正交矩阵或酉矩阵 U 使得 $U^{\mathrm{H}} A U = \operatorname{diag}\{\lambda_1 I_{n_1}, \cdots, \lambda_k I_{n_k}\}$, 其中特征值 $\lambda_1, \lambda_2, \cdots, \lambda_k \in F$ 是 A 所有不同的特征值. 此时

$$U = (\xi_{11}, \cdots, \xi_{1n_1}, \cdots, \xi_{k1}, \cdots, \xi_{kn_k})$$

的列向量是 F^n 的一组标准正交基, 其中 $\xi_{i1}, \xi_{i2}, \cdots, \xi_{in_i}$ 是特征子空间 V_{λ_i} 的标准正交基, $i = 1, 2, \cdots, k$. 那么有谱分解

$$A = U \operatorname{diag}\{\lambda_1 I_{n_1}, \cdots, \lambda_k I_{n_k}\} U^{\mathrm{H}} = \sum_{i=1}^{k} \lambda_i \sum_{j=1}^{n_i} \xi_{ij} \xi_{ij}^{\mathrm{H}} = \sum_{i=1}^{k} \lambda_i A_i,$$

其中

$$A_i = U \operatorname{diag}\{O_{n_1 \times n_1}, \cdots, I_{n_i}, \cdots, O_{n_k \times n_k}\} U^{\mathrm{H}} = \sum_{j=1}^{n_i} \xi_{ij} \xi_{ij}^{\mathrm{H}}, \quad i = 1, 2, \cdots, k.$$

容易直接验证 A_i 满足推论 3.5.5 中的 (i)—(iv).

例 3.5.1　$A = \begin{pmatrix} \dfrac{1}{2} & 0 & \dfrac{3}{2}\mathrm{i} \\ 0 & 2 & 0 \\ -\dfrac{3}{2}\mathrm{i} & 0 & \dfrac{1}{2} \end{pmatrix}$ 是一个 Hermite 矩阵, 从而是正规矩阵. 特征多

项式

$$f_A(x) = (x-2)^2(x+1),$$

故 A 有特征值 $\lambda_1 = 2$, $\lambda_2 = -1$, 对应的特征子空间为 $V_{\lambda_1} = \mathrm{Span}\{\xi_1, \xi_2\}$ 和 $V_{\lambda_2} = \mathrm{Span}\{\xi_3\}$, 其中

$$\xi_1 = \begin{pmatrix} 0 \\ 1 \\ 0 \end{pmatrix}, \quad \xi_2 = \begin{pmatrix} \dfrac{\mathrm{i}}{\sqrt{2}} \\ 0 \\ \dfrac{1}{\sqrt{2}} \end{pmatrix}, \quad \xi_3 = \begin{pmatrix} -\dfrac{\mathrm{i}}{\sqrt{2}} \\ 0 \\ \dfrac{1}{\sqrt{2}} \end{pmatrix}$$

构成 $\mathbb{C}^n$ 的一组标准正交基. 根据上述算法有谱分解 $A = 2A_1 + (-1)A_2$, 其中

$$A_1 = \xi_1\xi_1^{\mathrm{H}} + \xi_2\xi_2^{\mathrm{H}} = \begin{pmatrix} \dfrac{1}{2} & 0 & \dfrac{\mathrm{i}}{2} \\ 0 & 1 & 0 \\ -\dfrac{\mathrm{i}}{2} & 0 & \dfrac{1}{2} \end{pmatrix}, \quad A_2 = \xi_3\xi_3^{\mathrm{H}} = \begin{pmatrix} \dfrac{1}{2} & 0 & -\dfrac{\mathrm{i}}{2} \\ 0 & 0 & 0 \\ \dfrac{\mathrm{i}}{2} & 0 & \dfrac{1}{2} \end{pmatrix}.$$

习题 3.5

1. 设 W_1, W_2 是内积空间 V 的子空间. 证明: 若 φ 是子空间 W_1 上关于子空间 W_2 的投影, 则 $\mathrm{id}_V - \varphi$ 是子空间 W_2 上关于子空间 W_1 的投影.

2. 设 φ 是有限维内积空间 V 上的线性变换.

(i) 证明: 若 φ 是正交投影, 则 $|\varphi(v)| \leqslant |v|$, $\forall v \in V$. 给出一个 φ 是投影且此不等式不成立的例子.

(ii) 证明: 若 φ 是投影且 $|\varphi(v)| \leqslant |v|$, $\forall v \in V$, 则 φ 是正交投影.

3. 设 φ 是有限维内积空间 V 上的正规变换且特征多项式分裂. 利用 φ 的谱分解 $\lambda_1\varphi_1 + \lambda_2\varphi_2 + \cdots + \lambda_k\varphi_k$ 证明以下结论:

(i) 证明 (3.6) 式.

(ii) 若 φ 幂零, 即存在正整数 n 使得 $\varphi^n = \mathbf{0}$, 则 $\varphi = \mathbf{0}$;

(iii) 设 ψ 是 V 上的线性变换, 那么 ψ 和 φ 可交换当且仅当 ψ 和每个 φ_i 可交换;

(iv) 若 V 是酉空间, 则存在 V 上的正规变换 ψ 使得 $\psi^2 = \varphi$;

(v) φ 可逆当且仅当 $\lambda_i \neq 0$, $i = 1, 2, \cdots, k$;

(vi) φ 是投影当且仅当 φ 的特征值均为 1 或 0;

(vii) $\varphi = -\varphi^*$ 当且仅当 φ 的每个特征值均为纯虚数.

4. 利用谱分解定理的推论 3.5.3 证明: 若 φ 是有限维酉空间 V 上的正规变换, ψ 是 V 上的线性变换且与 φ 可交换, 则 ψ 与 φ^* 也可交换.

5. 设 φ 和 ψ 是有限维酉空间 V 上的正规变换且满足 $\varphi\psi = \psi\varphi$. 证明: V 有一组由 φ 和 ψ 的共同特征向量构成的标准正交基.

6. 求实对称矩阵 $A = \begin{pmatrix} 0 & -1 & 1 \\ -1 & 0 & 1 \\ 1 & 1 & 0 \end{pmatrix}$ 的谱分解.

第四章

多元多项式理论

4.1 多元多项式代数

定义 4.1.1 对域 F 上的交换代数 A, 若存在 $X = \{x_1, x_2, \cdots, x_n\} \subseteq A$, 使得

(i) A 可由 X 生成, 即

$$A = \left\{ f(X) = \sum_{(k_1, \cdots, k_n) \in \mathbb{N}^n} a_{k_1 \cdots k_n} x_1^{k_1} \cdots x_n^{k_n} \mid a_{k_1 \cdots k_n} \in F \text{ 且至多有限个 } a_{k_1 \cdots k_n} \neq 0 \right\};$$

(ii) X 是**代数无关集**, 即

当 $\displaystyle\sum_{(k_1, \cdots, k_n) \in \mathbb{N}^n} a_{k_1 \cdots k_n} x_1^{k_1} \cdots x_n^{k_n} = 0$ 时, 总有 $a_{k_1 \cdots k_n} = 0$, $\forall (k_1, \cdots, k_n) \in \mathbb{N}^n$,

则称 A 是由 $x_1, x_2, \cdots, x_n$ 生成的 **(多元) 多项式代数**, 表为 $F[X]$ 或 $F[x_1, x_2, \cdots, x_n]$. 称 $f(X) = f(x_1, x_2, \cdots, x_n)$ 为 n **元多项式**, 其中 $a_{k_1 \cdots k_n} x_1^{k_1} \cdots x_n^{k_n}$ 称为 $f(X)$ 的**单项式**, $a_{k_1 \cdots k_n}$ 是 $x_1^{k_1} \cdots x_n^{k_n}$ 的**系数**. 此时称 $X = \{x_1, x_2, \cdots, x_n\}$ 是 $F[X]$ 的**未定元或不定元**, 指数组 $(k_1, k_2, \cdots, k_n) \in \mathbb{N}^n$ 相同的单项式称为**同类单项式**, 否则称为**不同类单项式**.

只有一个单项式的多项式 $g(x) = a x_1^{k_1} x_2^{k_2} \cdots x_n^{k_n}$ (其中 $a \in F, k_1, k_2, \cdots, k_n \in \mathbb{N}$) 本身称为一个**单项式**.

不难看出当 $X = \{x\}$ 只含一个元素时, $F[x]$ 即为《代数学 (一)》中所定义的一元多项式代数 (即一元多项式环). 因此多元多项式的定义是一元多项式的推广. 与一元情形类似, 定义 4.1.1 中给出的 F 上的多元多项式代数总是存在的, 比如: 一些经典教材中给出的形式多元多项式组成的 F-代数就是 (参见文献 [3][17] 等).

由定义 4.1.1 中的 (i) 和 (ii) 即可得到如下命题:

命题 4.1.1 所有系数为 1 的单项式全体构成多项式代数 $F[x_1, x_2, \cdots, x_n]$ 作为 F-线性空间的一组基, 并且这组基组成关于多项式乘法的一个含幺自由交换半群.

每个单项式 $a x_1^{k_1} x_2^{k_2} \cdots x_n^{k_n}$ 由系数 a 和多重指标 $\alpha = (k_1, k_2, \cdots, k_n) \in \mathbb{N}^n$ 唯一确定, 因此 $a x_1^{k_1} x_2^{k_2} \cdots x_n^{k_n}$ 可表示为 $a x^\alpha$. 当 $a \neq 0$ 时, 称 $|\alpha| \overset{\text{def}}{=} k_1 + k_2 + \cdots + k_n$ 为 $a x^\alpha$ 的**次数**. 当一个多项式 $f(x_1, x_2, \cdots, x_n)$ 表成一些不同类的单项式之和时, 其系数非零的单项式的最高次数称为此**多项式的次数**, 表示为 $\deg f(x_1, x_2, \cdots, x_n)$. 例如: $\deg(3x_1^2 x_2^2 + 2x_1 x_2^2 x_3 + x_3^3) = 4$. 类似一元多项式的情形, 规定 n 元零多项式的次数为 $-\infty$.

一元多项式中的单项式依照各单项的次数自然地有一个排序, 但此排序对多元多项式中的单项不再适用, 为不同类的单项式可能有相同的次数. 这是多元多项式的复杂之处. 因此正如一元多项式单项的降幂排法可以对问题的讨论带来方便, 有必要在多元多项式的单项间引入一种适当的排序法, 最常用的就是模仿字典中单词排列原则给出的所谓字典排序法.

前面已提到, 每一类单项式 $x_1^{k_1} x_2^{k_2} \cdots x_n^{k_n}$ 对应于一个 n 元自然数组 $(k_1, k_2, \cdots, k_n)$.

因此要定义单项式间的排序, 只要定义这样的 n 元数组间的排序即可. 字典排序的具体定义如下:

对两个不同的 n 元自然数组 $(k_1, k_2, \cdots, k_n)$ 和 $(l_1, l_2, \cdots, l_n)$, 若数列

$$k_1 - l_1, \ k_2 - l_2, \ \cdots, \ k_n - l_n$$

中第一个非零数是正的, 即存在 $i = 1, 2, \cdots, n$ 使得

$$k_1 - l_1 = 0, \ \cdots, \ k_{i-1} - l_{i-1} = 0, \ k_i - l_i > 0,$$

则称 $(k_1, k_2, \cdots, k_n)$ 先于 $(l_1, l_2, \cdots, l_n)$, 记作

$$(k_1, k_2, \cdots, k_n) > (l_1, l_2, \cdots, l_n).$$

此时称单项 $x_1^{k_1} x_2^{k_2} \cdots x_n^{k_n}$ 排在单项 $x_1^{l_1} x_2^{l_2} \cdots x_n^{l_n}$ 之前. 可以验证这样定义了单项式之间的一个全序, 称为**字典序**. 特别地, 当 $n = 1$ 时, 字典排序法就是一元多项式中的降幂排序法.

例如, 多项式 $f(x_1, x_2, x_3) = 2x_2^2 x_3^4 - x_1 x_2^2 x_3^4 + x_2 x_3^5 + x_3^7 + 3x_1 x_2^3 x_3^2$ 中单项式对应的数组按字典序大小排列为

$$(1, 3, 2) > (1, 2, 4) > (0, 2, 4) > (0, 1, 5) > (0, 0, 7).$$

因此这个多项式按字典排序法即可写为

$$f(x_1, x_2, x_3) = 3x_1 x_2^3 x_3^2 - x_1 x_2^2 x_3^4 + 2x_2^2 x_3^4 + x_2 x_3^5 + x_3^7.$$

按字典排序法, 第一个系数非零的单项式称为多项式的**首项**, 例如上面的多项式 $f(x_1, x_2, x_3)$ 首项是 $3x_1 x_2^3 x_3^2$. 需要注意, 首项的次数未必是所有单项式中次数最高的, 比如 $f(x_1, x_2, x_3)$ 首项次数是 6, 小于末项 x_3^7 的次数 7. 这与一元多项式是不同的.

由定义易知, 任意两个不同的 n 元数组 $(k_1, k_2, \cdots, k_n)$ 和 $(l_1, l_2, \cdots, l_n)$ 是可比较的, 即

$$(k_1, k_2, \cdots, k_n) > (l_1, \ l_2, \ \cdots, \ l_n) \quad 和 \quad (l_1, l_2, \cdots, l_n) > (k_1, k_2, \cdots, \ k_n)$$

中有且仅有一个成立. 而且排序具有传递性, 即若

$$(k_1, k_2, \cdots, k_n) > (l_1, \ l_2, \ \cdots, \ l_n), \quad (l_1, l_2, \cdots, l_n) > (m_1, m_2, \cdots, m_n),$$

则必有

$$(k_1, k_2, \cdots, k_n) > (m_1, m_2, \cdots, m_n).$$

因此字典序确为一个全序, 从而保证了任意多元多项式均可据此对其单项式进行排序.

　　引理 4.1.1　设有 n 元数组

$$(p_1, p_2, \cdots, p_n) \geqslant (k_1, k_2, \cdots, k_n), \quad (q_1, q_2, \cdots, q_n) \geqslant (l_1, l_2, \cdots, l_n).$$

那么

$$(p_1 + q_1, p_2 + q_2, \cdots, p_n + q_n) \geqslant (k_1 + l_1, k_2 + l_2, \cdots, k_n + l_n).$$

证明　不妨设条件的两个不等式中至少有一个是严格的, 否则结论显然. 由对称性可设

$$(p_1, p_2, \cdots, p_n) > (k_1, k_2, \cdots, k_n),$$

那么存在某个 $i = 1, 2, \cdots, n$ 使得

$$p_1 = k_1, \cdots, p_{i-1} = k_{i-1}, \ p_i > k_i.$$

由于 $(q_1, q_2, \cdots, q_n) \geqslant (l_1, l_2, \cdots, l_n)$, 我们只有如下两种情形:

(i) $q_j = l_j, j = 1, 2, \cdots, i$. 那么此时

$$p_1 + q_1 = k_1 + l_1, \cdots, p_{i-1} + q_{i-1} = k_{i-1} + l_{i-1}, \ p_i + q_i > k_i + l_i.$$

(ii) 存在某个 $j = 1, 2, \cdots, i$ 使得

$$q_1 = l_1, \cdots, q_{j-1} = l_{j-1}, \ q_j > l_j.$$

此时我们有

$$p_1 + q_1 = k_1 + l_1, \cdots, p_{j-1} + q_{j-1} = k_{j-1} + l_{j-1}, \ p_j + q_j > k_j + l_j.$$

因此对 (i), (ii) 两种情形都有

$$(p_1 + q_1, p_2 + q_2, \cdots, p_n + q_n) \geqslant (k_1 + l_1, k_2 + l_2, \cdots, k_n + l_n). \qquad \square$$

由字典排序法, 用 n 元多项式首项的定义和引理 4.1.1 即得如下结论:

定理 4.1.1　设 $f(x_1, x_2, \cdots, x_n)$ 和 $g(x_1, x_2, \cdots, x_n)$ 是非零 n 元多项式. 那么乘积

$$f(x_1, x_2, \cdots, x_n)g(x_1, x_2, \cdots, x_n)$$

的首项等于 $f(x_1, x_2, \cdots, x_n)$ 和 $g(x_1, x_2, \cdots, x_n)$ 的首项之积.

特别地, $f(x_1, x_2, \cdots, x_n)g(x_1, x_2, \cdots, x_n)$ 非零.

用归纳法进一步可得:

推论 4.1.1　若 $f_1(X), f_2(X), \cdots, f_m(X)$ 是非零 n 元多项式, 则 $f_1(X)f_2(X) \cdots f_m(X)$ 是非零多项式且其首项是 $f_1(X), f_2(X), \cdots, f_m(X)$ 的首项之积.

前面已经指出, 多元多项式在字典序下的首项和最高次项通常是不一致的. 此问题对一元多项式是没有的, 即一元多项式的首项和最高次项一致. 解决这个困难的办法是, 我们可以按次数大小先把多项式分解为若干多项式之和, 其中每个求和项中的所有单项式次数相同. 将每个求和项的单项式按字典序排列, 再将这些求和项按次数从高到低排序. 经此分解, 可以使得对多元多项式性质的讨论变得容易.

首先, 若多项式

$$r(x_1, x_2, \cdots, x_n) = \sum_{k_1, k_2, \cdots, k_n} a_{k_1 k_2 \cdots k_n} x_1^{k_1} x_2^{k_2} \cdots x_n^{k_n}$$

中非零单项式的次数都相等, 设为 m, 即当 $a_{k_1 k_2 \cdots k_n} \neq 0$ 时总有 $k_1 + k_2 + \cdots + k_n = m$, 则称 $r(x_1, x_2, \cdots, x_n)$ 是一个 m **次齐次多项式**. 例如:

$$f(x_1, x_2, x_3) = 2x_1 x_2 x_3^2 + x_1^2 x_2^2 + 3x_1^4$$

是一个 4 次齐次多项式. 显然两个齐次多项式之积仍是齐次多项式, 且乘积的次数即为两个齐次多项式的次数之和.

任取非零多项式 $f(x_1, x_2, \cdots, x_n)$, 设其次数为 m. 对 $i = 0, 1, \cdots, m$, 将 $f(x_1, x_2, \cdots, x_n)$ 中所有 i 次单项式之和记为 $f_i(x_1, x_2, \cdots, x_n)$, 那么 $f_i(x_1, x_2, \cdots, x_n)$ 是一个 i 次齐次多项式且

$$f(x_1, x_2, \cdots, x_n) = \sum_{i=0}^{m} f_i(x_1, x_2, \cdots, x_n). \tag{4.1}$$

此分解称为 $f(x_1, x_2, \cdots, x_n)$ 的**齐次分解**, $f_i(x_1, x_2, \cdots, x_n)$ 称为 $f(x_1, x_2, \cdots, x_n)$ 的 i **次齐次分支**. 其中若 $f(x_1, x_2, \cdots, x_n)$ 没有 i 次单项式, 则 $f_i(x_1, x_2, \cdots, x_n) = 0$.

设又有 l 次多项式

$$g(x_1, x_2, \cdots, x_n) = \sum_{j=0}^{l} g_j(x_1, x_2, \cdots, x_n),$$

其中 $g_j(x_1, x_2, \cdots, x_n)$ 是其 j 次齐次分支. 那么

$$f(x_1, x_2, \cdots, x_n)g(x_1, x_2, \cdots, x_n) = \sum_{k=0}^{m+l} \sum_{i+j=k} f_i(x_1, x_2, \cdots, x_n) g_j(x_1, x_2, \cdots, x_n),$$

其中

$$h_k(x_1, x_2, \cdots, x_n) \stackrel{\text{def}}{=} \sum_{i+j=k} f_i(x_1, x_2, \cdots, x_n) g_j(x_1, x_2, \cdots, x_n)$$

是此乘积的 k 次齐次分支. 特别地, 其最高次齐次分支为

$$h_{m+l}(x_1, x_2, \cdots, x_n) = f_m(x_1, x_2, \cdots, x_n) g_l(x_1, x_2, \cdots, x_n).$$

因为 $f_m(x_1, x_2, \cdots, x_n) \neq 0$, $g_l(x_1, x_2, \cdots, x_n) \neq 0$, 它们各自的首项非零. 由推论 4.1.1, 它们的首项的乘积非零, 并等于 $h_{m+l}(x_1, x_2, \cdots, x_n)$ 的首项, 故 $h_{m+l}(x_1, x_2, \cdots, x_n) \neq 0$, 它作为齐次分支的次数就是 $f(x_1, x_2, \cdots, x_n)g(x_1, x_2, \cdots, x_n)$ 的次数, 等于 $f_m(x_1, x_2, \cdots, x_n)$ 和 $g_l(x_1, x_2, \cdots, x_n)$ 的次数之和. 从而我们得到:

定理 4.1.2   多元多项式乘积的次数等于各因式次数之和.

最后类似于一元多项式和一元多项式函数, 由一个多元多项式我们可以定义一个多元多项式函数. 对域 F 上的 n 元多项式

$$f(x_1, x_2, \cdots, x_n) = \sum_{k_1, k_2, \cdots, k_n} a_{k_1 k_2 \cdots k_n} x_1^{k_1} x_2^{k_2} \cdots x_n^{k_n},$$

定义 n 元函数

$$f : F^n \to F, \quad (c_1, c_2, \cdots, c_n) \mapsto f(c_1, c_2, \cdots, c_n) \overset{\text{def}}{=} \sum_{k_1, k_2, \cdots, k_n} a_{k_1 k_2 \cdots k_n} c_1^{k_1} c_2^{k_2} \cdots c_n^{k_n}.$$

显然若有

$$f(x_1, x_2, \cdots, x_n) + g(x_1, x_2, \cdots, x_n) = h(x_1, x_2, \cdots, x_n),$$

$$f(x_1, x_2, \cdots, x_n) g(x_1, x_2, \cdots, x_n) = p(x_1, x_2, \cdots, x_n),$$

则对任意 $(c_1, c_2, \cdots, c_n) \in F^n$ 有如下等式:

$$f(c_1, c_2, \cdots, c_n) + g(c_1, c_2, \cdots, c_n) = h(c_1, c_2, \cdots, c_n),$$

$$f(c_1, c_2, \cdots, c_n) g(c_1, c_2, \cdots, c_n) = p(c_1, c_2, \cdots, c_n).$$

习题 4.1

1. 按多元多项式的字典排序法重写以下两个多项式, 指出它们乘积的首项和最高次项, 并写出各自的齐次分解:

$$f(x_1, x_2, x_3, x_4) = 3x_2^6 x_4^3 - \frac{1}{2} x_1^3 x_2 x_3^2 + 5x_2^3 x_4 + 7x_3^2 + 2x_1^3 x_2 x_3^4 - 8 + 6x_2 x_4^2,$$

$$g(x_1, x_2, x_3, x_4) = x_3^2 x_4 + x_3 x_4^2 + x_1^2 x_2 + x_1 x_2^2.$$

2. (定理 4.1.1) 证明: 两个非零多元多项式的乘积的首项等于它们各自的首项的乘积.

4.2   对称多项式

对称多项式是常用并且重要的一类多元多项式. 本节专门讨论对称多项式. 我们先从一元多项式的求根问题入手.

设域 F 上的多项式 $f(x) = x^n + a_1 x^{n-1} + \cdots + a_n$ 分裂, 即在 F 中恰有 n 个根 $\alpha_1, \alpha_2, \cdots, \alpha_n$ (计重数). 那么 $f(x) = (x - \alpha_1)(x - \alpha_2) \cdots (x - \alpha_n)$. 由 Vieta (韦达) 定理, 我们有

$$
\begin{cases}
-a_1 = \alpha_1 + \alpha_2 + \cdots + \alpha_n, \\
a_2 = \displaystyle\sum_{1 \leqslant k_1 < k_2 \leqslant n} \alpha_{k_1} \alpha_{k_2}, \\
\qquad \cdots\cdots\cdots\cdots \\
(-1)^i a_i = \displaystyle\sum_{1 \leqslant k_1 < k_2 < \cdots < k_i \leqslant n} \alpha_{k_1} \alpha_{k_2} \cdots \alpha_{k_i}, \\
\qquad \cdots\cdots\cdots\cdots \\
(-1)^n a_n = \alpha_1 \alpha_2 \cdots \alpha_n.
\end{cases} \tag{4.2}
$$

上述各式关于各个 α_i 是对称的. 因此可以说, $f(x)$ 的系数对称地依赖于它的根.

显然 (4.2) 式右边是如下 n 个 n 元多项式给出的多项式函数在 $(\alpha_1, \alpha_2, \cdots, \alpha_n) \in F^n$ 处的值:

$$
\begin{cases}
\sigma_1 = x_1 + x_2 + \cdots + x_n, \\
\sigma_2 = \displaystyle\sum_{1 \leqslant k_1 < k_2 \leqslant n} x_{k_1} x_{k_2}, \\
\qquad \cdots\cdots\cdots\cdots \\
\sigma_i = \displaystyle\sum_{1 \leqslant k_1 < k_2 < \cdots < k_i \leqslant n} x_{k_1} x_{k_2} \cdots x_{k_i}, \\
\qquad \cdots\cdots\cdots\cdots \\
\sigma_n = x_1 x_2 \cdots x_n.
\end{cases} \tag{4.3}
$$

它们对称地依赖于未定元 $x_1, x_2, \cdots, x_n$, 因此是一种特殊的 "对称" 多项式. 一般对称多项式的定义如下:

定义 4.2.1　若 n 元多项式 $f(x_1, x_2, \cdots, x_n)$ 对任意的 $1 \leqslant i < j \leqslant n$ 满足

$$
f(x_1, \cdots, x_i, \cdots, x_j, \cdots, x_n) = f(x_1, \cdots, x_j, \cdots, x_i, \cdots, x_n),
$$

则称 $f(x_1, x_2, \cdots, x_n)$ 是一个**对称多项式**.

从定义可知所谓 "对称" 的意义是指: 互换任意两个未定元, 多项式不变. 我们有 n 元对称群 S_n, 即所有的双射 $\tau : \{1, 2, \cdots, n\} \to \{1, 2, \cdots, n\}$ 在映射复合下构成的群. 那么不难看出如下事实:

事实 4.2.1　n 元多项式 $f(x_1, x_2, \cdots, x_n)$ 是一个对称多项式当且仅当对于任意 $\tau \in S_n$ 有

$$
f(x_1, x_2, \cdots, x_n) = f(x_{\tau(1)}, x_{\tau(2)}, \cdots, x_{\tau(n)}).
$$

根据定义, (4.3) 式中的 n 个多项式 $\sigma_1, \sigma_2, \cdots, \sigma_n$ 都是 $x_1, x_2, \cdots, x_n$ 的对称多项式. 下面的定理 4.2.1 说明它们是最基本的对称多项式, 称为**初等对称多项式**. 当然除此之外的对称多项式都是非初等的, 例如

$$f(x_1, x_2, x_3) = x_1^2 x_2 + x_2^2 x_1 + x_1^2 x_3 + x_3^2 x_1 + x_2^2 x_3 + x_3^2 x_2.$$

由对称多项式的定义 4.2.1 直接可得:

引理 4.2.1　(i) 对称多项式的和、差、积还是对称多项式;

(ii) 对称多项式的多项式还是对称多项式, 即若 $f_1(x_1, x_2, \cdots, x_n), \cdots, f_m(x_1, x_2, \cdots, x_n)$ 是 n 元对称多项式, 而 $g(y_1, y_2, \cdots, y_m)$ 是任意 m 元多项式, 那么复合多项式

$$h(x_1, x_2, \cdots, x_n) \stackrel{\text{def}}{=} g(f_1(x_1, x_2, \cdots, x_n), \cdots, f_m(x_1, x_2, \cdots, x_n))$$

也是 n 元对称多项式.

上面的 $g(f_1(x_1, x_2, \cdots, x_n), \cdots, f_m(x_1, x_2, \cdots, x_n))$ 相当于函数的复合, 故称为**复合多项式**. 特别地, 初等对称多项式的多项式还是对称多项式, 而对称多项式的一个基本结果是: 任意对称多项式都能表成初等对称多项式的多项式, 即

定理 4.2.1　对 n 元对称多项式 $f(x_1, x_2, \cdots, x_n)$, 存在唯一的 n 元多项式 $\varphi(y_1, y_2, \cdots, y_n)$ 使得

$$f(x_1, x_2, \cdots, x_n) = \varphi(\sigma_1, \sigma_2, \cdots, \sigma_n).$$

证明　(i) 首先构造性地证明 φ 的存在性.

若 f 为零, 则结论显然. 设 $f(x_1, x_2, \cdots, x_n)$ 首项是 $a x_1^{l_1} x_2^{l_2} \cdots x_n^{l_n}$, 其中 $a \neq 0$. 那么必有

$$l_1 \geqslant l_2 \geqslant \cdots \geqslant l_n \geqslant 0.$$

否则, 若存在某个 i 使得 $l_i < l_{i+1}$, 则由对称性可知 $f(x_1, x_2, \cdots, x_n)$ 包含 $a x_1^{l_1} \cdots x_i^{l_{i+1}} x_{i+1}^{l_i} \cdots x_n^{l_n}$. 但此项按字典序先于 $a x_1^{l_1} x_2^{l_2} \cdots x_n^{l_n}$, 矛盾.

构造齐次多项式

$$\varphi_1 = a \sigma_1^{l_1 - l_2} \sigma_2^{l_2 - l_3} \cdots \sigma_n^{l_n}.$$

由引理 4.2.1, φ_1 是对称多项式. 由于 $\sigma_1, \sigma_2, \cdots, \sigma_n$ 的首项分别是 x_1, $x_1 x_2$, $\cdots$, $x_1 x_2 \cdots x_n$, 因此由推论 4.1.1 知 φ_1 的首项是

$$a x_1^{l_1 - l_2} (x_1 x_2)^{l_2 - l_3} \cdots (x_1 x_2 \cdots x_n)^{l_n} = a x_1^{l_1} x_2^{l_2} \cdots x_n^{l_n},$$

即 φ_1 与 $f(x_1, x_2, \cdots, x_n)$ 首项相同, 从而对称多项式

$$f_1(X) = f(X) - \varphi_1$$

的首项比 $f(X) = f(x_1, x_2, \cdots, x_n)$ 的首项要排后. 另一方面显然有

$$\deg \varphi_1 = \deg(ax_1^{l_1} x_2^{l_2} \cdots x_n^{l_n}) \leqslant \deg f(X),$$

因此 $\deg f_1(X) \leqslant \deg f(X)$.

对 $f_1(X)$ 重复此构造, 依次类推即得一系列对称多项式

$$f(X), \ f_1(X) = f(X) - \varphi_1, \ f_2(X) = f_1(X) - \varphi_2, \ \cdots,$$

其中 $f_{i+1}(X)$ 的首项比 $f_i(X)$ 的首项要排后, 每个 φ_i 均是 σ_1, σ_2, $\cdots$, σ_n 的多项式, 并且有

$$\deg f(X) \geqslant \deg f_1(X) \geqslant \deg f_2(X) \geqslant \cdots.$$

由于次数不超过 $\deg f(X)$ 的不同类单项只有有限个, 上述过程必经有限步终止, 即存在 h 使得 $f_h(x) = f_{h-1}(x) - \varphi_h = 0$. 那么

$$f(x) = \varphi_1 + \varphi_2 + \cdots + \varphi_h$$

是 σ_1, σ_2, $\cdots$, σ_n 的多项式.

(ii) 要证明唯一性, 只需证明若多项式 $\varphi(y_1, y_2, \cdots, y_n)$ 非零, 则 $\varphi(\sigma_1, \sigma_2, \cdots, \sigma_n)$ 非零. 设

$$\varphi(y_1, y_2, \cdots, y_n) = \sum_{k_1, k_2, \cdots, k_n} a_{k_1 k_2 \cdots k_n} y_1^{k_1} y_2^{k_2} \cdots y_n^{k_n}$$

系数不全为零. 注意到 $\sigma_1^{k_1} \sigma_2^{k_2} \cdots \sigma_n^{k_n}$ 的首项为 $x_1^{k_1 + k_2 + \cdots + k_n} x_2^{k_2 + \cdots + k_n} \cdots x_n^{k_n}$, 因此

$$\varphi(\sigma_1, \sigma_2, \cdots, \sigma_n) = \sum_{k_1, k_2, \cdots, k_n} a_{k_1 k_2 \cdots k_n} \sigma_1^{k_1} \sigma_2^{k_2} \cdots \sigma_n^{k_n}$$

右边和式中非零求和项的首项互不相同, 其中在字典序下的最大者即为 $\varphi(\sigma_1, \sigma_2, \cdots, \sigma_n)$ 的首项. 特别地, $\varphi(\sigma_1, \sigma_2, \cdots, \sigma_n)$ 非零. $\qquad \square$

上述对存在性的构造性证明也是把一个对称多项式具体表为初等对称多项式的多项式的计算过程.

例 4.2.1　把对称多项式 $f(x_1, x_2, x_3) = x_1^3 + x_2^3 + x_3^3$ 表成初等对称多项式 $\sigma_1, \sigma_2, \sigma_3$ 的多项式.

解　**方法一.** $f(x_1, x_2, x_3)$ 的首项 x_1^3 对应三元数组 $(3, 0, 0)$, 因此我们令

$$\varphi_1 = \sigma_1^{3-0} \sigma_2^{0-0} \sigma_3^0 = \sigma_1^3 = (x_1 + x_2 + x_3)^3,$$

$$f_1(x_1, x_2, x_3) = f(x_1, x_2, x_3) - \varphi_1 = -3(x_1^2 x_2 + x_2^2 x_3 + \cdots) - 6x_1 x_2 x_3.$$

类似地, $f_1(x_1, x_2, x_3)$ 的首项 $-3x_1^2 x_2$ 对应三元数组 $(2,1,0)$, 因此令

$$\varphi_2 = -3\sigma_1^{2-1}\sigma_2^{1-0}\sigma_3^0 = -3\sigma_1\sigma_2 = -3(x_1^2 x_2 + x_2^2 x_3 + \cdots) - 9x_1 x_2 x_3,$$

$$f_2(x_1, x_2, x_3) = f_1(x_1,\ x_2,\ x_3) - \varphi_2 = 3x_1 x_2 x_3 = 3\sigma_3.$$

从而我们得到

$$f(x_1, x_2, x_3) = f_1(x_1, x_2, x_3) + \varphi_1$$

$$= f_2(x_1, x_2, x_3) + \varphi_2 + \varphi_1$$

$$= 3\sigma_3 - 3\sigma_1\sigma_2 + \sigma_1^3.$$

方法二 (待定系数法). 由于多项式 $f(x_1, x_2, x_3)$ 首项是 x_1^3, 因此 σ 所有可能的指数组有:

指数组	对应σ的单项式
$(3, 0, 0)$	σ_1^3
$(2, 1, 0)$	$\sigma_1\sigma_2$
$(1, 1, 1)$	σ_3

故可设 $f(x_1, x_2, x_3) = \sigma_1^3 + a\sigma_1\sigma_2 + b\sigma_3$.

令 $x_1 = x_2 = 1,\ x_3 = 0$, 则 $f(x_1, x_2, x_3) = 2$, $\sigma_1 = 2$, $\sigma_2 = 1$, $\sigma_3 = 0$. 所以

$$8 + 2a = 2, \quad 即 \quad a = -3.$$

令 $x_1 = x_2 = x_3 = 1$, 则 $f(x_1, x_2, x_3) = 3$, $\sigma_1 = \sigma_2 = 3$, $\sigma_3 = 1$. 所以

$$27 - 27 + b = 3, \quad 即 \quad b = 3.$$

综上有 $f(x_1, x_2, x_3) = \sigma_1^3 - 3\sigma_1\sigma_2 + 3\sigma_3$. $\qquad\qquad\qquad\qquad\square$

最后, 作为对称多项式理论的一个应用, 我们介绍一元多项式重根存在性的判别法. 为简单起见, 考虑复多项式 $f(x) = x^n + a_1 x^{n-1} + \cdots + a_n \in \mathbb{C}[x]$. 那么 $f(x)$ 可表为

$$f(x) = (x - \alpha_1)(x - \alpha_2)\cdots(x - \alpha_n),$$

其中 $\alpha_1, \alpha_2, \cdots, \alpha_n$ 是 $f(x)$ 在 $\mathbb{C}$ 中的 n 个根 (计重数). 若能直接求出 $\alpha_1, \alpha_2, \cdots, \alpha_n$, 自然即知 $f(x)$ 是否有重根. 但在《代数学 (一)》中我们知道五次及以上的一元多项式函数一般没有根式解.

考虑 n 元对称多项式

$$g(x_1, x_2, \cdots, x_n) = \prod_{1 \leqslant i < j \leqslant n} (x_i - x_j)^2 \in \mathbb{C}[x_1, x_2, \cdots, x_n],$$

并定义 $f(x)$ 的**判别式**

$$D(f) \overset{\text{def}}{=} g(\alpha_1, \alpha_2, \cdots, \alpha_n) = \prod_{1 \leqslant i < j \leqslant n} (\alpha_i - \alpha_j)^2.$$

显然 $f(x)$ 在 $\mathbb{C}$ 中有重根当且仅当 $D(f) = 0$.

要判断 $D(f)$ 是否为零, 我们的办法是将 $D(f)$ 表示为 $f(x)$ 的系数 $a_1, a_2, \cdots, a_n$ 的函数, 从而可直接计算 $D(f)$. 事实上, 由于 $g(x_1, x_2, \cdots, x_n)$ 是 $x_1, x_2, \cdots, x_n$ 的对称多项式, 根据定理 4.2.1 知 $g(x_1, x_2, \cdots, x_n)$ 可表示为 $\sigma_1, \sigma_2, \cdots, \sigma_n$ 的多项式. 由 Vieta 定理

$$\begin{cases} a_1 = -\sigma_1(\alpha_1, \alpha_2, \cdots, \alpha_n), \\ a_2 = \sigma_2(\alpha_1, \alpha_2, \cdots, \alpha_n), \\ \qquad \cdots\cdots\cdots\cdots \\ a_k = (-1)^k \sigma_k(\alpha_1, \alpha_2, \cdots, \alpha_n), \\ \qquad \cdots\cdots\cdots\cdots \\ a_n = (-1)^n \sigma_n(\alpha_1, \alpha_2, \cdots, \alpha_n). \end{cases}$$

因此 $D(f) = g(\alpha_1, \alpha_2, \cdots, \alpha_n)$ 可表示为 $a_1, a_2, \cdots, a_n$ 的一个多项式函数, 记作

$$D(f) = D(a_1, a_2, \cdots, a_n).$$

从而 $f(x)$ 有重根当且仅当判别式 $D(f) = D(a_1, a_2, \cdots, a_n) = 0$.

例 4.2.2 求多项式 $f(x) = x^2 + px + q$ 的判别式.

解 直接观察有 $g(x_1, x_2) = (x_1 - x_2)^2 = (x_1 + x_2)^2 - 4x_1 x_2 = \sigma_1^2 - 4\sigma_2$. 因此由 $\sigma_1(\alpha_1, \alpha_2) = -p$, $\sigma_2(\alpha_1, \alpha_2) = q$ 可得

$$D(f) = p^2 - 4q,$$

此即为熟知的一元二次方程判别式.

为推广至一元高次多项式, 我们下面用定理 4.2.1 证明中的系统性方法重新得出上面的结果. 由于 $g(x_1, x_2)$ 首项是 x_1^2, 令

$$\varphi_1 = \sigma_1^{2-0} \sigma_2^0 = \sigma_1^2 = (x_1 + x_2)^2,$$

$$f_1(x_1, x_2) = g(x_1, x_2) - \varphi_1 = (x_1 - x_2)^2 - (x_1 + x_2)^2 = -4x_1 x_2 = -4\sigma_2.$$

因此我们有

$$g(x_1, x_2) = \varphi_1 + f_1 = \sigma_1^2 - 4\sigma_2, \quad D(f) = p^2 - 4q.$$

$\square$

例 4.2.3   读者可用类似方法证明三次多项式

$$f(x) = x^3 + a_1 x^2 + a_2 x + a_3$$

的判别式为

$$D(f) = a_1^2 a_2^2 - 4a_2^3 - 4a_1^3 a_3 - 27a_3^2 + 18a_1 a_2 a_3.$$

上面描述了求多项式判别式的一般原则, 其具体计算方法常应用下一节中的结式理论.

习题 4.2

1. 由定义证明事实 4.2.1.

2. 用初等对称多项式表出下列对称多项式:

(i) $f(x_1, x_2, x_3, x_4) = (x_1 x_2 + x_3 x_4)(x_1 x_3 + x_2 x_4)(x_1 x_4 + x_2 x_3)$;

(ii) $f(x_1, x_2, x_3) = (x_1 + x_2)(x_1 + x_3)(x_2 + x_3)$;

(iii) $f(x_1, x_2, x_3) = (x_1 - x_2)^2(x_2 - x_3)^2 + (x_2 - x_3)^2(x_3 - x_1)^2 + (x_3 - x_1)^2(x_1 - x_2)^2$.

3. 用初等对称多项式表出下列 n 元对称多项式:

(i) $\sum x_1^2 x_2 \quad (n \geqslant 3)$;

(ii) $\sum x_1^2 x_2^2 x_3 \quad (n \geqslant 5)$;

(iii) $\sum x_1^3 x_2^2 x_3 \quad (n \geqslant 3)$;

(iv) $\sum x_1^3 x_2 x_3 \quad (n \geqslant 5)$.

这里 $\sum x_1^{l_1} x_2^{l_2} \cdots x_n^{l_n}$ 表示所有由 $x_1^{l_1} x_2^{l_2} \cdots x_n^{l_n}$ 经未定元置换所得单项之和.

4. 证明: 若方程 $x^3 + px^2 + qx + r = 0$ 的三个根成等比数列, 则 $q^3 = p^3 r$.

5. 证明: 若多项式 $f(x) = x^3 + px + q$ 的根为 x_1, x_2, x_3, 则以

$$y_1 = (x_1 - x_2)^2, \ y_2 = (x_1 - x_3)^2, \ y_3 = (x_2 - x_3)^2$$

为根的首一多项式为 $g(y) = y^3 + 6py^2 + 9p^2 y + 4p^3 + 27q^2$.

6. 设方程 $2x^3 - 5x^2 - 4x + 12 = 0$ 有一个二重根, 解此方程.

7. 证明: 四次方程 $x^4 + a_1 x^3 + a_2 x^2 + a_3 x + a_4 = 0$ 有两根之和为零的充要条件是

$$a_1^2 a_4 + a_3^2 - a_1 a_2 a_3 = 0.$$

8. 证明例 4.2.3 的结论.

9. 证明: 多项式 $f(x) = x^4 + px + q$ 有重根的充要条件是 $27p^4 = 256q^3$.

4.3 二元高次方程组求解的结式方法

本节的主要目的是利用多项式和线性方程组求解理论, 给出二元高次方程组的求解方法. 我们的基本工具是所谓的结式.

首先讨论两个一元多项式非互素, 即有非常数公因式的条件.

引理 4.3.1 设 $f(x) = a_0 x^n + a_1 x^{n-1} + \cdots + a_n$ 和 $g(x) = b_0 x^m + b_1 x^{m-1} + \cdots + b_m$ 是域 F 上的非零多项式, 其中 a_0, b_0 非零. 那么 $f(x)$ 和 $g(x)$ 非互素的充要条件是存在 $u(x), v(x) \in F[x]$ 满足 $0 \leqslant \deg u(x) < m, 0 \leqslant \deg v(x) < n$ 并且 $u(x)f(x) = v(x)g(x)$.

证明 **必要性**. 设 $d(x) = (f(x), g(x)) \neq 1$. 于是存在 $f_1(x), g_1(x) \in F[x]$ 使得

$$f(x) = d(x)f_1(x), \quad g(x) = d(x)g_1(x),$$

其中 $\deg f_1(x) < \deg f(x) \leqslant n, \deg g_1(x) < \deg g(x) \leqslant m$.

令 $u(x) = g_1(x), v(x) = f_1(x)$. 那么

$$u(x)f(x) = g_1(x)d(x)f_1(x) = g(x)v(x).$$

充分性. 存在 $u(x), v(x) \in F[x]$ 满足 $0 \leqslant \deg u(x) < m, 0 \leqslant \deg v(x) < n$ 并且 $u(x)f(x) = v(x)g(x)$.

如果 $(f(x), g(x)) = 1$, 则由 $f(x) \mid v(x)g(x)$ 可得 $f(x) \mid v(x)$. 这与 $0 \leqslant \deg v(x) < n = \deg f(x)$ 矛盾. 因此 $f(x)$ 和 $g(x)$ 非互素. □

在上述引理的充要条件下, 由 $\deg u(x) < m, \deg v(x) < n$ 可假设

$$u(x) = u_0 x^{m-1} + u_1 x^{m-2} + \cdots + u_{m-1},$$

$$v(x) = v_0 x^{n-1} + v_1 x^{n-2} + \cdots + v_{n-1},$$

其中 u_0, v_0 可能为零.

对 $u(x)f(x) = v(x)g(x)$ 两边乘法展开并比较对应系数可得

$$
\begin{cases}
a_0 u_0 & = b_0 v_0 \cdots\cdots\cdots\cdots\cdots\cdots\cdots x^{n+m-1}, \\
a_1 u_0 + a_0 u_1 & = b_1 v_0 + b_0 v_1 \cdots\cdots\cdots\cdots\cdots x^{n+m-2}, \\
a_2 u_0 + a_1 u_1 + a_0 u_2 & = b_2 v_0 + b_1 v_1 + b_0 v_2 \cdots\cdots\cdots x^{n+m-3}, \\
& \cdots\cdots\cdots\cdots \\
a_n u_{m-2} + a_{n-1} u_{m-1} & = b_m v_{n-2} + b_{m-1} v_{n-1} \cdots\cdots\cdots x, \\
a_n u_{m-1} & = b_m v_{n-1} \cdots\cdots\cdots\cdots\cdots\cdots 1.
\end{cases}
\tag{4.4}
$$

将这 $n+m$ 个等式视作 $n+m$ 个未知数 $u_0, u_1, \cdots, u_{m-1}, v_0, v_1, \cdots, v_{n-1}$ 的方程组, 令

$$
A = \begin{pmatrix}
a_0 & a_1 & a_2 & \cdots & a_n & 0 & \cdots & 0 \\
0 & a_0 & a_1 & a_2 & \cdots & a_n & \cdots & 0 \\
\vdots & \vdots & \ddots & \ddots & \ddots & & \ddots & \vdots \\
0 & 0 & \cdots & a_0 & a_1 & a_2 & \cdots & a_n
\end{pmatrix}_{m \times (n+m)},
$$

$$
B = \begin{pmatrix}
b_0 & b_1 & b_2 & \cdots & b_m & 0 & \cdots & 0 \\
0 & b_0 & b_1 & b_2 & \cdots & b_m & \cdots & 0 \\
\vdots & \vdots & \ddots & \ddots & \ddots & & \ddots & \vdots \\
0 & 0 & \cdots & b_0 & b_1 & b_2 & \cdots & b_m
\end{pmatrix}_{n \times (n+m)}.
$$

将方程组 (4.4) 中右边关于 $v_0, v_1, \cdots, v_{n-1}$ 的项移至左边, 不难看出此线性方程组的系数矩阵为 $C = (A^{\mathrm{T}} \quad -B^{\mathrm{T}})$, 其转置是 $C^{\mathrm{T}} = \begin{pmatrix} A \\ -B \end{pmatrix}$. 显然 $|C| = |C^{\mathrm{T}}| = 0$ 当且仅当行列式

$$
R(f, \ g) \overset{\text{def}}{=} \begin{vmatrix} A \\ B \end{vmatrix}
$$

等于零. 因此我们有

$$
R(f,g) = 0 \Leftrightarrow |C| = 0
$$

$$
\Leftrightarrow \text{方程组 (4.4) 有非零解}
$$

$$
\Leftrightarrow \text{存在非零的 } u(x), v(x) \in F[x] \text{ 满足}
$$

$$
\deg u(x) < m, \deg v(x) < n \text{ 并且 } u(x)f(x) = v(x)g(x)
$$

$$
\overset{\text{引理 4.3.1}}{\Longleftrightarrow} f(x) \text{ 和 } g(x) \text{ 在 } F[x] \text{ 中有非常数的公因式.}
$$

称 $R(f,g)$ 是 $f(x)$ 与 $g(x)$ 的**结式**. 那么综上可得

定理 4.3.1 设 $f(x) = a_0 x^n + a_1 x^{n-1} + \cdots + a_n, g(x) = b_0 x^m + b_1 x^{m-1} + \cdots + b_m$ 是 $F[x]$ 中的两个多项式, 其中 a_0, b_0 非零, $m, n > 0$. 那么 $f(x)$ 和 $g(x)$ 有非常数的公因式当且仅当结式 $R(f,g) = 0$.

由于当 $F = \mathbb{C}$ 时, $f(x)$ 和 $g(x)$ 有非常数的公因式当且仅当它们有公共根, 因此有

推论 4.3.1 设 $f(x) = a_0 x^n + a_1 x^{n-1} + \cdots + a_n, g(x) = b_0 x^m + b_1 x^{m-1} + \cdots + b_m$ 是 $\mathbb{C}[x]$ 中的两个多项式, 其中 a_0, b_0 非零, $m, n > 0$. 那么 $f(x)$ 和 $g(x)$ 有公共根当且仅当 $R(f,g) = 0$.

由此推论, 我们可进一步给出方法求解二元高次方程组, 即假设 $f(x,y), g(x,y) \in \mathbb{C}[x,y]$, 求方程组

$$\begin{cases} f(x,y) = 0, \\ g(x,y) = 0 \end{cases}$$

在 $\mathbb{C}$ 中的全部解.

事实上, $f(x,y)$ 和 $g(x,y)$ 可分别写成

$$\begin{cases} F_y(x) = f(x,y) = a_0(y)x^n + a_1(y)x^{n-1} + \cdots + a_n(y), \\ G_y(x) = g(x,y) = b_0(y)x^m + b_1(y)x^{m-1} + \cdots + b_m(y), \end{cases}$$

其中 $a_i(y), b_j(y) \in \mathbb{C}[y]$, $i = 0, 1, \cdots, n$, $j = 0, 1, \cdots, m$, 且 $a_0(y) \neq 0$, $b_0(y) \neq 0$.

考虑上述方程组的解时, 实际上是将 $f(x,y)$ 和 $g(x,y)$ 视作 $x, y \in \mathbb{C}$ 的多项式函数. 因此若考虑固定值 y, 则 $F_y(x)$ 和 $G_y(x)$ 即为 x 的一元多项式函数. 令

$$A = \begin{pmatrix} a_0(y) & a_1(y) & a_2(y) & \cdots & a_n(y) & 0 & \cdots & 0 \\ 0 & a_0(y) & a_1(y) & a_2(y) & \cdots & a_n(y) & \cdots & 0 \\ \vdots & \vdots & \ddots & \ddots & \ddots & & \ddots & \vdots \\ 0 & 0 & \cdots & a_0(y) & a_1(y) & a_2(y) & \cdots & a_n(y) \end{pmatrix}_{m \times (n+m)},$$

$$B = \begin{pmatrix} b_0(y) & b_1(y) & b_2(y) & \cdots & b_m(y) & 0 & \cdots & 0 \\ 0 & b_0(y) & b_1(y) & b_2(y) & \cdots & b_m(y) & \cdots & 0 \\ \vdots & \vdots & \ddots & \ddots & \ddots & & \ddots & \vdots \\ 0 & 0 & \cdots & b_0(y) & b_1(y) & b_2(y) & \cdots & b_m(y) \end{pmatrix}_{n \times (n+m)}.$$

那么结式

$$R_x(f,g) \overset{\text{def}}{=\!=} R(F_y, G_y) = \begin{vmatrix} A \\ B \end{vmatrix}$$

是关于 y 的复系数多项式函数, 即 $R_x(f,g) \in \mathbb{C}[y]$.

定理 4.3.2 设 $f(x,y), g(x,y) \in \mathbb{C}[x,y]$. 若 (x_0, y_0) 是方程组

$$\begin{cases} f(x,y) = 0, \\ g(x,y) = 0 \end{cases} \tag{4.5}$$

的一个复数解, 则 y_0 是 $R_x(f,g)$ 的一个根.

反之, 若 y_0 是 $R_x(f,g)$ 的一个根, 则或者 $a_0(y_0) = b_0(y_0) = 0$, 或者存在一个复数 x_0 使得 (x_0, y_0) 是该方程组的一个解.

证明   若 (x_0, y_0) 是方程组 (4.5) 的一个复数解, 则 x_0 就是一元多项式 $F_{y_0}(x)$ 和 $G_{y_0}(x)$ 的一个公共根. 由推论 4.3.1 有 $R(F_{y_0}, G_{y_0}) = 0$, 即 y_0 是 $R_x(f, g) = R(F_y, G_y) = 0$ 的一个根.

反之, 假设 y_0 是 $R_x(f, g)$ 的一个根. 当 $a_0(y_0), b_0(y_0)$ 不全为零时, 我们有如下情形.

(i) $a_0(y_0) \neq 0, b_0(y_0) \neq 0$. 由定理 4.3.1 知 $F_{y_0}(x) = f(x, y_0)$ 与 $G_{y_0}(x) = g(x, y_0)$ 有关于 x 的非常数公因式, 即有公共根 x_0. 那么 (x_0, y_0) 是方程组 (4.5) 的一个解.

(ii) $a_0(y_0) \neq 0, b_0(y_0) = 0$. 此时又有两种情形.

若 $b_0(y_0), b_1(y_0), \cdots, b_m(y_0)$ 均为零, 即 $G_{y_0}(x) = 0$, 则只需求出

$$F_{y_0}(x) = f(x, y_0) = a_0(y_0)x^n + a_1(y_0)x^{n-1} + \cdots + a_n(y_0)$$

的根 x_0, 那么 (x_0, y_0) 就是方程组 (4.5) 的一个解.

若存在 l 使得 $b_0(y_0) = \cdots = b_{l-1}(y_0) = 0$ 但 $b_l(y_0) \neq 0$, 令

$$g_1(x) = b_l(y_0)x^{m-l} + \cdots + b_m(y_0) = G_{y_0}(x).$$

由结式定义不难看出

$$R_x(f, g)(y_0) = R(F_y, G_y)(y_0) = a_0(y_0)^l R(F_{y_0}, g_1),$$

因此由 $a_0(y_0) \neq 0$ 可得 $R(F_{y_0}, g_1) = 0$. 那么由推论 4.3.1 知 $F_{y_0}(x)$ 和 $g_1(x) = G_{y_0}(x)$ 有公共根 x_0, 从而 (x_0, y_0) 是方程组 (4.5) 的一个解.

(iii) $a_0(y_0) = 0, b_0(y_0) \neq 0$ 的情形同 (ii).   □

此定理后半部分说明, 只要先由 $R_x(f, g) = 0$ 解出 $y = y_0$, 再将 $y = y_0$ 代入方程组 (4.5) 即成为求两个一元多项式公共根的问题. 若能求出其公共根 $x = x_0$, 即可求得方程组的解 (x_0, y_0).

例 4.3.1   解方程组

$$\begin{cases} y^2 - 7xy + 4x^2 + 13x - 2y - 3 = 0, \\ y^2 - 14xy + 9x^2 + 28x - 4y - 5 = 0. \end{cases}$$

解   将原方程组改写为

$$\begin{cases} F_x(y) = f(x, y) = y^2 - (7x+2)y + (4x^2 + 13x - 3) = 0, \\ G_x(y) = g(x, y) = y^2 - (14x+4)y + (9x^2 + 28x - 5) = 0. \end{cases}$$

那么有结式

$$R_y(f,\ g) = \begin{vmatrix} 1 & -7x - 2 & 4x^2 + 13x - 3 & 0 \\ 0 & 1 & -7x - 2 & 4x^2 + 13x - 3 \\ 1 & -14x - 4 & 9x^2 + 28x - 5 & 0 \\ 0 & 1 & -14x - 4 & 9x^2 + 28x - 5 \end{vmatrix}$$

$$= \begin{vmatrix} 1 & -7x-2 & 4x^2+13x-3 & 0 \\ 0 & 1 & -7x-2 & 4x^2+13x-3 \\ 0 & -7x-2 & 5x^2+15x-2 & 0 \\ 0 & 0 & -7x-2 & 5x^2+15x-2 \end{vmatrix}$$

$$= (5x^2+15x-2)^2 + (7x+2)^2(4x^2+13x-3) - (7x+2)^2(5x^2+15x-2)$$

$$= (5x^2+15x-2)^2 - (7x+2)^2(x+1)^2$$

$$= (5x^2+15x-2-7x^2-9x-2)(5x^2+15x-2+7x^2+9x+2)$$

$$= -24(x^2-3x+2)(x^2+2x)$$

$$= -24x(x-1)(x-2)(x+2),$$

从而得到 $R_y(f,g)$ 的 4 个根 $x=0,\ 1,\ 2,\ -2$.

将 $x=0$ 代入原方程组得

$$\begin{cases} y^2 - 2y - 3 = 0, \\ y^2 - 4y - 5 = 0. \end{cases}$$

此方程组中两个方程的根分别是 $y=3,\ -1$ 和 $y=5,\ -1$, 故有公共根 $y=-1$. 于是得到原方程组的解 $(0,-1)$. 类似地, 分别代入 $x=1,\ 2,\ -2$ 可得方程组的解 $(1,2)$, $(2,3)$, $(-2,1)$. 这四个解即为方程组的全部解. □

本节最后我们给出结式的计算公式以及用于求解一元多项式判别式的公式.

定理 4.3.3 设有 $\mathbb{C}[x]$ 中多项式

$$f(x) = a_0 x^n + \cdots + a_{n-1}x + a_n, \quad g(x) = b_0 x^m + \cdots + b_{m-1}x + b_m,$$

其中 a_0, b_0 非零. 设 $\alpha_1, \alpha_2, \cdots, \alpha_n$ 和 $\beta_1, \beta_2, \cdots, \beta_m$ 分别是 $f(x)$ 和 $g(x)$ 的所有复根. 那么

$$R(f,g) = a_0^m \prod_{i=1}^{n} g(\alpha_i) = (-1)^{mn} b_0^n \prod_{j=1}^{m} f(\beta_j)$$

$$= a_0^m b_0^n \prod_{i=1}^{n} \prod_{j=1}^{m} (\alpha_i - \beta_j).$$

证明 对 $g(x)$ 的次数进行归纳.

当 $\deg g(x) = 1$, 即 $g(x) = b_0 x + b_1$ 时, $g(x)$ 有唯一的根 $\beta = -\dfrac{b_1}{b_0}$. 此时有结式

$$R(f,g) = \begin{vmatrix} a_0 & a_1 & a_2 & \cdots & a_{n-1} & a_n \\ b_0 & b_1 & 0 & \cdots & 0 & 0 \\ 0 & b_0 & b_1 & \cdots & 0 & 0 \\ \vdots & \vdots & \vdots & & \vdots & \vdots \\ 0 & 0 & 0 & \cdots & b_1 & 0 \\ 0 & 0 & 0 & \cdots & b_0 & b_1 \end{vmatrix}$$

$$\xrightarrow[i=1,2,\cdots,n]{C_{i+1}+\beta C_i} \begin{vmatrix} a_0 & a_1+a_0\beta & \cdots & a_{n-1}+a_{n-2}\beta+\cdots+a_0\beta^{n-1} & f(\beta) \\ b_0 & 0 & \cdots & 0 & 0 \\ 0 & b_0 & \cdots & 0 & 0 \\ \vdots & \vdots & & \vdots & \vdots \\ 0 & 0 & \cdots & 0 & 0 \\ 0 & 0 & \cdots & b_0 & 0 \end{vmatrix}$$

$$= (-1)^n b_0^n f(\beta) = (-1)^n a_0 b_0^n (\beta - \alpha_1)\cdots(\beta - \alpha_n) = a_0 \prod_{i=1}^n g(\alpha_i).$$

假设 $\deg g(x) = m-1$ 时结论成立. 下面证明 $\deg g(x) = m$ 时结论也成立. 设

$$g(x) = b_0 x^m + \cdots + b_{m-1}x + b_m = (x - \beta_m)g_1(x),$$

其中 $g_1(x) = c_0 x^{m-1} + \cdots + c_{m-2}x + c_{m-1}$. 那么有

$$b_0 = c_0,\ b_1 = c_1 - c_0\beta_m,\ \cdots,\ b_{m-1} = c_{m-1} - c_{m-2}\beta_m,\ b_m = -c_{m-1}\beta_m.$$

对结式

$$R(f,g) = \begin{vmatrix} a_0 & a_1 & \cdots & a_n & 0 & \cdots & 0 \\ 0 & a_0 & a_1 & \cdots & a_n & \cdots & 0 \\ \vdots & \vdots & \ddots & \ddots & & \ddots & \vdots \\ 0 & 0 & \cdots & a_0 & a_1 & \cdots & a_n \\ b_0 & b_1 & \cdots & b_m & 0 & \cdots & 0 \\ 0 & b_0 & b_1 & \cdots & b_m & \cdots & 0 \\ \vdots & \vdots & \ddots & \ddots & & \ddots & \vdots \\ 0 & 0 & \cdots & b_0 & b_1 & \cdots & b_m \end{vmatrix}$$

中行列式实施初等变换, 我们有

$R(f,g)$

$$\xrightarrow[i=1,2,\cdots,n+m-1]{C_{i+1}+\beta_m C_i}\begin{vmatrix} a_0 & a_0\beta_m+a_1 & \cdots & & f(\beta_m) & \beta_m f(\beta_m) & \cdots & \beta_m^{m-1}f(\beta_m) \\ 0 & a_0 & a_0\beta_m+a_1 & \cdots & & f(\beta_m) & \cdots & \beta_m^{m-2}f(\beta_m) \\ \vdots & \vdots & \ddots & \ddots & & & \ddots & \vdots \\ 0 & 0 & \cdots & & a_0 & a_0\beta_m+a_1 & \cdots & f(\beta_m) \\ c_0 & c_1 & \cdots & & 0 & 0 & \cdots & 0 \\ 0 & c_0 & c_1 & \cdots & & 0 & \cdots & 0 \\ \vdots & \vdots & \ddots & \ddots & & & \ddots & \vdots \\ 0 & 0 & \cdots & & c_0 & c_1 & \cdots & 0 \end{vmatrix}$$

$$\xrightarrow[i=1,2,\cdots,m-1]{R_i-\beta_m R_{i+1}}\begin{vmatrix} a_0 & a_1 & \cdots & a_n & 0 & \cdots & 0 \\ 0 & a_0 & a_1 & \cdots & a_n & \cdots & 0 \\ \vdots & \vdots & \ddots & \ddots & & \ddots & \vdots \\ 0 & 0 & \cdots & a_0 & a_0\beta_m+a_1 & \cdots & f(\beta_m) \\ c_0 & c_1 & \cdots & 0 & 0 & \cdots & 0 \\ 0 & c_0 & c_1 & \cdots & 0 & \cdots & 0 \\ \vdots & \vdots & \ddots & \ddots & & \ddots & \vdots \\ 0 & 0 & \cdots & c_0 & c_1 & \cdots & 0 \end{vmatrix}$$

$$= (-1)^n f(\beta_m) R(f,g_1).$$

根据归纳假设有 $R(f,g_1)=(-1)^{(m-1)n}b_0^n\prod\limits_{j=1}^{m-1}f(\beta_j)$, 因此

$$R(f,g) = (-1)^n f(\beta_m)(-1)^{(m-1)n}b_0^n\prod_{j=1}^{m-1}f(\beta_j)$$

$$= (-1)^{mn}b_0^n\prod_{j=1}^{m}f(\beta_j)$$

$$= a_0^m b_0^n\prod_{i=1}^{n}\prod_{j=1}^{m}(\alpha_i-\beta_j)$$

$$= a_0^m\prod_{i=1}^{n}g(\alpha_i).$$

从而由归纳法结论成立. □

定理 4.3.4 设 $\mathbb{C}[x]$ 中多项式 $f(x)=a_0x^n+\cdots+a_{n-1}x+a_n$, 其中 $a_0\neq 0$. 那么 $f(x)$ 的判别式为

$$D(f) = (-1)^{\frac{n(n-1)}{2}}a_0^{-(2n-1)}R(f,f').$$

证明 设 $f(x)$ 的所有复根为 $\alpha_1, \alpha_2, \cdots, \alpha_n$. 那么由定理 4.3.3 可得

$$R(f, f') = a_0^{n-1} \prod_{i=1}^{n} f'(\alpha_i). \tag{4.6}$$

由 $f(x) = a_0(x - \alpha_1) \cdots (x - \alpha_n)$ 易得

$$f'(\alpha_i) = a_0 \prod_{j \neq i} (\alpha_i - \alpha_j), \quad i = 1, 2, \cdots, n.$$

将此代入 (4.6) 式得

$$R(f, f') = a_0^{2n-1} \prod_{i=1}^{n} \prod_{j \neq i} (\alpha_i - \alpha_j). \tag{4.7}$$

对任意 $1 \leqslant i < j \leqslant n$, 在 (4.7) 式中 $\alpha_i - \alpha_j$ 和 $\alpha_j - \alpha_i$ 这两个因子各出现一次, 其乘积为 $-(\alpha_i - \alpha_j)^2$. 这种有序对 (i, j) 共有 $\dfrac{n(n-1)}{2}$ 对, 因此由 (4.7) 式可得

$$R(f, f') = (-1)^{\frac{n(n-1)}{2}} a_0^{2n-1} \prod_{1 \leqslant i < j \leqslant n} (\alpha_i - \alpha_j)^2 = (-1)^{\frac{n(n-1)}{2}} a_0^{2n-1} D(f). \qquad \square$$

例 4.3.2 求二次多项式 $f(x) = ax^2 + bx + c$ 的判别式.

解 $f'(x) = 2ax + b$, 于是

$$R(f, f') = \begin{vmatrix} a & b & c \\ 2a & b & 0 \\ 0 & 2a & b \end{vmatrix} = -a(b^2 - 4ac).$$

由定理 4.3.4 得 $D(f) = (-1)^{\frac{2(2-1)}{2}} a^{-(2 \times 2 - 1)} R(f, f') = a^{-2}(b^2 - 4ac)$. $\qquad \square$

上述例 4.3.2 所得的二次多项式的判别式与在通常二次函数观点下所定义的判别式差一个常数 a^{-2}, 这并不影响我们对于多项式是否有重根的判别. 关键是本章的判别式定义对任意次多项式而言是完全自然的.

容易理解: 复数域上双变量多项式方程的解集代表了二维复空间上的一条曲线, 它被称为**代数曲线**. 那么如上两个双变量多项式方程构成的方程组的解集, 就代表了两条代数曲线的交点集, 这恰是本章结式理论的应用. 进一步地, 代数曲线交点个数的求解, 是后继课程代数几何的重要问题. 在所谓的仿射曲线和射影曲线等各种情况下, 用 Bezou (贝祖) 定理等方法对此已有解答. 这可以看作是本章内容的延伸和深化, 读者可以参考文献 [31].

习题 4.3

1. 求下列各题中 f 与 g 的结式:

(i) $f(x) = x^2 - 3x + 2$, $g(x) = x^n + 1$;

(ii) $f(x) = \dfrac{x^5 - 1}{x - 1}$, $g(x) = \dfrac{x^7 - 1}{x - 1}$;

(iii) $f(x) = x^n + x + 1$, $g(x) = x^2 - 3x + 2$;

(iv) $f(x) = a_0 x^n + a_1 x^{n-1} + \cdots + a_{n-1} x + a_n$,

   $g(x) = a_0 x^{n-1} + a_1 x^{n-2} + \cdots + a_{n-2} x + a_{n-1}$, 其中 a_0, a_n 非零.

2. 解下列各方程组:

(i) $\begin{cases} 5y^2 - 6xy + 5x^2 - 16 = 0, \\ y^2 - xy + 2x^2 - y - x - 4 = 0; \end{cases}$

(ii) $\begin{cases} x^2 + y^2 + 4x - 2y + 3 = 0, \\ x^2 + 4xy - y^2 + 10y - 9 = 0; \end{cases}$

(iii) $\begin{cases} x^2 y + x^2 + 2xy + y^3 = 0, \\ x^2 - 3y^2 - 6x = 0. \end{cases}$

3. 当 k 取何值时, 多项式 $f(x) = x^4 - 4x + k$ 有重根?

4. 求下列复多项式的判别式:

(i) $x^n + 2x + 1$;

(ii) $x^n + 2$;

(iii) $x^{n-1} + x^{n-2} + \cdots + x + 1$.

5. 设有 $\mathbb{C}[x]$ 中多项式

$$f(x) = a_0 x^m + a_1 x^{m-1} + \cdots + a_{m-1} x + a_m,$$

$$g(x) = b_0 x^n + b_1 x^{n-1} + \cdots + b_{n-1} x + b_n.$$

证明: $R(f, g) = 0$ 的充要条件是 "$a_0 = b_0 = 0$" 与 "$f(x)$ 和 $g(x)$ 有公共根" 至少有一条成立.

6. 设有非零复多项式 $f(x), g_1(x), g_2(x)$. 证明: $R(f, g_1 g_2) = R(f, g_1) R(f, g_2)$.

7. 设 $f(x) = a_0 x^n + a_1 x^{n-1} + \cdots + a_n$, $g(x) = b_0 x^m + b_1 x^{m-1} + \cdots + b_m$. 证明:

(i) $R(f, g) = (-1)^{mn} R(g, f)$;

(ii) 若 a, b 为常数, 则 $R(af, bg) = a^m b^n R(f, g)$.

8. 设 $\alpha_1, \alpha_2, \alpha_3$ 为 $f(x) = 2x^3 + x^2 - 3x + 2$ 的根. 求

$$\varphi = \frac{\alpha_2}{\alpha_1} + \frac{\alpha_1}{\alpha_2} + \frac{\alpha_3}{\alpha_2} + \frac{\alpha_2}{\alpha_3} + \frac{\alpha_1}{\alpha_3} + \frac{\alpha_3}{\alpha_1}$$

的值.

9. 设有多项式 $h(x, y) \in F[x, y]$. 证明:

(i) 若 $h(x, x) = 0$, 则 $(y - x) \mid h(x, y)$; (例如 $h(x, y) = x^n - y^n$)

(ii) 若 $h(x, ax+b) = 0$, 其中 $a, b \in F$, 则 $(y - ax - b) \mid h(x, y)$.

4.4 多项式代数的 Jacobi 猜想简介

本节中我们介绍一个与多元多项式有关的著名未解决问题——Jacobi (雅可比) 猜想. 我们从分析学的一个角度来引进.

定理 4.4.1 (Rolle (罗尔) 定理) 设 $f : \mathbb{R} \to \mathbb{R}$ 是一阶可导函数, 且有 $a, b \in \mathbb{R}$, $a < b$ 使得 $f(a) = f(b)$. 那么存在 $z \in (a, b)$ 使得 $f'(z) = 0$.

一个自然的想法是, 如何将此重要结论由 $\mathbb{R}$ 推广到高维空间 $\mathbb{R}^n$ 或 $\mathbb{C}^n$ 上. 设函数

$$f : \mathbb{C}^n \to \mathbb{C}^n, \quad x \mapsto (f_1(x), f_2(x), \cdots, f_n(x))$$

可导, 即其中每个 $f_i : \mathbb{C}^n \to \mathbb{C}$ 是可导函数. 定义

$$f'(x) = \det(Jf(x)), \quad x \in \mathbb{C}^n,$$

其中 Jf 为 **Jacobi 矩阵**

$$Jf \stackrel{\text{def}}{=} \left(\frac{\partial f_i}{\partial x_j} \right)_{n \times n}.$$

问题 4.4.1 (O. Keller (凯勒), 1939) 若存在 $a, b \in \mathbb{C}^n$, $a \neq b$ 满足 $f(a) = f(b)$, 是否存在 $z \in \mathbb{C}^n$ 使得 $f'(z) = 0$?

对此问题一般情形的回答是相当困难的. 考虑一种特殊情况, 即

$$f = (f_1, f_2, \cdots, f_n), \quad \text{其中} \quad f_i(x) \in \mathbb{C}[x_1, x_2, \cdots, x_n], \ i = 1, 2, \cdots, n.$$

此时 $f : \mathbb{C}^n \to \mathbb{C}^n$ 称为一个**多项式映射**. 即使对此特殊情形, Keller 问题同样是困难的. 事实上即使对 $n = 2$ 该问题都没有得到解决. 如何将 Keller 问题转化为更容易解决的形式, 这是尝试回答该问题的第一步.

1962 年, Rosenlicht (罗森利希特) 等得到了如下的漂亮结论, 它显然是对线性映射的已知结论在多项式映射的推广.

定理 4.4.2 设 $f : \mathbb{C}^n \to \mathbb{C}^n$ 是一个多项式映射. 若 f 是单射, 则必也是满射, 从而 f 是 $\mathbb{C}^n$ 上的一个多项式自同构映射, 且其逆映射也是多项式自同构映射.

用此结论, 可以证明上述 Keller 问题对多项式映射等价于如下猜想:

猜想 4.4.1 (Jacobi 猜想) 若 $f : \mathbb{C}^n \to \mathbb{C}^n$ 是一个多项式映射且满足 $f'(x) = \det(Jf(x)) \neq 0, \forall x \in \mathbb{C}^n$, 则 f 是可逆的多项式映射.

事实上, 对多项式映射 $f : \mathbb{C}^n \to \mathbb{C}^n$, 若 Keller 问题 4.4.1 答案为肯定, 则有其逆否命题成立, 即: $f'(x) \neq 0, \forall x \in \mathbb{C}^n$ 蕴涵 f 是单射. 于是由定理 4.4.2, f 是可逆的多项式映射, 即 Jacobi 猜想成立. 反之若 Jacobi 猜想成立, 则 $f'(x) \neq 0, \forall x \in \mathbb{C}^n$ 蕴涵 f 是单射, 从而 Keller 问题对多项式映射答案为肯定.

Jacobi 猜想被著名数学家、菲尔兹奖获得者 Steven Smale (斯梅尔) 在 1998 年和 2000 年所提出的 21 世纪 18 个待解决问题中列为第 16 个问题.

决定多项式映射 f 复杂性的因素有两个: 空间 $\mathbb{C}^n$ 的维数 n 以及多项式 f_i 的次数. 目前 Jacobi 猜想对任意的 $n \geqslant 2$ 都没有得到解决. 定义

$$\deg f = \max\{\deg f_1(x), \deg f_2(x), \cdots, \deg f_n(x)\},$$

称为多项式映射 f 的**次数**. 那么以 $\deg f$ 为参数有如下已知结论.

定理 4.4.3　(i) (S.S Wang, 1980) 当 $\deg f \leqslant 2$ 时, Jacobi 猜想成立;

(ii) (Bass (巴斯) 等, 1982) 若 $n \geqslant 2$, $\deg f \leqslant 3$ 时 Jacobi 猜想成立, 则一般也成立.

定理 4.4.4 (Druzkowski (德鲁茨科夫斯基), 1983)　若 Jacobi 猜想在 $n \geqslant 2$ 时对形如

$$f(x) = \left(x_1 + \left(\sum_{i=1}^{n} a_{i1} x_i \right)^3, \cdots, x_n + \left(\sum_{i=1}^{n} a_{in} x_i \right)^3 \right)$$

的多项式映射成立, 则对一般的多项式映射也成立.

目前 Jacobi 猜想得到确认的部分进展还包括: 当 $n = 2$ 且 $\deg f \leqslant 150$ 时, Jacobi 猜想是成立的. 关于 Jacobi 猜想已有结果的详情可参阅综述性文献 [2, 10].

第五章

从线性函数到双线性函数

5.1　定义和引言

在《代数学 (一)》中我们知道, 域 F 上的线性空间 V 到 W 的线性映射构成了 F 上的线性空间 $\mathrm{Hom}_F(V, W)$, 并且当 V, W 维数有限时, 有 $\dim \mathrm{Hom}_F(V, W) = \dim V \cdot \dim W$. 特别地, 取 $W = F$ 作为 F 自身上的线性空间, 则我们得到 F-线性空间

$$V^* \overset{\text{def}}{=} \mathrm{Hom}_F(V, F),$$

称为 V 的**对偶空间**, 其加法和数乘如下: 对 $f, g \in V^*$ 和 $c \in F$, 有

$$f + g : V \to F, \quad v \mapsto f(v) + g(v),$$

$$cf : V \to F, \quad v \mapsto cf(v).$$

我们称 V^* 中的元素 $f : V \to F$ 为 V **上的线性函数**, 即线性函数是以 F 为值域的线性映射. 特别地, 若 V 的维数有限, 则 $\dim V^* = \dim V \cdot \dim F = \dim V$.

回顾一下域 $F = \mathbb{R}$ 或 $\mathbb{C}$ 上内积空间 V 上的内积映射 $(\cdot, \cdot) : V \times V \to F$. 对给定的 $u \in V$, 由内积空间的公理容易验证映射

$$f_u : V \to F, \quad v \mapsto (v, u) = \overline{(u, v)}$$

是 V 的一个线性函数, 称为 V **关于内积的线性函数**. 这里 $\overline{(\cdot, \cdot)}$ 表示复共轭.

作为这种现象的一般化, 若映射 $f : V \times V \to F, (u, v) \mapsto f(u, v)$ 满足:

$$f(au + bv, w) = af(u, w) + bf(v, w),$$

$$f(w, au + bv) = af(w, u) + bf(w, v),$$

其中 $u, v, w \in V$, $a, b \in F$, 则称 f 是 V 上的一个**双线性函数**或**双线性型**.

对固定的 $u \in V$, 可得对变元 v 的线性函数 $f(u, \cdot) : V \to F, v \mapsto f(u, v)$; 对称地, 对固定的 $v \in V$, 可得对变元 u 的线性函数 $f(\cdot, v) : V \to F, u \mapsto f(u, v)$.

显然欧氏空间上的内积是特殊的双线性函数. 但对酉空间, 由于 $(u, av) = \bar{a}(u, v)$, 故此时内积不是双线性函数, 这种函数一般称为**半双线性函数**或**酉双线性函数**. 一般的酉双线性函数的定义见 7.1 节.

例 5.1.1　设 $f_1, f_2 \in V^*$, 定义 $f : V \times V \to F, (u, v) \mapsto f_1(u) f_2(v)$, 则 f 是 V 上的一个双线性函数.

类似地, 可以定义**多重线性函数**. 对正整数 n, 若映射 $f : V^n = \underbrace{V \times V \times \cdots \times V}_{n\text{个}} \to F$ 对 $i = 1, 2, \cdots, n$ 满足

$$f(v_1, \cdots, av_i' + bv_i'', \cdots, v_n) = af(v_1, \cdots, v_i', \cdots, v_n) + bf(v_1, \cdots, v_i'', \cdots, v_n),$$

其中 $v_1, \cdots, v_i', v_i'', \cdots, v_n \in V$, $a, b \in F$, 则称 f 是 V 上的一个 n **重线性函数**或 n **重线性型**.

对固定的 $v_j \in V$ $(j \neq i)$, 可得对变元 v_i 的线性函数

$$f(v_1, \cdots, v_{i-1}, \cdot, v_{i+1}, \cdots, v_n) : V \to F, \quad v_i \mapsto f(v_1, \cdots, v_i, \cdots, v_n).$$

特别地, 当 $n = 2$ 时即得到上面定义的双线性函数.

下面我们对这些不同层次的概念分别展开讨论. 这些不同层次的线性函数, 将引导出不同的新理论, 比如: 线性函数引出了对偶空间; 多重线性函数将给出对行列式函数新的认识; 双线性函数引出的二次型理论不仅在代数上非常重要, 更是对刻画有心二次曲线和二次曲面起到不可替代的作用.

我们已经介绍了内积空间的基本理论, 并通过进一步的工具和方法, 展现了其对研究内积空间的几何性质的重要性. 内积空间理论亦有明显的局限性, 即只能在实数域或复数域上讨论. 因此如何将内积空间的思想在更一般的线性空间上实现, 是一个自然而且尤为重要的问题. 这是我们在第七章将要讨论的工作, 即一般域上的正交空间、辛空间以及酉空间的推广.

习题 5.1

1. 设 $\alpha_1, \alpha_2, \alpha_3$ 是数域 F 上线性空间 V 的一组基, $f \in V^*$ 满足

$$f(\alpha_1 - 2\alpha_2 + \alpha_3) = 4, \ f(\alpha_1 + \alpha_2) = 4, \ f(-\alpha_1 + \alpha_2 + \alpha_3) = -2.$$

对 $x_1, x_2, x_3 \in F$, 求 $f(x_1\alpha_1 + x_2\alpha_2 + x_3\alpha_3)$.

2. 设 $A \in F^{n \times n}$, 证明映射 $f : F^{n \times n} \to F$, $X \mapsto \mathrm{tr}(AX)$ 是线性函数.

3. 设 V 是 n 维线性空间, f 是 V 上的非零线性函数. 求证: $f^{-1}(\mathbf{0}) = \{v \in V \mid f(v) = \mathbf{0}\}$ 是 V 的 $n - 1$ 维子空间.

4. 证明一个映射 $\varphi : F^n \to F^m$ 是线性的当且仅当存在 $f_1, f_2, \cdots, f_m \in (F^n)^*$ 使得 $\varphi(x) = (f_1(x), f_2(x), \cdots, f_m(x))$, $\forall x \in F^n$.

5. 对域 F 和自然数 n, 定义映射 $f : \underbrace{F^n \times F^n \times \cdots \times F^n}_{n} \to F$ 使得对 $i = 1, 2, \cdots, n$, 满足

$$f(v_1, \cdots, v_i, \cdots, v_n) = v_{11}v_{22} \cdots v_{nn},$$

其中 $v_i = (v_{1i}, v_{2i}, \cdots, v_{ni})^{\mathrm{T}} \in F^n$, $i = 1, 2, \cdots, n$, 证明 f 是 F^n 上的一个 n 重线性函数.

6. 符号和第 5 题一样, 但定义映射 f 满足

$$f(v_1, \cdots, v_i, \cdots, v_n) = v_{11} + v_{22} + \cdots + v_{nn},$$

问：这时 f 是否 F^n 上的 n 重线性函数? 说明你的结论的原因.

7. 对域 F, 令 $f : F^2 \times F^2 \to F$ 是一个映射, 证明: f 是一个双线性函数当且仅当存在 $a, b, c, d \in F$, 使得

$$f(v_1, v_2) = v_{11}v_{22}a + v_{11}v_{21}b + v_{12}v_{22}c + v_{12}v_{21}d,$$

其中 $v_i = (v_{i1}, v_{i2}) \in F^2$, $i = 1, 2$.

5.2 线性函数与对偶空间

对域 F 上的线性空间 V, 有对偶空间 $V^* = \mathrm{Hom}_F(V, F)$. 作为线性映射的特殊情形, 线性函数 $f \in V^*$ 满足一般线性映射的所有性质, 比如: $f(\mathbf{0}) = \mathbf{0}$, $f(-v) = -f(v)$, $f\left(\sum_{i=1}^{n} a_i v_i\right) = \sum_{i=1}^{n} a_i f(v_i)$ 等, 其中 $v, v_i \in V, a_i \in F, i = 1, 2, \cdots, n$.

设 $\{\alpha_i\}_{i \in \Lambda}$ 是 V 的一组基, Λ 为指标集. 那么任意 $v \in V$ 可唯一地表为 $v = \sum_{i \in \Lambda} x_i \alpha_i$, 其中只有有限个 $x_i \in F$ 是非零的. 令 $a_i = f(\alpha_i)$, $i \in \Lambda$, 那么

$$f(v) = f\left(\sum_{i \in \Lambda} x_i \alpha_i\right) = \sum_{i \in \Lambda} x_i f(\alpha_i) = \sum_{i \in \Lambda} x_i a_i. \tag{5.1}$$

反之对任意一组元素 $a_i \in F$, $i \in \Lambda$, 定义

$$f : V \to F, \quad \sum_{i \in \Lambda} x_i \alpha_i \mapsto \sum_{i \in \Lambda} x_i a_i.$$

易证 f 是 V 上的一个线性函数且满足 $f(\alpha_i) = a_i$, $i \in \Lambda$. 从而我们有

定理 5.2.1　(i) 设域 F 上线性空间 V 有一组基 $\{\alpha_i\}_{i \in \Lambda}$, 那么一个映射 $f : V \to F$ 是 V 上的线性函数当且仅当存在一组元素 $a_i \in F$, $i \in \Lambda$, 使得对任意 $v = \sum_{i \in \Lambda} x_i \alpha_i \in V$, 有

$$f(v) = \sum_{i \in \Lambda} x_i a_i.$$

此时对任意 $i \in \Lambda$, 有 $f(\alpha_i) = a_i$;

(ii) 定义直积 $\prod_{i \in \Lambda} F = \{(a_i)_{i \in \Lambda} \mid a_i \in F\}$ 上的加法和数乘为

$$(a_i)_{i \in \Lambda} + (b_i)_{i \in \Lambda} = (a_i + b_i)_{i \in \Lambda}, \quad c(a_i)_{i \in \Lambda} = (ca_i)_{i \in \Lambda}, \quad \forall c, a_i, b_i \in F,$$

那么 $\prod\limits_{i \in \Lambda} F$ 是 F 上的线性空间, 并且有线性同构

$$\varphi : V^* \to \prod_{i \in \Lambda} F, \quad f \longmapsto (f(\alpha_i))_{i \in \Lambda}.$$

证明　(i) 由上述讨论已证明.

(ii) 首先由 (i) 可见 φ 是满射. 若 $f, g \in V^*$ 满足 $\varphi(f) = \varphi(g)$, 则 $f(\alpha_i) = g(\alpha_i)$, $i \in \Lambda$. 那么由 (5.1) 式可知 $f(v) = g(v)$, $\forall v \in V$, 即 $f = g$. 这表明 φ 是单射.

从而 φ 是双射. 由所涉线性空间加法和数乘的定义, 不难验证 φ 保持加法和数乘. 因此 φ 是线性同构. $\qquad\square$

此定理中 Λ 是一般的指标集. 若 Λ 有限, 即 $\dim V < \infty$, 则我们得到

推论 5.2.1　设 V 是域 F 上 n 维线性空间, $\alpha_1, \alpha_2, \cdots, \alpha_n$ 是 V 的一组基, $a_1, a_2, \cdots, a_n$ 是 F 中任意 n 个元素, 那么存在唯一的线性函数 $f \in V^*$ 使得

$$f(\alpha_i) = a_i, \quad i = 1, 2, \cdots, n.$$

例 5.2.1　零函数 $\mathbf{0} : V \to F$, $v \mapsto 0$.

例 5.2.2　设 $a_1, a_2, \cdots, a_n \in F$, 定义

$$f : F^n \to F, \quad (x_1, x_2, \cdots, x_n) \mapsto a_1 x_1 + a_2 x_2 + \cdots + a_n x_n,$$

那么 f 是线性函数, 并且对 F^n 的标准基 $e_1, e_2, \cdots, e_n$, 有 $f(e_i) = a_i, i = 1, 2, \cdots, n$.

例 5.2.3　定义**迹函数**

$$\mathrm{tr} : F^{n \times n} \to F, \quad A = (a_{ij})_{n \times n} \mapsto a_{11} + a_{22} + \cdots + a_{nn},$$

那么 tr 是线性函数, 并且对 $F^{n \times n}$ 的标准基 $\{E_{ij}\}_{i,j=1,2,\cdots,n}$, 有

$$\mathrm{tr}(E_{ij}) = \delta_{ij} = \begin{cases} 1, & i = j, \\ 0, & i \neq j. \end{cases}$$

例 5.2.4　设 $a \in F$, 定义**赋值映射**

$$\mathrm{ev}_a : F[x] \to F, \quad f(x) \mapsto f(a),$$

那么 ev_a 是线性函数, 并且对 $F[x]$ 的标准基 $1, x, x^2, \cdots$, 有 $\mathrm{ev}_a(x^n) = a^n, n = 0, 1, 2, \cdots$.

设 $\{\alpha_i\}_{i \in \Lambda}$ 是 V 的一组基, 定义 V 上的一组线性函数 $\{f_i\}_{i \in \Lambda}$ 满足

$$f_i(\alpha_j) = \delta_{ij} = \begin{cases} 1, & i = j, \\ 0, & i \neq j, \end{cases} \quad \forall i, j \in \Lambda.$$

由定理 5.2.1, 对每个 $i \in \Lambda$, 满足上式的线性函数 f_i 存在且唯一, 并且对 $v = \sum\limits_{j \in \Lambda} x_j \alpha_j \in V$, 有

$$f_i(v) = \sum_{j \in \Lambda} x_j f_i(\alpha_j) = x_i f_i(\alpha_i) = x_i, \tag{5.2}$$

即 $f_i(v)$ 实际上就是 v 的第 i 个坐标. 于是有 $v = \sum\limits_{i \in \Lambda} f_i(v)\alpha_i$.

关于上述构造我们有

定理 5.2.2 取线性空间 V 的一组基 $\{\alpha_i\}_{i \in \Lambda}$ 及如上定义的线性函数 $\{f_i\}_{i \in \Lambda}$, 那么

(i) 对任意 $v \in V$, 有 $v = \sum\limits_{i \in \Lambda} f_i(v)\alpha_i$;

(ii) $\{f_i\}_{i \in \Lambda}$ 是线性空间 V^* 中的一个线性无关向量集;

(iii) 当 $\dim V < \infty$ 时, 对任意 $f \in V^*$, 有 $f = \sum\limits_{i \in \Lambda} f(\alpha_i)f_i$;

(iv) 当 $\dim V < \infty$ 时, $\{f_i\}_{i \in \Lambda}$ 是 V^* 的一组基.

证明 (i) 即为 (5.2) 式.

(ii) 只需证明 $f_{i_1}, f_{i_2}, \cdots, f_{i_n}$ 线性无关, 其中 $i_1, i_2, \cdots, i_n \in \Lambda$ 是任意有限个不同的指标. 设 $c_1, c_2, \cdots, c_n \in F$, 使得

$$\sum_{k=1}^{n} c_k f_{i_k} = \mathbf{0}.$$

对 $j = 1, 2, \cdots, n$, 上式在 α_{i_j} 处取值即得

$$0 = \sum_{k=1}^{n} c_k f_{i_k}(\alpha_{i_j}) = c_j f_{i_j}(\alpha_{i_j}) = c_j.$$

这说明 $f_{i_1}, f_{i_2}, \cdots, f_{i_n}$ 线性无关.

(iii) 设 $\dim V = n < \infty$. 不妨设 $\Lambda = \{1, 2, \cdots, n\}$. 对任意 $v \in V$, 有

$$\left(\sum_{i=1}^{n} f(\alpha_i)f_i\right)(v) = \sum_{i=1}^{n} f(\alpha_i)f_i(v) = f\left(\sum_{i=1}^{n} f_i(v)\alpha_i\right) = f(v),$$

其中最后一个等式由 (i) 得出. 由于 v 是任意的, 因此

$$f = \sum_{i=1}^{n} f(\alpha_i)f_i.$$

(iv) 由 (ii) 和 (iii) 即得. □

基于定理 5.2.2 (iii), 当 $\dim V = n < \infty$ 时, 上述 V^* 的基 $f_1, f_2, \cdots, f_n$ 称为 V 的基 $\alpha_1, \alpha_2, \cdots, \alpha_n$ 的**对偶基**.

注 5.2.1 当 $\dim V = \infty$ 时，容易证明 V^* 中元素并不总能被向量集 $\{f_i\}_{i \in \Lambda}$ 中的有限个元素线性表示，因此向量集 $\{f_i\}_{i \in \Lambda}$ 不是 V^* 的一组基. 有时将 $\{f_i\}_{i \in \Lambda}$ 称为基 $\{\alpha_i\}_{i \in \Lambda}$ 的**对偶组**.

例 5.2.5 考虑 n 维线性空间 $F[x]_n$. 设有不同元素 $a_1, a_2, \cdots, a_n \in F$, 由 Lagrange 插值公式, 对 $i = 1, 2, \cdots, n$, 多项式

$$p_i(x) = \frac{(x - a_1) \cdots (x - a_{i-1})(x - a_{i+1}) \cdots (x - a_n)}{(a_i - a_1) \cdots (a_i - a_{i-1})(a_i - a_{i+1}) \cdots (a_i - a_n)}$$

满足

$$\text{ev}_{a_j}(p_i) = p_i(a_j) = \delta_{ij} = \begin{cases} 1, & i = j, \\ 0, & i \neq j, \end{cases} \tag{5.3}$$

其中 $\text{ev}_{a_j}, j = 1, 2, \cdots, n$ 是例 5.2.4 定义的赋值映射在 $F[x]_n$ 上的限制. 设有 $c_1, c_2, \cdots, c_n \in F$ 使得 $c_1 p_1(x) + c_2 p_2(x) + \cdots + c_n p_n(x) = 0$, 对 $i = 1, 2, \cdots, n$, 代入 $x = a_i$ 得

$$0 = \sum_{k=1}^n c_k p_k(a_i) = c_i p_i(a_i) = c_i.$$

因此 $p_1(x), p_2(x), \cdots, p_n(x)$ 线性无关, 从而是 n 维线性空间 $F[x]_n$ 的一组基.

(5.3) 式说明 $\text{ev}_{a_1}, \text{ev}_{a_2}, \cdots, \text{ev}_{a_n}$ 即为 $p_1(x), p_2(x), \cdots, p_n(x)$ 的对偶基.

有限维线性空间的不同基之间可以由过渡矩阵联系. 下面讨论不同基的对偶基之间的过渡矩阵.

定理 5.2.3 设 $\alpha_1, \alpha_2, \cdots, \alpha_n$ 和 $\beta_1, \beta_2, \cdots, \beta_n$ 是 V 的两组基, 其对偶基分别是 $f_1, f_2, \cdots, f_n$ 和 $g_1, g_2, \cdots, g_n$. 若 $\alpha_1, \alpha_2, \cdots, \alpha_n$ 到 $\beta_1, \beta_2, \cdots, \beta_n$ 的过渡矩阵是 A, 则 $f_1, f_2, \cdots, f_n$ 到 $g_1, g_2, \cdots, g_n$ 的过渡矩阵是 $(A^{\mathrm{T}})^{-1}$.

证明 设 $f_1, f_2, \cdots, f_n$ 到 $g_1, g_2, \cdots, g_n$ 的过渡矩阵为 B. 由定义

$$(\beta_1 \quad \beta_2 \quad \cdots \quad \beta_n) = (\alpha_1 \quad \alpha_1 \quad \cdots \quad \alpha_n)A,$$

$$(g_1 \quad g_2 \quad \cdots \quad g_n) = (f_1 \quad f_2 \quad \cdots \quad f_n)B.$$

设 $A = (a_{ij})_{n \times n}$, $B = (b_{ij})_{n \times n}$. 那么对 $i, j = 1, 2, \cdots, n$, 有

$$\beta_i = \sum_{k=1}^n a_{ki} \alpha_k, \quad g_j = \sum_{l=1}^n b_{lj} f_l.$$

由对偶基的定义有

$$\delta_{ij} = g_j(\beta_i) = \sum_{k,l=1}^n b_{lj} a_{ki} f_l(\alpha_k) = \sum_{k,l=1}^n b_{lj} a_{ki} \delta_{kl} = \sum_{k=1}^n b_{kj} a_{ki}.$$

这表明 $B^{\mathrm{T}} A = I_n$, 因此 $B = (A^{\mathrm{T}})^{-1}$. □

现在说明两个线性空间之间的线性映射可诱导出它们对偶空间之间的线性映射. 设 U, V 是 F 上线性空间, 分别有对偶空间 U^*, V^*, $\varphi : U \to V$ 是线性映射. 对任意 $f \in V^*$, 线性映射 $\varphi : U \to V$ 和 $f : V \to F$ 的复合 $f\varphi : U \to F$ 仍为线性映射, 即 $f\varphi \in U^*$. 因此我们可定义映射

$$\varphi^* : V^* \to U^*, \quad f \mapsto f\varphi,$$

即 $\varphi^*(f) = f\varphi$. 我们来验证 φ^* 是线性映射: 对 $f, g \in V^*$ 和 $a \in F$, 有

$$\varphi^*(f + g) = (f + g)\varphi = f\varphi + g\varphi = \varphi^*(f) + \varphi^*(g),$$

$$\varphi^*(af) = (af)\varphi = a(f\varphi) = a\varphi^*(f).$$

线性映射 φ^* 是由 φ 决定的, 称为线性映射 φ 的**对偶映射**. 不难进一步证明, 映射

$$\mathrm{Hom}_F(U, V) \mapsto \mathrm{Hom}_F(V^*, U^*), \quad \varphi \mapsto \varphi^*$$

是线性映射.

性质 5.2.1   设 U, V, W 是域 F 上线性空间, $\varphi : U \to V$ 和 $\psi : V \to W$ 是线性映射, 那么

(i) $(\psi\varphi)^* = \varphi^*\psi^*$;   (ii) $(\mathrm{id}_V)^* = \mathrm{id}_{V^*}$.

证明   (i) 注意到 $(\psi\varphi)^*$ 与 $\varphi^*\psi^*$ 均为 W^* 到 U^* 的线性映射. 对 $g \in W^*$, 有

$$(\psi\varphi)^*(g) = g(\psi\varphi) = (g\psi)\varphi = (\psi^*(g))\varphi = \varphi^*(\psi^*(g)) = (\varphi^*\psi^*)(g),$$

因此 $(\psi\varphi)^* = \varphi^*\psi^*$.

(ii) 对 $f \in V^*$, 有 $(\mathrm{id}_V)^*(f) = f\,\mathrm{id}_V = f$, 因此 $(\mathrm{id}_V)^* = \mathrm{id}_{V^*}$.   □

对线性空间 V 的对偶空间 V^*, 可进一步考虑其对偶空间 $(V^*)^*$, 记作 V^{**}. 下面我们来讨论 V 和 V^{**} 之间的关系. 对 $v \in V$, 定义

$$v^{**} : V^* \to F, \quad f \mapsto f(v).$$

易验证 v^{**} 是 V^* 上的一个线性函数, 即 $v^{**} \in V^{**}$. 因此可定义映射 $l : V \to V^{**}$, $v \mapsto v^{**}$. 对此我们有

定理 5.2.4   (i) 对线性空间 V 以及 $V^{**} = (V^*)^*$, 映射 $l : V \to V^{**}$, $v \mapsto v^{**}$ 是单线性映射;

(ii) 当 $\dim V < \infty$ 时, $l : V \to V^{**}$ 是同构.

证明   (i) 对任意 $u, v \in V$, $f \in V^*$, $a \in F$, 有

$$(u + v)^{**}(f) = f(u + v) = f(u) + f(v)$$

$$= u^{**}(f) + v^{**}(f) = (u^{**} + v^{**})(f),$$

$$(au)^{**}(f) = f(au) = af(u) = au^{**}(f) = (au^{**})(f),$$

因此 $(u+v)^{**} = u^{**} + v^{**}$, $(au)^{**} = au^{**}$, 即 $l : V \to V^{**}$ 是线性映射.

下面证明 l 是单射. 设 $v \in V$ 满足 $l(v) = v^{**} = \mathbf{0}$, 那么对任意 $f \in V^*$, 有

$$v^{**}(f) = f(v) = 0.$$

设 $\{\alpha_i\}_{i \in \Lambda}$ 是 V 的基, 其对偶组为 $\{f_i\}_{i \in \Lambda}$. 由上式知对任意 $i \in \Lambda$, 有 $f_i(v) = 0$. 再由定理 5.2.2 (i) 可得 $v = \sum\limits_{i \in \Lambda} f_i(v)\alpha_i = \mathbf{0}$. 这说明 l 是单射.

(ii) 当 $\dim V < \infty$ 时, 由 (i) 以及 $\dim V^{**} = \dim V^* = \dim V$ 即知 l 是同构. □

由定理 5.2.4, 当 V 是有限维时, 有 $V \cong V^{**}$, 即 V 可看作 V^* 的对偶空间, 因此 V 与 V^* 互为对偶空间. 这也说明任意有限维线性空间均可视作某个线性空间的对偶空间.

定理 5.2.5　设域 F 上有限维线性空间 U 和 V 分别有基 α 和 β, 其对偶基分别记为 α^* 和 β^*, $\varphi \in \mathrm{Hom}_F(U, V)$, 对偶映射为 φ^*, 那么

$$[\varphi^*]_{\beta^*, \alpha^*} = ([\varphi]_{\alpha, \beta})^{\mathrm{T}}.$$

证明　记 $\alpha = \{\alpha_1, \alpha_2, \cdots, \alpha_n\}$, $\alpha^* = \{f_1, f_2, \cdots, f_n\}$, 从而 $f_i(\alpha_j) = \delta_{ij}$. 类似地, 记 $\beta = \{\beta_1, \beta_2, \cdots, \beta_m\}$, $\beta^* = \{g_1, g_2, \cdots, g_m\}$, 从而 $g_k(\beta_l) = \delta_{kl}$.

设 $[\varphi]_{\alpha, \beta} = A = (a_{ij})_{m \times n}$, 那么由定义 $\varphi(\alpha_j) = \sum\limits_{i=1}^{m} a_{ij}\beta_i$, $j = 1, 2, \cdots, n$, 因此

$$(\varphi^*(g_i))(\alpha_j) = (g_i\varphi)(\alpha_j) = g_i(\varphi(\alpha_j)) = g_i\left(\sum_{k=1}^{m} a_{kj}\beta_k\right) = a_{ij}.$$

这表明

$$\varphi^*(g_i) = \sum_{j=1}^{n} a_{ij}f_j, \quad i = 1, 2, \cdots, m, \ j = 1, 2, \cdots, n,$$

从而 $[\varphi^*]_{\beta^*, \alpha^*} = (a_{ji})_{n \times m} = A^{\mathrm{T}} = ([\varphi]_{\alpha, \beta})^{\mathrm{T}}$. □

习题 5.2

1. 求 $\mathbb{R}^3$ 的基 $\alpha_1 = (1, -1, 3)$, $\alpha_2 = (0, 1, -1)$, $\alpha_3 = (0, 3, -2)$ 的对偶基 f_1, f_2, f_3.

2. 设 $\alpha_1, \alpha_2, \alpha_3$ 是线性空间 V 的一组基, f_1, f_2, f_3 是其对偶基. 令 $\beta_1 = \alpha_1 + \alpha_2 + \alpha_3$, $\beta_2 = \alpha_2 + \alpha_3$, $\beta_3 = \alpha_3$.

(i) 证明 $\beta_1, \beta_2, \beta_3$ 是 V 的基;

(ii) 用 f_1, f_2, f_3 表示 $\beta_1, \beta_2, \beta_3$ 的对偶基.

3. 求证: n 维线性空间 V 的对偶空间 V^* 的任意一组基均为 V 中某一组基的对偶基.

4. 设 V 是域 F 上的线性空间, $f_1, f_2 \in V^*$. 定义函数 $\psi : V \to F, v \mapsto f_1(v)f_2(v)$. 求证: 若 ψ 是常值零函数, 则 f_1 或 f_2 是零函数.

5. 设 U, V 均为域 F 上有限维线性空间, 求证:

(i) 映射 $\mathrm{Hom}_F(U, V) \to \mathrm{Hom}_F(V^*, U^*), \varphi \mapsto \varphi^*$ 是线性空间同构;

(ii) $\varphi \in \mathrm{Hom}_F(U, V)$ 是单射、满射、同构分别等价于 φ^* 是满射、单射、同构.

6. 设 V 和 W 是域 F 上 n 维线性空间, $\{\alpha_1, \alpha_2, \cdots, \alpha_n\}$ 和 $\{\beta_1, \beta_2, \cdots, \beta_n\}$ 分别是 V 和 W 的基, 其对偶基分别是 $\{f_1, f_2, \cdots, f_n\}$ 和 $\{g_1, g_2, \cdots, g_n\}$, $\varphi : V \to W$ 是线性同构且 $\varphi(\alpha_i) = \beta_i, i = 1, 2, \cdots, n,$. 求证: $\varphi^*(g_i) = f_i, i = 1, 2, \cdots, n$.

7. 设 $V = F^2$ 的标准基 $\{e_1, e_2\}$ 的对偶基为 $\{f_1, f_2\}, v = (1, 2) \in V, af_1 + bf_2 \in V^*$. 求 $v^{**}(af_1 + bf_2)$ 和 $e_1^{**}(af_1 + bf_2)$.

8. 令 $V = \mathbb{R}^3$, 定义 $f_1, f_2, f_3 \in V^*$ 如下:

$$f_1(x, y, z) = x - 2y, \quad f_2(x, y, z) = x + y + z, \quad f_3(x, y, z) = y - 3z.$$

证明: $\{f_1, f_2, f_3\}$ 是 V^* 的一组基并且找出 V 的一组基使其为 $\{f_1, f_2, f_3\}$ 的对偶基.

9. 定义线性函数 $f \in \mathbb{R}^2 \to \mathbb{R}, (x, y) \mapsto 2x + y$ 和线性映射 $\varphi : \mathbb{R}^2 \to \mathbb{R}^2, (x, y) \mapsto (3x + 2y, x)$.

(i) 计算 $\varphi^*(f)$;

(ii) 设 $\beta = \{f_1, f_2\}$ 是 $\mathbb{R}^2$ 的标准基 $\alpha = \{e_1, e_2\}$ 的对偶基, 求 $a, b, c, d \in \mathbb{R}$ 使得 $\varphi^*(f_1) = af_1 + bf_2, \varphi^*(f_2) = cf_1 + df_2$, 并计算 $[\varphi^*]_\beta$;

(iii) 计算 $[\varphi]_\alpha$ 并与 $[\varphi^*]_\beta$ 进行比较.

5.3　多重线性函数与行列式

域 F 上 n 阶方阵 $A = (a_{ij})_{n \times n}$ 的行列式为

$$|A| = \sum_{j_1 j_2 \cdots j_n \in S_n} (-1)^{\tau(j_1 j_2 \cdots j_n)} a_{1j_1} a_{2j_2} \cdots a_{nj_n}.$$

若将 A 按列分块为 $A = (\alpha_1 \ \alpha_2 \ \cdots \ \alpha_n)$, 其中每个 $\alpha_i \in F^n$, 则我们可以将行列式看成这些列向量的函数, 即

$$\det : F^n \times F^n \times \cdots \times F^n \to F,$$

$$(\alpha_1, \alpha_2, \cdots, \alpha_n) \mapsto |A|.$$

由行列式的性质, 对 $i = 1, 2, \cdots, n$, $\alpha_1, \cdots, \alpha_i', \alpha_i'', \cdots, \alpha_n \in F^n$ 以及 $a, b \in F$, 有

$$\det(\alpha_1, \cdots, a\alpha_i' + b\alpha_i'', \cdots, \alpha_n) = a \det(\alpha_1, \cdots, \alpha_i', \cdots, \alpha_n) + b \det(\alpha_1, \cdots, \alpha_i'', \cdots, \alpha_n).$$

因此 det 是一个 n 重线性函数. 此外由行列式的性质可知 n 重线性映射 det 还满足:

(i) **标准性**: 对 F^n 的 (列) 标准基 $e_1, e_2, \cdots, e_n$, 有 $\det(e_1, e_2, \cdots, e_n) = |I_n| = 1$;

(ii) **交错性**: 对 $i = 1, 2, \cdots, n-1$, 若 $\alpha_i = \alpha_{i+1}$, 则 $\det(\alpha_1, \cdots, \alpha_i, \alpha_{i+1}, \cdots, \alpha_n) = 0$.

一个有趣的结果是 n 重线性、标准性和交错性完全决定了行列式函数 det, 即我们有如下矩阵行列式的一个等价刻画:

定理 5.3.1 设 F 是域, 函数 $f : \underbrace{F^n \times F^n \times \cdots \times F^n}_{n \text{ 个}} \to F$ 是行列式函数, 即 $f = \det$, 当且仅当 f 是 n 重线性函数且满足:

(i) **标准性**: 对 F^n 的 (列) 标准基 $e_1, e_2, \cdots, e_n$, 有 $f(e_1, e_2, \cdots, e_n) = 1$;

(ii) **交错性**: 对 $i = 1, 2, \cdots, n-1$, 若 $\alpha_i = \alpha_{i+1}$, 则 $f(\alpha_1, \cdots, \alpha_i, \alpha_{i+1}, \cdots, \alpha_n) = 0$.

证明 上面已经讨论了必要性. 下面证明充分性.

第一步. 先证对 $i = 1, 2, \cdots, n-1$, 有

$$f(\alpha_1, \cdots, \alpha_i, \alpha_{i+1}, \cdots, \alpha_n) = -f(\alpha_1, \cdots, \alpha_{i+1}, \alpha_i, \cdots, \alpha_n). \tag{5.4}$$

由 n 重线性和交错性有

$$0 = f(\alpha_1, \cdots, \alpha_i + \alpha_{i+1}, \alpha_i + \alpha_{i+1}, \cdots, \alpha_n)$$
$$= f(\alpha_1, \cdots, \alpha_i, \alpha_i, \cdots, \alpha_n) + f(\alpha_1, \cdots, \alpha_{i+1}, \alpha_{i+1}, \cdots, \alpha_n) +$$
$$\quad f(\alpha_1, \cdots, \alpha_i, \alpha_{i+1}, \cdots, \alpha_n) + f(\alpha_1, \cdots, \alpha_{i+1}, \alpha_i, \cdots, \alpha_n)$$
$$= f(\alpha_1, \cdots, \alpha_i, \alpha_{i+1}, \cdots, \alpha_n) + f(\alpha_1, \cdots, \alpha_{i+1}, \alpha_i, \cdots, \alpha_n).$$

由此即得 (5.4) 式.

第二步. 对任意 $1 \leqslant i < j \leqslant n$, 若 $\alpha_i = \alpha_j$, 则

$$f(\alpha_1, \cdots, \alpha_i, \cdots, \alpha_j, \cdots, \alpha_n) = 0.$$

事实上, 反复应用 (5.4) 式即得

$$f(\alpha_1, \cdots, \alpha_i, \cdots, \alpha_j, \cdots, \alpha_n)$$
$$= (-1)^{j-i-1} f(\alpha_1, \cdots, \alpha_{i-1}, \alpha_{i+1}, \cdots, \alpha_{j-1}, \alpha_i, \alpha_j, \cdots, \alpha_n) = 0.$$

第三步. 设 $A = (a_{ij})_{n \times n} = (\alpha_1 \ \alpha_2 \ \cdots \ \alpha_n)$, 那么

$$\alpha_j = \sum_{i=1}^{n} a_{ij} e_i, \quad j = 1, 2, \cdots, n.$$

由 n 重线性有

$$f(\alpha_1, \alpha_2, \cdots, \alpha_n) = \sum_{j=1}^{n} \sum_{i_j=1}^{n} f(a_{i_1 1}e_{i_1}, a_{i_2 2}e_{i_2}, \cdots, a_{i_n n}e_{i_n})$$

$$= \sum_{j=1}^{n} \sum_{i_j=1}^{n} a_{i_1 1}a_{i_2 2}\cdots a_{i_n n} f(e_{i_1}, e_{i_2}, \cdots, e_{i_n}).$$

由第二步, 只需考虑 $i_1, i_2, \cdots, i_n$ 互不相同时的求和项, 即 $i_1 i_2 \cdots i_n$ 是一个 n-排列. 此时由第一步以及标准性不难得到

$$f(e_{i_1}, e_{i_2}, \cdots, e_{i_n}) = (-1)^{\tau(i_1 i_2 \cdots i_n)} f(e_1, e_2, \cdots, e_n) = (-1)^{\tau(i_1 i_2 \cdots i_n)}.$$

综上有

$$f(\alpha_1, \alpha_2, \cdots, \alpha_n) = \sum_{i_1 i_2 \cdots i_n \in S_n} (-1)^{\tau(i_1 i_2 \cdots i_n)} a_{i_1 1}a_{i_2 2}\cdots a_{i_n n} = |A| = \det(\alpha_1, \alpha_2, \cdots, \alpha_n).$$

$\square$

作为一个应用, 我们利用上面的定理来重新证明行列式的乘性.

定理 5.3.2   对 $A, B \in F^{n \times n}$, 有 $|AB| = |A||B|$.

证明   若 B 不可逆, 则 AB 亦不可逆. 此时 $|AB| = 0 = |A||B|$.

下面假设 B 可逆, 从而 $|B| \neq 0$. 考虑函数

$$f_B : F^n \times F^n \times \cdots \times F^n \to F,$$

$$(\alpha_1, \alpha_2, \cdots, \alpha_n) \mapsto |(\alpha_1 \ \alpha_2 \ \cdots \ \alpha_n)B||B|^{-1}.$$

根据矩阵乘法的性质以及行列式的性质, 不难验证 f_B 是一个 n 重线性函数, 且满足定理 5.3.1 中的标准性和交错性. 于是有 $f_B = \det$, 即对于任意矩阵 $A = (\alpha_1 \ \alpha_2 \ \cdots \ \alpha_n) \in F^{n \times n}$, 有 $f_B(\alpha_1, \alpha_2, \cdots, \alpha_n) = |AB||B|^{-1} = |A|$, 从而 $|AB| = |A||B|$. $\square$

习题 5.3

1. 记域 F 上 n 阶方阵 $A = (a_{ij})_{n \times n} = (\alpha_1 \ \alpha_2 \ \cdots \ \alpha_n)$, 证明如下两个函数是 n 重线性函数:

(i) (积和式) $\operatorname{per}(\alpha_1, \alpha_2, \cdots, \alpha_n) = \sum_{j_1 j_2 \cdots j_n \in S_n} a_{1 j_1} a_{2 j_2} \cdots a_{n j_n};$

(ii) (Hadamard (阿达马) 函数) $h(\alpha_1, \alpha_2, \cdots, \alpha_n) = \prod_{i=1}^{n} a_{ii}.$

5.4 双线性函数的基本性质

(一) 矩阵表示

我们知道内积空间上的内积函数可由取定基后的度量矩阵完全决定. 事实上, 同样的结果对一般的双线性函数 (即 2-重线性函数) 均成立. 首先看一个例子.

例 5.4.1 考虑域 F 上 n 维列向量空间 F^n. 设 $A \in F^{n \times n}$, 那么函数

$$f_A : F^n \times F^n \to F, \quad (x, y) \mapsto x^{\mathrm{T}} A y$$

是双线性函数.

显然 $x \in F^n$ 可视作向量 x 在 F^n 的标准基 $e_1, e_2, \cdots, e_n$ 下的坐标.

下面将这个例子推广至一般的有限维线性空间, 即得到一般双线性函数的矩阵表示. 设 V 是域 F 上的 n 维线性空间, $f : V \times V \to F$ 是双线性函数, $\alpha = \{\alpha_1, \alpha_2, \cdots, \alpha_n\}$ 是 V 的基, $u, v \in V$,

$$x = [u]_\alpha = \begin{pmatrix} x_1 \\ x_2 \\ \vdots \\ x_n \end{pmatrix}, \quad y = [v]_\alpha = \begin{pmatrix} y_1 \\ y_2 \\ \vdots \\ y_n \end{pmatrix},$$

那么有

$$f(u, v) = f\left(\sum_{i=1}^n x_i \alpha_i, \sum_{j=1}^n y_j \alpha_j\right) = \sum_{i,j=1}^n x_i y_j f(\alpha_i, \alpha_j). \tag{5.5}$$

令 $A = (f(\alpha_i, \alpha_j))_{n \times n}$, 称为双线性函数 f 在基 α 下的**度量矩阵**, 那么 (5.5) 式可以表示为

$$f(u, v) = x^{\mathrm{T}} A y = f_A(x, y) = f_A([u]_\alpha, [v]_\alpha). \tag{5.6}$$

我们可以用一个交换图来表示这个等式:

$$
\begin{array}{ccc}
V \times V & \xrightarrow{\quad f \quad} & F \\
{\scriptstyle \phi} \downarrow & & \| \\
F^n \times F^n & \xrightarrow{\quad f_A \quad} & F
\end{array}
$$

其中 ϕ 是线性同构 $V \times V \to F^n \times F^n$, $(u, v) \mapsto ([u]_\alpha, [v]_\alpha)$.

反之对任意 $A = (a_{ij})_{n \times n} \in F^{n \times n}$, 可定义

$$f : V \times V \to F, \quad (u, v) \mapsto [u]_\alpha^{\mathrm{T}} A [v]_\alpha.$$

易证 f 是双线性函数, 并且对 $i,j = 1,2,\cdots,n$, 有

$$f(\alpha_i, \alpha_j) = e_i^{\mathrm{T}} A e_j = a_{ij},$$

因此 $A = (f(\alpha_i, \alpha_j))_{n \times n}$ 即为 f 在基 α 下的度量矩阵. 由此可得

定理 5.4.1   设 V 是域 F 上 n 维线性空间.

(i) 在 V 上的双线性函数之集 $B(V)$ 上定义加法和数乘如下: 对 $f,g \in B(V), c \in F$,

$$(f+g)(u,v) = f(u,v) + g(u,v), \quad (cf)(u,v) = cf(u,v), \quad u,v \in V,$$

那么 $B(V)$ 是 F 上的线性空间;

(ii) 设 $\alpha_1, \alpha_2, \cdots, \alpha_n$ 是 V 的一组基, 那么有线性同构

$$\varphi : B(V) \to F^{n \times n}, \quad f \mapsto (f(\alpha_i, \alpha_j))_{n \times n}.$$

证明   (i) 容易直接验证, 留作练习.

(ii) 上面的讨论已经说明 φ 有逆映射, 从而是双射. 显然 φ 是线性的: 对 $f,g \in B(V), c \in F$, 有

$$((f+g)(\alpha_i, \alpha_j)) = (f(\alpha_i, \alpha_j) + g(\alpha_i, \alpha_j)) = (f(\alpha_i, \alpha_j)) + (g(\alpha_i, \alpha_j)),$$

$$((cf)(\alpha_i, \alpha_j)) = (cf(\alpha_i, \alpha_j)) = c(f(\alpha_i, \alpha_j)).$$

因此 φ 是线性同构.   □

由 (5.6) 式, 在取定一组基后, V 上的双线性函数 f 可表示为一个多元多项式函数 $f_A(x,y) = x^{\mathrm{T}} A y$, 这是一个二次齐次 $2n$ 元多项式函数.

(二) 不同基下度量矩阵的关系

设 $\alpha = \{\alpha_1, \alpha_2, \cdots, \alpha_n\}$ 和 $\beta = \{\beta_1, \beta_2, \cdots, \beta_n\}$ 是 V 的两组基, 从 α 到 β 的过渡矩阵是 M, 则 M 可逆且

$$(\beta_1 \quad \beta_2 \quad \cdots \quad \beta_n) = (\alpha_1 \quad \alpha_2 \quad \cdots \quad \alpha_n)M.$$

设 V 上双线性函数 f 在基 α 和 β 下的度量矩阵分别是 A 和 B, 从而对 $u,v \in V$, 有

$$f(u,v) = [u]_\alpha^{\mathrm{T}} A [v]_\alpha = [u]_\beta^{\mathrm{T}} B [v]_\beta.$$

由于 $[u]_\alpha = M[u]_\beta, [v]_\alpha = M[v]_\beta$, 我们有

$$f(u,v) = [u]_\beta^{\mathrm{T}} M^{\mathrm{T}} A M [v]_\beta = [u]_\beta^{\mathrm{T}} B [v]_\beta.$$

由定理 5.4.1 即知

$$B = M^{\mathrm{T}} A M.$$

这说明双线性函数在不同基下的度量矩阵是合同的, 其合同过渡矩阵就是基之间的过渡矩阵.

由于合同的矩阵有相同的秩, 我们可引入如下定义.

定义 5.4.1   设 f 是有限维线性空间 V 上的双线性函数, f 在 V 的某组基下的度量矩阵为 A, 则双线性函数 f 的秩 $\mathrm{rank}(f)$ 定义为 A 的秩.

(三) 非退化双线性函数

双线性函数的定义推广了欧氏空间内积的双线性性. 但欧氏空间内积公理的正定性和对称性, 即 $(v, v) \geqslant 0$ 且等号成立当且仅当 $v = \mathbf{0}$, 以及 $(u, v) = (v, u)$, 并没有反映在一般双线性函数的定义中. 下面我们讨论对一般双线性函数应该如何定义相应的条件, 以及加上相应条件后所得特殊的双线性函数会如何影响空间的结构.

定义 5.4.2   设 f 是线性空间 V 上的双线性函数. 若对任意非零向量 $u \in V$, 存在 $v \in V$, 使得 $f(u, v) \neq 0$, 则称 f 是**非退化的**.

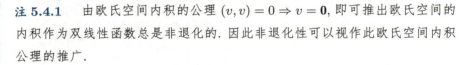

注 5.4.1   由欧氏空间内积的公理 $(v, v) = 0 \Rightarrow v = \mathbf{0}$, 即可推出欧氏空间的内积作为双线性函数总是非退化的. 因此非退化性可以视作此欧氏空间内积公理的推广.

不难给出非退化性定义的左、右对称性和矩阵刻画如下:

定理 5.4.2   设 f 是域 F 上 n 维线性空间 V 上的双线性函数, 则下列陈述等价:

(i) f 是非退化的;

(ii) f (在任意基下) 的度量矩阵必为非退化的, 即 $\mathrm{rank}(f) = n$;

(iii) 对任意非零向量 $v \in V$, 存在 $u \in V$, 使得 $f(u, v) \neq 0$.

证明 $V = \{\mathbf{0}\}$ 时结论显然. 假设 V 非零.

(i) $\Leftrightarrow$ (ii). 取 V 的一组基 α, 设 f 在 α 下的度量矩阵为 A, 那么

$$f(u, v) = [u]_\alpha^{\mathrm{T}} A [v]_\alpha, \quad u, v \in V.$$

若 A 不可逆, 则存在非零向量 $x \in F^n$, 使得 $x^{\mathrm{T}} A = \mathbf{0}$, 从而存在非零向量 $u \in V$, 使得 $[u]_\alpha^{\mathrm{T}} A = \mathbf{0}$. 那么 $f(u, v) = 0, \forall v \in V$, 因此 f 不是非退化的.

若 A 可逆, 则对任意非零向量 $u \in V$, 有 $[u]_\alpha^{\mathrm{T}} A \neq \mathbf{0}$. 那么存在 $v \in V$, 使得 $[u]_\alpha^{\mathrm{T}} A [v]_\alpha \neq 0$, 因此 f 非退化.

同理可证 (ii) $\Leftrightarrow$ (iii). $\square$

关于非退化双线性函数我们有如下重要结果.

定理 5.4.3   设 V 是有限维线性空间, f 是 V 上非退化双线性函数, W 是 V 的子空间. 令

$$W^{\perp} = \{u \in V \mid f(u, w) = 0, \forall w \in W\},$$

那么 $W^{\perp}$ 是 V 的子空间, 并且

$$\dim V = \dim W + \dim W^{\perp}.$$

证明   设 $\dim V = n$, $\dim W = r$. 取 W 的一组基 $\alpha_1, \alpha_2, \cdots, \alpha_r$, 并将其扩充为 V 的一组基 $\alpha_1, \alpha_2, \cdots, \alpha_n$. 令 $A = (f(\alpha_i, \alpha_j))_{n \times n}$, 由定理 5.4.2, A 可逆. 定义线性映射

$$\varphi : V \to F^r, \quad v \mapsto (f(v, \alpha_1), f(v, \alpha_2), \cdots, f(v, \alpha_r))^{\mathrm{T}},$$

易知 $u \in W^{\perp}$ 当且仅当 $f(u, \alpha_i) = 0$, $i = 1, 2, \cdots, r$, 即 $\varphi(u) = \mathbf{0}$. 这表明 $W^{\perp} = \operatorname{Ker} \varphi$.

由定义可知 $r \times n$ 矩阵

$$B = \begin{pmatrix} \varphi(\alpha_1) & \varphi(\alpha_2) & \cdots & \varphi(\alpha_n) \end{pmatrix}$$

即为 A 的前 r 行构成的矩阵. 由于 A 可逆, 其行向量线性无关, 因此 $r(B) = r$. 而 $\operatorname{Im} \varphi$ 即为 B 的列空间, 因此 $\dim \operatorname{Im} \varphi = r(B) = r$. 由维数定理即得

$$\dim W^{\perp} = \dim \operatorname{Ker} \varphi = n - \dim \operatorname{Im} \varphi = n - r = n - \dim W. \qquad \square$$

注意, 此 $W^{\perp}$ 可以看作内积空间中子空间的正交子空间的推广.

习题 5.4

1. 设 f 是 F^n 上的双线性函数, 求证: 存在 $A \in F^{n \times n}$, 使得 $f(x, y) = x^{\mathrm{T}} A y$, $x, y \in F^n$.

2. 定义 F^4 上的一个双线性函数 f, 使得对 $x = (x_1, x_2, x_3, x_4)^{\mathrm{T}}$, $y = (y_1, y_2, y_3, y_4)^{\mathrm{T}}$, 有

$$f(x, y) = 3x_1 y_2 - 5x_2 y_1 + x_3 y_4 - 4x_4 y_3.$$

(i) 对 F^4 的基

$$\alpha_1 = (1, -2, -1, 0), \ \alpha_2 = (1, -1, 1, 0), \ \alpha_3 = (-1, 2, 1, 1), \ \alpha_4 = (-1, -1, 0, 1),$$

求 f 在这组基下的度量矩阵;

(ii) 另取一组基 $\beta_1, \beta_2, \beta_3, \beta_4$ 使得 $(\beta_1, \beta_2, \beta_3, \beta_4) = (\alpha_1, \alpha_2, \alpha_3, \alpha_4) M$, 其中

$$M = \begin{pmatrix} 1 & 1 & 1 & 1 \\ 1 & 1 & -1 & -1 \\ 1 & -1 & 1 & -1 \\ 1 & -1 & -1 & 1 \end{pmatrix}.$$

求 f 在 $\beta_1, \beta_2, \beta_3, \beta_4$ 下的度量矩阵.

3. 证明: $f(A, B) = \operatorname{tr}(AB), \forall A, B \in F^{n \times n}$ 是 $F^{n \times n}$ 上的一个非退化双线性函数.

4. 令 $V = \mathbb{R}[x]_n$ 是低于 n 次的实系数一元多项式构成的线性空间. 定义 V 上的二元函数 ψ 如下:

$$\psi(f(x), g(x)) = \int_{-1}^{1} f(t)g(t)\mathrm{d}t, \quad \forall f(x), g(x) \in \mathbb{R}[x]_n.$$

(i) 证明 ψ 是 V 上的一个双线性函数;

(ii) 当 $n = 4$ 时, 求 ψ 在基 $1, x, x^2, x^3$ 下的度量矩阵;

(iii) 证明双线性函数 ψ 是非退化的.

5.5　对称双线性函数的对角化矩阵表示

一般的双线性函数对应的度量矩阵未必是对称矩阵, 因此无法通过选取合适的基对度量矩阵进行合同对角化. 但若和欧氏空间内积一样要求满足对称性公理, 即 $f(u, v) = f(u, v)$, 则此目标即可实现.

定义 5.5.1　设 f 是线性空间 V 上的双线性函数. 若 $f(u, v) = f(v, u), \forall u, v \in V$, 则称 f 是**对称双线性函数**.

作为这一概念的矩阵刻画, 我们有:

命题 5.5.1　设 f 是域 F 上 n 维线性空间 V 上的双线性函数, α 是 V 的一组基, f 在 α 下的度量矩阵是 A, 那么 f 是对称的当且仅当 A 是对称矩阵.

证明　由 (5.6) 式,

$$f(u, v) = f(v, u), \forall u, v \in V$$

$$\Leftrightarrow [u]_\alpha^{\mathrm{T}} A [v]_\alpha = [v]_\alpha^{\mathrm{T}} A [u]_\alpha, \forall u, v \in V$$

$$\Leftrightarrow x^{\mathrm{T}} A y = y^{\mathrm{T}} A x = x^{\mathrm{T}} A^{\mathrm{T}} y, \forall x, y \in F^n$$

$$\Leftrightarrow A = A^{\mathrm{T}}.$$

$\square$

引理 5.5.1　设域 F 特征不为 2, 那么 F 上的对称矩阵 A 总合同于一个对角矩阵, 即存在可逆矩阵 M 使得 $M^{\mathrm{T}} A M = D$, 其中 D 是一个对角矩阵.

证明　对 A 的阶数 n 作归纳. 不妨设 $A = (a_{ij})_{n \times n} \neq O$. 我们分两种情形讨论.

(i) A 存在非零对角元. 通过对行和列作相同的对换, 不妨设 $a_{11} \neq 0$, 那么有初等变换

$$A \xrightarrow[C_i-(a_{1i}/a_{11})C_1]{R_i-(a_{i1}/a_{11})R_1} \begin{pmatrix} a_{11} & \\ & A_1 \end{pmatrix},$$

其中 $i = 2, 3, \cdots, n$, A_1 是 $n-1$ 阶对称矩阵. 由归纳假设, 存在可逆矩阵 M_1, 使得 $M_1^{\mathrm{T}} A_1 M_1 = D_1$ 是对角矩阵, 那么

$$\begin{pmatrix} 1 & \\ & M_1^{\mathrm{T}} \end{pmatrix} \begin{pmatrix} a_{11} & \\ & A_1 \end{pmatrix} \begin{pmatrix} 1 & \\ & M_1 \end{pmatrix} = \begin{pmatrix} a_{11} & \\ & D_1 \end{pmatrix}$$

是对角矩阵.

(ii) A 的对角元皆为零. 因为 $A \neq O$, 存在 $a_{ij} \neq 0$. 通过对行和列作相同的对换, 不妨设 $a_{12} = a_{21} = a \neq 0$, 即 A 的左上二阶子矩阵形如 $\begin{pmatrix} 0 & a \\ a & 0 \end{pmatrix}$. 作初等变换

$$A \xrightarrow[C_1+C_2]{R_1+R_2} B = (b_{ij})_{n \times n},$$

那么 $b_{11} = 2a$. 由于域 F 特征不为 2, 我们有 $2a \neq 0$, 即归结为情形 (i).   □

从上述引理的证明, 我们看到将对称矩阵合同对角化的具体操作方法: 通过对 A 同时作相应的初等行变换和列变换, 使其左上角元素不为零, 再利用此非零元作相应的初等行变换和列变换, 将第一行和第一列其余元素化为零. 然后即可对更低阶的矩阵进行类似操作, 直至将矩阵化为对角矩阵.

由此引理, 我们即可得如下结论:

定理 5.5.1   设域 F 特征不为 2, V 是 F 上的 n 维线性空间, f 是 V 上的对称双线性函数, 那么存在 V 的一组基 $\beta = \{\beta_1, \beta_2, \cdots, \beta_n\}$, 使得 f 在 β 下的度量矩阵为对角矩阵 $D = \mathrm{diag}\{d_1, d_2, \cdots, d_n\}$, 即有

$$f\left(\sum_{i=1}^n x_i \beta_i, \sum_{j=1}^n y_j \beta_j\right) = \sum_{i=1}^n d_i x_i y_i, \quad \forall x_i, y_i \in F, \ i = 1, 2, \cdots, n,$$

称为 f 的对角形表示.

证明   任取 V 的一组基 $\alpha = \{\alpha_1, \alpha_2, \cdots, \alpha_n\}$, 设 f 在 α 下的度量矩阵为 A. 由引理 5.5.1, 存在可逆阵 M 使得 $M^{\mathrm{T}} AM = D$ 为对角矩阵. 定义 V 的基 β 使得

$$(\beta_1 \quad \beta_2 \quad \cdots \quad \beta_n) = (\alpha_1 \quad \alpha_2 \quad \cdots \quad \alpha_n)M,$$

即使得 M 是 α 到 β 的过渡矩阵. 由上节讨论即知 f 在 β 下的度量矩阵为 $M^{\mathrm{T}} AM = D$.   □

由于引理 5.5.1 给出的对角化不是唯一的, 定理 5.5.1 中 f 的对角形表示亦不具有唯一性.

注 5.5.1 若域 F 特征为 2, 则引理 5.5.1 不成立. 例如不难直接证明此时对称矩阵 $\begin{pmatrix} 0 & 1 \\ 1 & 0 \end{pmatrix}$ 不可合同对角化.

习题 5.5

1. 证明

$$\begin{pmatrix} \lambda_1 & & & \\ & \lambda_2 & & \\ & & \ddots & \\ & & & \lambda_n \end{pmatrix} \quad 与 \quad \begin{pmatrix} \lambda_{i_1} & & & \\ & \lambda_{i_2} & & \\ & & \ddots & \\ & & & \lambda_{i_n} \end{pmatrix}$$

合同, 其中 $i_1, i_2, \cdots, i_n$ 是 $1, 2, \cdots, n$ 的一个排列.

2. 设 V 是 n 维复线性空间, $n \geqslant 2$, f 是 V 上的一个对称双线性函数.

(i) 证明存在非零 $v \in V$, 使 $f(v, v) = 0$;

(ii) 若 f 非退化, 证明存在线性无关的向量 $v, w \in V$, 使得 $f(v, w) = 1$, $f(v, v) = f(w, w) = 0$;

(iii) 若 f 非退化, 判断是否存在 $\xi_1, \xi_2, \cdots, \xi_n \in V$, 使得对 $i, j = 1, 2, \cdots, n$, 有

$$f(\xi_i, \xi_j) = \begin{cases} 1, & i \neq j, \\ 0, & i = j. \end{cases}$$

3. 设 f 是 n 维线性空间 V 上的非退化对称双线性函数. 对 $v \in V$, 定义如下 V^* 中元素

$$f_v : V \to F, \quad w \mapsto f(v, w).$$

求证:

(i) 映射 $V \to V^*$, $v \mapsto f_v$ 是线性同构;

(ii) 对 V 的每组基 $\alpha_1, \alpha_2, \cdots, \alpha_n$, 存在 V 的唯一一组基 $\alpha_1', \alpha_2', \cdots, \alpha_n'$ 使得

$$f(\alpha_i, \alpha_j') = \delta_{ij}, \quad i, j = 1, 2, \cdots, n,$$

其中 δ_{ij} 是 Kronecker (克罗内克) 符号;

(iii) 若 V 是 n 维复维线性空间, 则存在 V 的一组基 $\beta_1, \beta_2, \cdots, \beta_n$, 使得在 (ii) 中有 $\beta_i = \beta_i'$, $i = 1, 2, \cdots, n$.

4. 设 V 是 n 维实线性空间, f 是 V 上的对称双线性函数. 假设 f 正定, 即 $f(v,v) \geqslant 0$, $\forall v \in V$, 且等号成立当且仅当 $v = \mathbf{0}$. 令 W 是 V 的子空间,

$$W^{\perp} = \{v \in V \mid f(v,w) = 0, \forall w \in W\}.$$

求证:

　(i) $W^{\perp}$ 是 V 的子空间;

　(ii) $V = W \oplus W^{\perp}$.

5. 证明注 5.5.1 中的论断.

5.6　反对称双线性函数的矩阵表示

另一类重要的双线性函数是反对称的, 此时其度量矩阵可以合同于某个简单的反对称矩阵. 具有反对称双线性函数的空间结构亦有实际意义, 在几何、物理等领域都很重要, 比如我们将在辛空间理论中看到其重要性. 现在我们来讨论反对称双线性函数及其简化问题.

本节中总假设域 F 特征不为 2.

定义 5.6.1　设 f 是域 F 上线性空间 V 上的双线性函数. 若 $f(u,v) = -f(v,u)$, $\forall u,v \in V$, 则称 f 是**反对称双线性函数**.

> **注 5.6.1**　根据对域特征的假定, f 为反对称双线性函数的一个等价定义是对任意 $v \in V$, 有 $f(v,v) = 0$.
>
> 　事实上由 $f(v,v) = -f(v,v)$ 即得 $f(v,v) = 0$. 反之若 $f(v,v) = 0$, $\forall v \in V$, 则
>
> $$0 = f(u+v, u+v) = f(u,u) + f(u,v) + f(v,u) + f(v,v)$$
> $$= f(u,v) + f(v,u), \quad \forall u,v \in V,$$
>
> 由此即得 $f(u,v) = -f(v,u)$.

反对称双线性函数的矩阵刻画如下:

命题 5.6.1　设 f 是有限维线性空间 V 上的一个双线性函数, α 是 V 的一组基, f 在 α 下的度量矩阵是 A, 那么 f 是反对称的当且仅当 A 是反对称矩阵.

该命题的证明与对称双线性函数相应的命题 5.5.1 的证明类似, 在此不再重复. 由此命题, 反对称双线性函数和对称双线性函数的关系如同反对称矩阵和对称矩阵的关系一样, 有许多可类比但却不同的性质. 这在下文的讨论中可以逐步体现.

引理 5.6.1 设 A 是域 F 上的 m 阶反对称矩阵, 则 A 的秩必为偶数. 若 $r(A) = 2r$, 则 A 合同于如下形式的分块对角矩阵:

$$\begin{pmatrix} 0 & 1 & & & & & \\ -1 & 0 & & & & & \\ & & \ddots & & & & \\ & & & 0 & 1 & & \\ & & & -1 & 0 & & \\ & & & & & O_{s \times s} \end{pmatrix}, \tag{5.7}$$

其中 $\begin{pmatrix} 0 & 1 \\ -1 & 0 \end{pmatrix}$ 出现 r 次, $2r + s = m$.

证明 对 A 的阶数 m 作归纳. 当 $m = 1$ 时, A 即为零矩阵, 此时结论显然成立. 设结论对低于 m 阶的反对称矩阵成立, 下面考虑 m 阶反对称矩阵 A.

若 $A = O$, 则结论显然. 假设 $A \neq O$. 通过对行和列作相同的对换, 不妨设 $a_{12} = -a_{21} = a \neq 0$, 即 A 的左上 2 阶子矩阵为 $\begin{pmatrix} 0 & a \\ -a & 0 \end{pmatrix}$. 通过对 A 的第二行和第二列同乘 a^{-1}, 不妨再假设 $a = 1$. 那么有初等变换

$$A \xrightarrow[C_i + a_{2i}C_1 - a_{1i}C_2]{R_i - a_{i2}R_1 + a_{i1}R_2} \begin{pmatrix} 0 & 1 & \\ -1 & 0 & \\ & & A_1 \end{pmatrix},$$

其中 $i = 3, 4, \cdots, m$, A_1 为 $m - 2$ 阶反对称矩阵.

由归纳假设, $r(A_1)$ 为偶数, 设为 $2(r-1)$, 且存在可逆矩阵 M_1 使得 $M_1^{\mathrm{T}} A_1 M_1$ 形如 (5.7) 式, 其中 $\begin{pmatrix} 0 & 1 \\ -1 & 0 \end{pmatrix}$ 出现 $r - 1$ 次, 那么

$$\begin{pmatrix} 1 & & \\ & 1 & \\ & & M_1^{\mathrm{T}} \end{pmatrix} \begin{pmatrix} 0 & 1 & \\ -1 & 0 & \\ & & A_1 \end{pmatrix} \begin{pmatrix} 1 & & \\ & 1 & \\ & & M_1 \end{pmatrix} = \begin{pmatrix} 0 & 1 & \\ -1 & 0 & \\ & & M_1^{\mathrm{T}} A_1 M_1 \end{pmatrix}$$

即为 (5.7) 式. 此时显然有 $r(A) = 2r$.

由归纳法知结论成立. □

此引理是对称矩阵合同于对角矩阵这一性质的类比. 作为特例我们有

推论 5.6.1　设 A 是域 F 上的 m 阶可逆反对称矩阵, 那么 m 一定是偶数, 且 A 合同于分块对角矩阵

$$
\begin{pmatrix}
0 & 1 & & & \\
-1 & 0 & & & \\
& & \ddots & & \\
& & & 0 & 1 \\
& & & -1 & 0
\end{pmatrix},
\tag{5.8}
$$

其中 $\begin{pmatrix} 0 & 1 \\ -1 & 0 \end{pmatrix}$ 出现 n 次, $n = m/2$.

定理 5.6.1　设 f 是域 F 上 m 维线性空间 V 上的反对称双线性函数, 那么存在非负整数 $r \leqslant m/2$, 以及 V 的一组基 $\alpha_1, \alpha_{-1}, \alpha_2, \alpha_{-2}, \cdots, \alpha_r, \alpha_{-r}, \beta_1, \beta_2, \cdots, \beta_s$ 使得 f 在此基下的矩阵即为 (5.7) 式. 特别地, f 的秩 $\text{rank}(f) = 2r$ 为偶数.

类似定理 5.5.1 的证明, 由引理 5.6.1 即可推出定理 5.6.1, 此处从略. 该定理中 f 在所得的基

$$\alpha_1, \alpha_{-1}, \alpha_2, \alpha_{-2}, \cdots, \alpha_r, \alpha_{-r}, \beta_1, \beta_2, \cdots, \beta_s$$

下的度量矩阵为 (5.8) 式, 即有如下关系:

$$
\begin{cases}
f(\alpha_i, \alpha_{-i}) = 1, & i = 1, 2, \cdots, r, \\
f(\alpha_i, \alpha_j) = 0, & i + j \neq 0, \\
f(v, \beta_k) = 0, & \forall v \in V, \ k = 1, 2, \cdots, s.
\end{cases}
$$

特别地, 反对称双线性函数 f 是非退化的当且仅当 $s = 0$, 即有

推论 5.6.2　设 f 是域 F 上 m 维线性空间 V 上的非退化反对称双线性函数, 那么 m 必为偶数且存在 V 的一组基 $\alpha_1, \alpha_{-1}, \alpha_2, \alpha_{-2}, \cdots, \alpha_n, \alpha_{-n}$, 使得 f 在此基下的度量矩阵即为 (5.8) 式.

此推论中的基类似于内积空间中的正交基. 我们将其重排为 $\alpha_1, \alpha_2, \cdots, \alpha_n, \alpha_{-1}, \alpha_{-2}, \cdots, \alpha_{-n}$ 并称为**辛正交基**, 那么 f 在辛正交基下的矩阵为

$$
J_{2n} \stackrel{\text{def}}{=} \begin{pmatrix} O & I_n \\ -I_n & O \end{pmatrix}.
\tag{5.9}
$$

习题 5.6

1. 假定域 F 特征不为 2, 令 V 是 F 上的线性空间. 证明: 任意一个 V 上的双线性函数都可唯一表示为一个对称双线性函数和一个反对称双线性函数之和.

2. 已知 F^4 上的双线性函数

$$f(x,y) = -2x_1y_2 + 4x_1y_3 - 6x_1y_4 + 2x_2y_1 - x_2y_3 + 2x_2y_4 - 4x_3y_1 +$$

$$x_3y_2 + x_3y_4 + 6x_4y_1 - 2x_4y_2 - x_4y_3,$$

其中 $x = (x_1, x_2, x_3, x_4)^{\mathrm{T}}, y = (y_1, y_2, y_3, y_4)^{\mathrm{T}} \in F^4$.

(i) 证明 f 是 F^4 上的反对称双线性函数;

(ii) 求 F^4 的一组基 $\alpha_1, \alpha_{-1}, \alpha_2, \alpha_{-2}$, 使得

$$f(\alpha_i, \alpha_{-i}) = 1 \ (i = 1, 2), \ f(\alpha_i, \alpha_j) = 0 \ (i + j \neq 0).$$

3. 设 f 是 n 维线性空间 V 上的对称 (或反对称) 双线性函数. 令

$$\mathrm{Rad}(f) = \{v \in V \mid f(v, w) = 0, \forall w \in V\}.$$

求证: $\mathrm{Rad}(f)$ 是 V 的子空间, 且 $\dim \mathrm{Rad}(f) + r(f) = n$.

4. 对有限维复线性空间 V, 设有同构 $V \cong V^*, x \mapsto x^*$, 使得 $x^*(y) = 0$ 和 $y^*(x) = 0$ 等价, 其中 x, y 为 V 中任意向量. 求证: $x^*(y) = B(x, y)$, 其中 B 是一个对称或反对称双线性函数.

5.7 复与实对称双线性函数的规范形和标准形

本节中我们回到对称双线性函数, 特别地, 研究当域 $F = \mathbb{R}$ 或 $\mathbb{C}$ 时对称双线性函数的对角化表示, 并讨论能否进一步给出具有唯一性的简化形式.

首先考虑复数域上的对称双线性函数.

定理 5.7.1 设 f 是 n 维复线性空间 V 上的对称双线性函数, 那么存在 V 的一组基 $\alpha_1, \alpha_2, \cdots, \alpha_n$, 使得 f 在此基下的度量矩阵形如 $\begin{pmatrix} I_r & O \\ O & O \end{pmatrix}_{n \times n}$. 此时有

$$f\left(\sum_{i=1}^n x_i\alpha_i, \sum_{j=1}^n y_j\alpha_j\right) = \sum_{i=1}^r x_iy_i, \quad \forall x_i, y_i \in \mathbb{C}, \ i = 1, 2, \cdots, n,$$

称为对称双线性函数 f 的**规范形**.

证明 由定理 5.5.1, f 在某组基 $\beta_1, \beta_2, \cdots, \beta_n$ 下的度量矩阵是对角矩阵 $D = \mathrm{diag}\{d_1, d_2, \cdots, d_n\}$. 设 $r(D) = r$, 通过对基向量重新排序, 不妨假设 $D = \mathrm{diag}\{d_1, d_2, \cdots,$

$d_r, 0, \cdots, 0\}$. 取非零复数 $d_1, d_2, \cdots, d_r$ 的任意平方根 $a_1, a_2, \cdots, a_r$, 定义

$$\alpha_i = \begin{cases} a_i^{-1}\beta_i, & i = 1, 2, \cdots, r, \\ \beta_i, & i = r+1, r+2, \cdots, n, \end{cases}$$

那么 $\alpha_1, \alpha_2, \cdots, \alpha_n$ 亦是 V 的一组基, 且容易直接验证 f 在此基下的度量矩阵即为

$$\begin{pmatrix} I_r & O \\ O & O \end{pmatrix}. \qquad\qquad \square$$

注 5.7.1　由于在 f 的规范形中 $r = r(f)$, 因此规范形是唯一的.

现在考虑实线性空间上的对称双线性函数. 首先我们给出如下定理:

定理 5.7.2 (Sylvester (西尔维斯特) 惯性定理)　设 f 是有限维实线性空间 V 上的对称双线性型, 那么 f 在 V 的不同基下给出的对角矩阵表示中正、负对角元的个数不依赖于基的选取.

据此, 将 f 在 V 的不同基下给出的对角矩阵表示中正对角元个数称为 f 的**正惯性指标**, 负对角元个数称为 f 的**负惯性指标**, 正惯性指标减去负惯性指标称为 f 的**符号差**.

证明　设 V 的两组基 $\alpha = \{\alpha_1, \alpha_2, \cdots, \alpha_n\}$ 和 $\beta = \{\beta_1, \beta_2, \cdots, \beta_n\}$ 分别给出了 f 的对角矩阵表示:

$$f(u, v) = [u]_\alpha^{\mathrm{T}} C [v]_\alpha = [u]_\beta^{\mathrm{T}} D [v]_\beta,$$

其中 $C = \mathrm{diag}\{c_1, c_2, \cdots, c_n\}$, $D = \mathrm{diag}\{d_1, d_2, \cdots, d_n\}$.

不失一般性, 假设 C, D 的对角元按顺序均依次为正数、负数和零, 设为

$$c_1 > 0, c_2 > 0, \cdots, c_p > 0, c_{p+1} < 0, \cdots, c_{p+q} < 0, c_{p+q+1} = 0, \cdots, c_n = 0, \qquad (5.10)$$

$$d_1 > 0, d_2 > 0, \cdots, d_s > 0, d_{s+1} < 0, \cdots, d_{s+t} < 0, d_{s+t+1} = 0, \cdots, d_n = 0, \qquad (5.11)$$

其中 $p + q = s + t = r = r(C) = r(D)$. 因此只需证明 $p = s$.

我们假设 $p \neq s$ 并以此来导出矛盾. 不妨设 $p < s$, 定义映射

$$\varphi: V \to \mathbb{R}^{p+r-s}, \quad v \mapsto (f(v, \alpha_1), f(v, \alpha_2), \cdots, f(v, \alpha_p), f(v, \beta_{s+1}), \cdots, f(v, \beta_r)).$$

显然 φ 是线性映射并且 $\mathrm{rank}\,\varphi \leqslant p + r - s$, 因此由维数定理

$$\dim \mathrm{Ker}\,\varphi = n - \mathrm{rank}\,\varphi \geqslant n - (p + r - s) > n - r.$$

由于 $\dim \mathrm{Span}\{\alpha_{r+1}, \alpha_{r+2}, \cdots, \alpha_n\} = n - r$, 因此 $\mathrm{Ker}\,\varphi \nsubseteq \mathrm{Span}\{\alpha_{r+1}, \alpha_{r+2}, \cdots, \alpha_n\}$, 故存在向量 $v \in \mathrm{Ker}\,\varphi$ 但 $v \notin \mathrm{Span}\{\alpha_{r+1}, \alpha_{r+2}, \cdots, \alpha_n\}$.

由 $v \in \mathrm{Ker}\,\varphi$ 知, 对 $1 \leqslant i \leqslant p$, 有 $f(v, \alpha_i) = 0$, 而对 $s < i \leqslant r$, 有 $f(v, \beta_i) = 0$. 将 v 表示为基 α 和 β 的线性组合

$$v = \sum_{j=1}^{n} x_j \alpha_j = \sum_{j=1}^{n} y_j \beta_j, \quad x_j, y_j \in \mathbb{R},\ j = 1, 2, \cdots, n,$$

那么对 $1 \leqslant i \leqslant p$, 有

$$0 = f(v, \alpha_i) = f\left(\sum_{j=1}^{n} x_j \alpha_j, \alpha_i\right) = \sum_{j=1}^{n} x_j f(\alpha_j, \alpha_i) = x_i f(\alpha_i, \alpha_i) = x_i c_i.$$

由于此时 $c_i > 0$, 因此 $x_i = 0$, 那么有

$$v = \sum_{i=p+1}^{n} x_i \alpha_i. \tag{5.12}$$

类似地, 由 $f(v, \beta_i) = 0$, $s < i \leqslant r$ 可知

$$y_i = 0, \quad s < i \leqslant r. \tag{5.13}$$

由于 $v \notin \mathrm{Span}\{\alpha_{r+1}, \alpha_{r+2}, \cdots, \alpha_n\}$, 因此由 (5.12) 式知存在某个 $i = p+1, p+2, \cdots, r$ 使得 $x_i \neq 0$, 从而由 (5.10) 式可得

$$f(v, v) = f\left(\sum_{i=p+1}^{n} x_i \alpha_i, \sum_{i=p+1}^{n} x_i \alpha_i\right) = \sum_{i=p+1}^{n} x_i^2 f(\alpha_i, \alpha_i) = \sum_{i=p+1}^{r} x_i^2 f(\alpha_i, \alpha_i) < 0.$$

但由 (5.13) 式和 (5.11) 式我们又有

$$f(v, v) = f\left(\sum_{i=1}^{n} y_i \beta_i, \sum_{i=1}^{n} y_i \beta_i\right) = \sum_{i=1}^{n} y_i^2 f(\beta_i, \beta_i) = \sum_{i=1}^{s} y_i^2 f(\beta_i, \beta_i) \geqslant 0.$$

这给出了矛盾, 因此 $p = s$. $\qquad\qquad\square$

实对称矩阵 $A \in \mathbb{R}^{n \times n}$ 的**正惯性指标**、**负惯性指标**、**符号差**分别定义为 $\mathbb{R}^n$ 上对称双线性函数 $f_A(x, y) = x^{\mathrm{T}} A y$ 的正惯性指标、负惯性指标、符号差. 由上述定理易推知, 合同的实对称矩阵分别具有相同的正、负惯性指标.

在惯性定理和实对称矩阵正交对角化理论的基础上, 我们从两个方面进一步给出实对称双线性函数具有唯一性的简化.

定理 5.7.3 设 f 是 n 维实线性空间 V 上的对称双线性函数, 那么存在 V 的一组基 $\alpha_1, \alpha_2, \cdots, \alpha_n$, 使得 f 在此基下的度量矩阵形如

$$\begin{pmatrix} I_p & & \\ & -I_q & \\ & & O \end{pmatrix}_{n \times n}.$$

此时有

$$f\left(\sum_{i=1}^n x_i\alpha_i, \sum_{j=1}^n y_j\alpha_j\right) = x_1y_1 + x_2y_2 + \cdots + x_py_p - x_{p+1}y_{p+1} - \cdots - x_{p+q}y_{p+q},$$

$$\forall x_i, y_i \in \mathbb{R}, i = 1, 2, \cdots, n,$$

称为实双线性函数 f 的**规范形**. 这里 p, q 分别是 f 的正惯性指标和负惯性指标, 故规范形具有唯一性, 与所取的基无关.

证明　由定理 5.7.2, f 在某组基 $\beta_1, \beta_2, \cdots, \beta_n$ 下的度量矩阵为

$$\mathrm{diag}\{d_1, d_2, \cdots, d_p, d_{p+1}, d_{p+2}, \cdots, d_{p+q}, 0, \cdots, 0\},$$

其中 $d_1, d_2, \cdots, d_p$ 为正数, $d_{p+1}, d_{p+2}, \cdots, d_{p+q}$ 为负数, p, q 分别为正、负惯性指标. 定义

$$\alpha_i = \begin{cases} \beta_i/\sqrt{d_i}, & i = 1, 2, \cdots, p, \\ \beta_i/\sqrt{-d_i}, & i = p+1, p+2, \cdots, p+q, \\ \beta_i, & i = p+q+1, p+q+2, \cdots, n. \end{cases}$$

那么 $\alpha_1, \alpha_2, \cdots, \alpha_n$ 亦为 V 的基, 并且 f 在此基下的矩阵即为定理中的度量矩阵. $\square$

定理 5.7.4　设 f 是 n 维欧氏空间 V 上的对称双线性函数, 那么存在 V 的一组标准正交基 $\xi_1, \xi_2, \cdots, \xi_n$, 使得 f 在此基下的度量矩阵为

$$\Lambda = \mathrm{diag}\{\lambda_1, \lambda_2, \cdots, \lambda_p, \lambda_{p+1}, \lambda_{p+2}, \cdots, \lambda_{p+q}, 0, \cdots, 0\}, \tag{5.14}$$

其中 $\lambda_1, \lambda_2, \cdots, \lambda_p$ 为正数, $\lambda_{p+1}, \lambda_{p+2}, \cdots, \lambda_{p+q}$ 为负数, 且 Λ 的对角元恰为 f 在任意一组标准正交基下度量矩阵的 n 个特征值. 此时有

$$f\left(\sum_{i=1}^n x_i\xi_i, \sum_{j=1}^n y_j\xi_j\right) = \sum_{i=1}^{p+q}\lambda_i x_i y_i, \quad \forall x_i, y_i \in \mathbb{R}, i = 1, 2, \cdots, n,$$

称为欧氏空间 V 上对称双线性函数 f 的**标准形**. 在不计特征值排序的意义下标准形具有唯一性, 与所取基无关.

证明　任取 V 的一组标准正交基 $\eta_1, \eta_2, \cdots, \eta_n$, 并设 f 在此基下的度量矩阵为 A. 由推论 3.3.3, 存在正交矩阵 U, 使得 $U^{\mathrm{T}}AU = \Lambda$ 即为对角矩阵 (5.14), 其对角元恰为 A 的 n 个特征值. 令

$$(\xi_1 \quad \xi_2 \quad \cdots \quad \xi_n) = (\eta_1 \quad \eta_2 \quad \cdots \quad \eta_n)U,$$

那么 $\xi_1, \xi_2, \cdots, \xi_n$ 亦是 V 的标准正交基, 且 f 在此基下的度量矩阵即为 $U^{\mathrm{T}}AU = \Lambda$. 由于 f 在不同标准正交基下的度量矩阵正交相似, 故具有相同的特征值. 因此在不计对角元排序的意义下, Λ 不依赖于标准正交基的选取. $\square$

上面对双线性函数的简化我们只涉及了对称和反对称两类, 对应到矩阵也就只涉及对称矩阵和反对称矩阵. 为何没有涉及别的矩阵类的简化呢? 比如, 由前面我们知道的一般正规矩阵, 为何不作为双线性函数的矩阵表示来研究简化的可能性? 事实上, 由于一般正规矩阵的对角化只能通过酉相似对角化, 也就是共轭合同相似对角化, 而在双线性函数的简化中, 非退化是不允许作共轭的, 这就是我们不能讨论对应矩阵是一般正规矩阵的双线性函数的原因. 作为它的特例, 我们可以予以考虑的就是实数域上的情况, 因为这时不需要共轭作用. 但实数域上的正规矩阵实际上只能是实对称矩阵了. 这就是为什么双线性函数的非退化线性替换下的简化和矩阵的合同相似对角化的公共情况只有实对称矩阵作为矩阵实现的原因.

习题 5.7

1. 分别求出下列函数作为 $\mathbb{R}^3$ 和 $\mathbb{C}^3$ 上的对称双线性函数时的规范形, 并写出所用的非退化线性替换; 作为 $\mathbb{R}^3$ 上的对称双线性函数时, 求出它们的标准形和非退化线性替换, 并同时指出正、负惯性指标和符号差:

(i) $f(x,y) = x^{\mathrm{T}} \begin{pmatrix} 1 & 1 & 0 \\ 1 & 2 & 2 \\ 0 & 2 & 1 \end{pmatrix} y;$
(ii) $f(x,y) = x^{\mathrm{T}} \begin{pmatrix} 0 & -1 & 1 \\ -1 & 0 & 1 \\ 1 & 1 & 0 \end{pmatrix} y;$

(iii) $f(x,y) = x^{\mathrm{T}} \begin{pmatrix} 2 & -2 & 0 \\ -2 & 1 & -2 \\ 0 & -2 & 0 \end{pmatrix} y;$
(iv) $f(x,y) = x^{\mathrm{T}} \begin{pmatrix} 3 & 2 & 4 \\ 2 & 0 & 2 \\ 4 & 2 & 3 \end{pmatrix} y.$

2. 设 $f(x,y)$ 是一个 $\mathbb{R}^n$ 上的对称双线性函数, 其秩为 r. 证明: 在 $\mathbb{R}^n$ 中存在 $n-r$ 维子空间 V, 使得对任意的 $x, y \in V$, 均有 $f(x,y) = 0$.

3. 对域 $F=\mathbb{R}$ 或 $\mathbb{C}$, 求 F^n 上的对称双线性函数 $f(x,y) = x^{\mathrm{T}} \begin{pmatrix} 1 & \frac{1}{2} & \cdots & \frac{1}{2} \\ \frac{1}{2} & 1 & \cdots & \frac{1}{2} \\ \vdots & \vdots & & \vdots \\ \frac{1}{2} & \frac{1}{2} & \cdots & 1 \end{pmatrix} y$

的规范形, 其中 $x = (x_1, x_2, \cdots, x_n)^{\mathrm{T}}$, $y = (y_1, y_2, \cdots, y_n)^{\mathrm{T}}$.

4. 设分块实矩阵 $A = \begin{pmatrix} B & C \\ C^{\mathrm{T}} & O \end{pmatrix}$, 其中 m 阶方阵 B 与单位矩阵合同, O 是 n 阶零方阵, 矩阵 C 列满秩. 证明: 实对称双线性函数 $f(x) = x^{\mathrm{T}} A y$ 的正惯性指标和负惯性指标分别为 m 和 n.

第六章

二次型和线性变换
的分解

本章中假设域 F 特征不为 2.

6.1   二次型与几何

我们在前面看到, F^n 上的双线性函数形如 $f_A(x,y) = x^{\mathrm{T}}Ay$, 其中 $A = (a_{ij})_{n\times n} \in F^{n\times n}$. 这是以 x 和 y 的坐标 $x_1, x_2, \cdots, x_n, y_1, y_2, \cdots, y_n$ 为变元的二次齐次多元多项式函数, 其特点是每个单项式形如 $a_{ij}x_iy_j$. 我们在中学数学中知道, 二次曲线和二次曲面的方程是由同一组变量 $\{x_i\}$ 的二次单项式组合得到的, 相当于在双线性函数中令 $x = y$. 这就是我们下面将要讨论的二次型理论及其应用. 二次型的研究在几何上可以认为是对齐次二次 (有心) 曲面 (线) 的类型判别及其标准方程的计算. 二次型理论在优化、工程计算等领域都有着重要的应用.

定义 6.1.1   令 V 是域 F 上的线性空间. 函数 $\mathsf{q}: V \to F$ 称为一个 V 上的**二次型**, 是指存在 V 上的对称双线性函数 $f: V \times V \to F$ 使得 $\mathsf{q}(v) = f(v,v), \forall v \in V$. 此时 f 在一组基下的度量矩阵称为二次型 q 在此基下的矩阵.

设对称双线性函数 f 在 V 的一组基 $\alpha = \{\alpha_1, \alpha_2, \cdots, \alpha_n\}$ 下的度量矩阵为 $A = (a_{ij})_{n\times n}$. 那么我们有二次型

$$\mathsf{q}(v) = f(v,v) = x^{\mathrm{T}}Ax, \quad \text{其中 } v \in V, \ x = [v]_\alpha.$$

由定义, 二次型 q 在任意一组基 α 下的矩阵 A 总是一个对称矩阵. 特别地, 若 $V = F^n$, α 取标准基, 则有二次型

$$\mathsf{q}(x) = x^{\mathrm{T}}Ax = \sum_{i=1}^{n} a_{ii}x_i^2 + 2\sum_{1\leqslant i<j\leqslant n} a_{ij}x_ix_j, \quad \text{其中 } x = (x_1, x_2, \cdots, x_n)^{\mathrm{T}}. \tag{6.1}$$

此时称 $\mathsf{q}(x) = \mathsf{q}(x_1, x_2, \cdots, x_n) \in F[x_1, x_2, \cdots, x_n]$ 是以 $x_1, x_2, \cdots, x_n$ 为变量的**二次型**.

由 (6.1) 式, F^n 上的二次型是以 $x_1, x_2, \cdots, x_n$ 为变量的二次齐次多项式函数. 反之, 什么样的二次齐次 n 元多项式函数会是一个二次型? 注意到我们假设域 F 的特征为 2, 一般的二次齐次 n 元多项式函数形如

$$\mathfrak{p}(x) = \sum_{i,j=1,2,\cdots,n} b_{ij}x_ix_j = x^{\mathrm{T}}Bx,$$

其中 $B = (b_{ij})_{n\times n}$ 未必是对称矩阵. 定义 $A = (a_{ij})_{n\times n}$, 其中

$$a_{ij} = \frac{1}{2}(b_{ij} + b_{ji}), \quad i,j = 1,2,\cdots,n,$$

那么 A 是对称矩阵且

$$\mathfrak{p}(x) = x^{\mathrm{T}}Bx = x^{\mathrm{T}}Ax,$$

从而 $\mathfrak{p}$ 是对应于 A 的二次型. 这表明二次齐次 n 元多项式函数总是一个 F^n 上的二次型.

类似上面的计算, 对一般线性空间 V 上的双线性函数 g, 若定义对称双线性函数

$$f(u,v) = \frac{1}{2}(g(u,v) + g(v,u)), \quad \forall u,v \in V,$$

则有二次型

$$\mathfrak{q}(v) = f(v,v) = g(v,v), \quad v \in V.$$

由定义我们知道, V 上对称双线性函数 f 决定了二次型 $\mathfrak{q}(v) = f(v,v)$. 反之容易验证

$$\begin{aligned}
f(u,v) &= \frac{1}{2}(f(u+v, u+v) - f(u,u) - f(v,v)) \\
&= \frac{1}{2}(\mathfrak{q}(u+v) - \mathfrak{q}(u) - \mathfrak{q}(v)), \quad \forall u,v \in V,
\end{aligned}$$

即对二次型 $\mathfrak{q}$, 满足 $\mathfrak{q}(v) = f(v,v)$ 的双线性函数 f 是唯一的.

由定理 5.4.1 (ii), 对域 F 上 n 维空间 V 取定的一组基, V 上双线性函数通过取度量矩阵和 $F^{n \times n}$ 一一对应. 特别地, V 上对称双线性函数和 n 阶对称矩阵一一对应. 再综合上述讨论即得如下结论:

命题 6.1.1 (i) 任意二次齐次多元多项式函数总可以表示为由一个对称矩阵给出的二次型;

(ii) 固定域 F 上 n 维线性空间 V 的一组基 α, V 上的二次型和 F 上 n 阶对称矩阵可通过取二次型在 α 下的矩阵建立一一对应.

双线性函数 f 的秩 $r(f)$ 定义为 f 在基 α 下的度量矩阵 A 的秩 $r(A)$. 类似地, 二次型 $\mathfrak{q}(v) = x^{\mathrm{T}}Ax$ (其中 $x = [v]_\alpha$) 的秩 $r(\mathfrak{q})$ 亦定义为矩阵 A 的秩 $r(A)$.

由对称双线性函数的理论, 我们很容易得到下面关于二次型的一系列结论. 首先作为定理 5.5.1 的推论, 我们有

推论 6.1.1 (i) 设 $\mathfrak{q}$ 是 n 维线性空间 V 上的二次型, 那么存在 V 的一组基 β, 使得 $\mathfrak{q}$ 在 β 下的矩阵为对角矩阵 $D = \mathrm{diag}\{d_1, d_2, \cdots, d_n\}$, 即

$$\mathfrak{q}(v) = x^{\mathrm{T}}Dx = d_1 x_1^2 + d_2 x_2^2 + \cdots + d_n x_n^2, \quad \text{其中 } [v]_\beta = x = (x_1, x_2, \cdots, x_n)^{\mathrm{T}}.$$

上式称为二次型 $\mathfrak{q}$ 的**对角形表示**.

(ii) 设有 F^n 上的二次型 $\mathfrak{q}(x) = x^{\mathrm{T}}Ax$, 其中 A 为 n 阶对称矩阵, 那么存在 n 阶可逆矩阵 M, 使得对可逆线性替换 $x = My$, 有对角形表示

$$\mathfrak{q}(x) = d_1 y_1^2 + d_2 y_2^2 + \cdots + d_n y_n^2,$$

其中 $M^{\mathrm{T}}AM = D = \mathrm{diag}\{d_1, d_2, \cdots, d_n\}$, $y = (y_1, y_2, \cdots, y_n)^{\mathrm{T}}$.

证明 (i) 由定理 5.5.1 即得.

(ii) 由 (i) 知, 存在 F^n 的基 $\beta = \{\beta_1, \beta_2, \cdots, \beta_n\}$ 使得 $\mathfrak{q}$ 在此基下的矩阵为对角矩阵 D. 令 $M = (\beta_1\ \beta_2\ \cdots\ \beta_n)$, 即从标准基到 β 的过渡矩阵. 那么由双线性函数在不同基下度量矩阵的关系有 $D = M^{\mathrm{T}}AM$, 因此对 $x = My$ 有

$$\mathfrak{q}(x) = \mathfrak{q}(My) = y^{\mathrm{T}}M^{\mathrm{T}}AMy = y^{\mathrm{T}}Dy. \qquad \square$$

下面我们给出两个例子, 用上述推论以及证明引理 5.5.1 的方法, 给出二次型的对角形表示. 事实上, 由合同变换 $M^{\mathrm{T}}AM = D$ 可知, 若 A 经过若干初等行变换和相应的初等列变换化为了对角矩阵 D, 则相同的初等行变换将 I_n 化为 M^{T}, 而相同的初等列变换将 I_n 化为 M.

例 6.1.1 将二次型

$$f(x_1, x_2, x_3, x_4) = x_1^2 + 2x_2^2 + x_4^2 + 4x_1x_2 + 4x_1x_3 + 2x_1x_4 + 2x_2x_3 + 2x_2x_4 + 2x_3x_4$$

化为对角形, 并写出所用的可逆线性替换.

解 将此二次型表示为 $f(x) = x^{\mathrm{T}}Ax$, 其中

$$A = \begin{pmatrix} 1 & 2 & 2 & 1 \\ 2 & 2 & 1 & 1 \\ 2 & 1 & 0 & 1 \\ 1 & 1 & 1 & 1 \end{pmatrix}.$$

实施初等变换

$$\begin{pmatrix} A & \vdots & I_4 \end{pmatrix} = \left(\begin{array}{cccc:cccc} 1 & 2 & 2 & 1 & 1 & 0 & 0 & 0 \\ 2 & 2 & 1 & 1 & 0 & 1 & 0 & 0 \\ 2 & 1 & 0 & 1 & 0 & 0 & 1 & 0 \\ 1 & 1 & 1 & 1 & 0 & 0 & 0 & 1 \end{array}\right) \xrightarrow[C_{14}]{R_{14}} \left(\begin{array}{cccc:cccc} 1 & 1 & 1 & 1 & 0 & 0 & 0 & 1 \\ 1 & 2 & 1 & 2 & 0 & 1 & 0 & 0 \\ 1 & 1 & 0 & 2 & 0 & 0 & 1 & 0 \\ 1 & 2 & 2 & 1 & 1 & 0 & 0 & 0 \end{array}\right)$$

$$\xrightarrow[i=2,3,4]{R_i-R_1, C_i-C_1} \left(\begin{array}{cccc:cccc} 1 & 0 & 0 & 0 & 0 & 0 & 0 & 1 \\ 0 & 1 & 0 & 1 & 0 & 1 & 0 & -1 \\ 0 & 0 & -1 & 1 & 0 & 0 & 1 & -1 \\ 0 & 1 & 1 & 0 & 1 & 0 & 0 & -1 \end{array}\right)$$

$$\xrightarrow[C_4-C_2, C_4+C_3]{R_4-R_2, R_4+R_3} \left(\begin{array}{cccc:cccc} 1 & 0 & 0 & 0 & 0 & 0 & 0 & 1 \\ 0 & 1 & 0 & 0 & 0 & 1 & 0 & -1 \\ 0 & 0 & -1 & 0 & 0 & 0 & 1 & -1 \\ 0 & 0 & 0 & 0 & 1 & -1 & 1 & -1 \end{array}\right) = \begin{pmatrix} D & \vdots & M^{\mathrm{T}} \end{pmatrix}.$$

那么作可逆线性替换 $x = My$, 即

$$\begin{cases} x_1 = y_4, \\ x_2 = y_2 - y_4, \\ x_3 = y_3 + y_4, \\ x_4 = y_1 - y_2 - y_3 - y_4 \end{cases}$$

给出了对角形

$$f(x_1, x_2, x_3, x_4) = y_1^2 + y_2^2 - y_3^2.$$ □

例 6.1.2 将二次型

$$f(x_1, x_2, x_3) = 4x_1x_2 - 2x_1x_3 - 2x_2x_3$$

化为对角形, 并写出所用的可逆线性替换.

解 将此二次型表示为 $f(x) = x^{\mathrm{T}}Ax$, 其中

$$A = \begin{pmatrix} 0 & 2 & -1 \\ 2 & 0 & -1 \\ -1 & -1 & 0 \end{pmatrix}.$$

实施初等变换

$$\left(A \mid I_3 \right) = \begin{pmatrix} 0 & 2 & -1 & \vdots & 1 & 0 & 0 \\ 2 & 0 & -1 & \vdots & 0 & 1 & 0 \\ -1 & -1 & 0 & \vdots & 0 & 0 & 1 \end{pmatrix} \xrightarrow[C_1 + C_3]{R_1 + R_3} \begin{pmatrix} -2 & 1 & -1 & \vdots & 1 & 0 & 1 \\ 1 & 0 & -1 & \vdots & 0 & 1 & 0 \\ -1 & -1 & 0 & \vdots & 0 & 0 & 1 \end{pmatrix}$$

$$\xrightarrow[C_2 + (1/2)C_1, C_3 - (1/2)C_1]{R_2 + (1/2)R_1, R_3 - (1/2)R_1} \begin{pmatrix} -2 & 0 & 0 & \vdots & 1 & 0 & 1 \\ 0 & 1/2 & -3/2 & \vdots & 1/2 & 1 & 1/2 \\ 0 & -3/2 & 1/2 & \vdots & -1/2 & 0 & 1/2 \end{pmatrix}$$

$$\xrightarrow[C_3 + 3C_2]{R_3 + 3R_2} \begin{pmatrix} -2 & 0 & 0 & \vdots & 1 & 0 & 1 \\ 0 & 1/2 & 0 & \vdots & 1/2 & 1 & 1/2 \\ 0 & 0 & -4 & \vdots & 1 & 0 & 2 \end{pmatrix} = \left(D \mid M^{\mathrm{T}} \right).$$

那么作可逆线性替换 $x = My$, 即

$$\begin{cases} x_1 = y_1 + \dfrac{1}{2}y_2 + y_3, \\ x_2 = y_2, \\ x_3 = y_1 + \dfrac{1}{2}y_2 + 2y_3 \end{cases}$$

给出了对角形

$$f(x_1, x_2, x_3) = -2y_1^2 + \frac{1}{2}y_2^2 - 4y_3^2.$$

□

注意到例 6.1.1 和例 6.1.2 分别对应于引理 5.5.1 的证明中 A 有非零对角元和 A 的对角元全为零这两种情形, 其计算过程有所不同.

与双线性函数类似, 域 $F = \mathbb{R}$ 或 $\mathbb{C}$ 上的二次型 q 分别称为**实二次型**或**复二次型**. 作为定理 5.7.1 的推论, 我们有:

推论 6.1.2   设 q 是 n 维复线性空间 V 上的二次型, 那么存在 V 的一组基 α 使得 q 在 α 下的矩阵为

$$\begin{pmatrix} I_r & O \\ O & O \end{pmatrix}_{n \times n},$$

即有

$$\mathsf{q}(v) = x_1^2 + x_2^2 + \cdots + x_r^2, \quad \text{其中 } [v]_\alpha = x = (x_1, x_2, \cdots, x_n)^{\mathrm{T}}.$$

上式称为复二次型 q 的**规范形**, 由秩 $r = r(\mathsf{q})$ 唯一确定.

作为定理 5.7.2 和定理 5.7.3 的推论, 我们有:

推论 6.1.3   设 q 是 n 维实线性空间 V 上的二次型, 那么存在 V 的一组基 α 使得 q 在 α 下的矩阵为

$$\begin{pmatrix} I_p & & \\ & -I_q & \\ & & O \end{pmatrix}_{n \times n},$$

即有

$$\mathsf{q}(v) = x_1^2 + x_2^2 + \cdots + x_p^2 - x_{p+1}^2 - x_{p+2}^2 - \cdots - x_q^2, \quad \text{其中 } [v]_\alpha = x = (x_1, x_2, \cdots, x_n)^{\mathrm{T}}.$$

上式称为实二次型 q 的**规范形**. 这里 p, q 和 $p - q$ 是 q 在任意一组基下矩阵的正惯性指标、负惯性指标和符号差, 与基的选取无关, 因此也称为实二次型 q 的**正惯性指标、负惯性指标**和**符号差**.

例 6.1.3   分别在 $\mathbb{C}$ 和 $\mathbb{R}$ 上求例 6.1.2 中二次型的规范形.

解   在例 6.1.2 中, $f(x_1, x_2, x_3)$ 经可逆线性替换化为了标准形 $-2y_1^2 + \frac{1}{2}y_2^2 - 4y_3^2$.

(i) 在 $\mathbb{C}$ 上令 $\begin{cases} z_1 = \sqrt{2}\mathrm{i}y_1, \\ z_2 = \dfrac{1}{\sqrt{2}}y_2, \\ z_3 = 2\mathrm{i}y_3, \end{cases}$ 则有复二次型 $f(x_1, x_2, x_3, x_4)$ 的规范形 $z_1^2 + z_2^2 + z_3^2$.

(ii) 在 $\mathbb{R}$ 上令 $\begin{cases} w_1 = \dfrac{1}{\sqrt{2}} y_2, \\ w_2 = \sqrt{2} y_1, \\ w_3 = 2y_3, \end{cases}$ 则有实二次型 $f(x_1, x_2, x_3, x_4)$ 所对应的规范形 $w_1^2 -$

$w_2^2 - w_3^2$.

读者可自行写出将二次型 $f(x_1, x_2, x_3, x_4)$ 化为规范形的矩阵运算过程. $\qquad\square$

作为定理 5.7.4 的推论, 我们有:

推论 6.1.4 设 q 是 n 维欧氏空间 V 上的二次型, 那么存在 V 的一组标准正交基 ξ, 使得 q 在 ξ 下的矩阵为

$$\Lambda = \mathrm{diag}\{\lambda_1, \lambda_2, \cdots, \lambda_p, \lambda_{p+1}, \lambda_{p+2}, \cdots, \lambda_{p+q}, 0, \cdots, 0\},$$

其中 $\lambda_1, \lambda_2, \cdots, \lambda_p$ 为正数, $\lambda_{p+1}, \lambda_{p+2}, \cdots, \lambda_{p+q}$ 为负数, 且 Λ 的对角元恰为 q 在任意一组标准正交基下矩阵的 n 个特征值. 此时有

$$\mathsf{q}(v) = \lambda_1 x_1^2 + \lambda_2 x_2^2 + \cdots + \lambda_{p+q} x_{p+q}^2, \quad \text{其中 } [v]_\xi = x = (x_1, x_2, \cdots, x_n)^{\mathrm{T}}.$$

上式称为实二次型 q 的**标准形**. 在不计特征值排序的意义下标准形唯一, 与基的选取无关.

类似推论 6.1.1 (ii), 读者可自行给出推论 6.1.3 和推论 6.1.4 的特殊情形, 即二次齐次多项式版本. 下面给出几个将实二次型化为标准形的例子.

例 6.1.4 用正交线性替换将实二次型

$$f(x_1, x_2, x_3) = -2x_1 x_2 + 2x_1 x_3 + 2x_2 x_3$$

化为标准形, 并写出所用的正交线性替换.

解 该二次型的矩阵为

$$A = \begin{pmatrix} 0 & -1 & 1 \\ -1 & 0 & 1 \\ 1 & 1 & 0 \end{pmatrix}.$$

由例 3.4.1 知, 存在正交矩阵 $U = \begin{pmatrix} -\dfrac{1}{\sqrt{3}} & -\dfrac{1}{\sqrt{2}} & \dfrac{1}{\sqrt{6}} \\ -\dfrac{1}{\sqrt{3}} & \dfrac{1}{\sqrt{2}} & \dfrac{1}{\sqrt{6}} \\ \dfrac{1}{\sqrt{3}} & 0 & \dfrac{2}{\sqrt{6}} \end{pmatrix}$ 使得 $U^{\mathrm{T}} A U = \begin{pmatrix} -2 & 0 & 0 \\ 0 & 1 & 0 \\ 0 & 0 & 1 \end{pmatrix}.$

利用此结果, 作正交线性替换 $x = Uy$ 即可将此二次型化为标准形 $-2y_1^2 + y_2^2 + y_3^2$. $\qquad\square$

例 6.1.5 用正交线性替换将实二次型 $f(x, y) = 2x^2 + 2xy + 2y^2$ 化为标准形, 并写出所用的正交线性替换.

解 此二次型的矩阵为 $A = \begin{pmatrix} 2 & 1 \\ 1 & 2 \end{pmatrix}$,其特征多项式为

$$|\lambda I_2 - A| = \begin{vmatrix} \lambda - 2 & -1 \\ -1 & \lambda - 2 \end{vmatrix} = (\lambda - 2)^2 - 1 = (\lambda - 3)(\lambda - 1).$$

故 A 的特征值为 $\lambda_1 = 1, \lambda_2 = 3$.

解方程组 $(\lambda_1 I_2 - A)x = \mathbf{0}$ 可得一组基础解系 $\begin{pmatrix} -1 \\ 1 \end{pmatrix}$,单位化得 $\dfrac{1}{\sqrt{2}} \begin{pmatrix} -1 \\ 1 \end{pmatrix}$.

解方程组 $(\lambda_2 I_2 - A)x = \mathbf{0}$ 可得一组基础解系 $\begin{pmatrix} 1 \\ 1 \end{pmatrix}$,单位化得 $\dfrac{1}{\sqrt{2}} \begin{pmatrix} 1 \\ 1 \end{pmatrix}$.

令 $U = \begin{pmatrix} -\dfrac{1}{\sqrt{2}} & \dfrac{1}{\sqrt{2}} \\ \dfrac{1}{\sqrt{2}} & \dfrac{1}{\sqrt{2}} \end{pmatrix}$,则 U 为正交矩阵且 $U^{\mathrm{T}} A U = \begin{pmatrix} 1 & 0 \\ 0 & 3 \end{pmatrix}$. 于是二次型在正交线性替换

$$\begin{pmatrix} x \\ y \end{pmatrix} = \begin{pmatrix} -\dfrac{1}{\sqrt{2}} & \dfrac{1}{\sqrt{2}} \\ \dfrac{1}{\sqrt{2}} & \dfrac{1}{\sqrt{2}} \end{pmatrix} \begin{pmatrix} x' \\ y' \end{pmatrix}$$

之下化为标准形 $x'^2 + 3y'^2$. □

与一般的可逆线性替换相比, 推论 6.1.4 中将二次型化为对角形的正交线性替换具有非常特殊的几何性质. 它与 $\mathbb{R}^n$ 中二次齐次曲面 (线) 形状的判断与标准方程的获取紧密相关. 现在我们来讨论正交线性替换的意义. 设有 $\mathbb{R}^n$ 上的二次型

$$f(x) = x^{\mathrm{T}} A x \xrightarrow{x = Uy} y U^{\mathrm{T}} A U y = y^{\mathrm{T}} \mathrm{diag}\{\lambda_1, \lambda_2, \cdots, \lambda_n\} y,$$

其中 U 是正交矩阵, 从而 $x = Uy$ 是一个正交线性替换, $\lambda_1, \lambda_2, \cdots, \lambda_n$ 是实对称矩阵 A 的特征值.

设方程 $f(x) = 0$ 定义了 $\mathbb{R}^n$ 中的二次曲面 S, 此时 x 即为标准坐标系下的坐标. 按列向量分块 $U = (\beta_1\ \beta_2\ \cdots\ \beta_n)$, 则 $\beta = \{\beta_1, \beta_2, \cdots, \beta_n\}$ 是一组标准正交基, U 是标准基到 β 的过渡矩阵, x 在 β 下的坐标即为 y. 因此在 y 坐标系下, S 的方程为 $\lambda_1 y_1^2 + \lambda_2 y_2^2 + \cdots + \lambda_n y_n^2 = 0$.

将标准坐标系和 y 坐标系下 $\mathbb{R}^n$ 的标准内积分别记为 $(\cdot, \cdot)_1$ 和 $(\cdot, \cdot)_2$, 那么正交线性替换保持内积不变, 即有

性质 6.1.1 对于任意 $x, x' \in \mathbb{R}^n$, 有 $(x, x')_1 = (x, x')_2$.

证明 设 x, x' 在基 β 下的坐标分别为 y, y', 即 $x = Uy$, $x' = Uy'$, 那么有

$$(x, x')_1 = x^{\mathrm{T}} x' = y^{\mathrm{T}} U^{\mathrm{T}} U y' = y^{\mathrm{T}} y' = (x, x')_2. \qquad \square$$

由性质 6.1.1, 正交线性替换 $\varphi : \mathbb{R}^n \to \mathbb{R}^n$, $x = Uy \mapsto y$ 保持向量的内积、长度以及夹角不变. 因此 φ 在保持几何体形状不变的前提下, 建立了像与原像坐标之间的联系. 这是使用正交线性替换的几何意义.

空间解析几何中常用正交线性替换来写出二次曲面 (线) 的标准方程, 进而判别曲面 (线) 的形状.

例 6.1.6 设欧氏平面上一条二次曲线的方程为

$$2x^2 + 2xy + 2y^2 = 3. \tag{6.2}$$

求该二次曲线的标准方程 (即将等式左边的二次型通过正交线性替换变为标准形).

解 由例 6.1.5 知, 在正交线性替换 $\begin{pmatrix} x \\ y \end{pmatrix} = \begin{pmatrix} -\dfrac{1}{\sqrt{2}} & \dfrac{1}{\sqrt{2}} \\ \dfrac{1}{\sqrt{2}} & \dfrac{1}{\sqrt{2}} \end{pmatrix} \begin{pmatrix} x' \\ y' \end{pmatrix}$ 之下, (6.2) 式

左边化为标准形 $x'^2 + 3y'^2$. 因此在 $x'Oy'$ 坐标系下该二次曲线的方程为 $\dfrac{x'^2}{3} + y'^2 = 1$. 此为椭圆的标准方程, 故 (6.2) 式定义的曲线为椭圆. $\square$

这就是以坐标原点为中心的二次曲线经过适当正交线性替换化为标准形的例子. 这个例子说明, 二次型所对应矩阵的特征值与其确定的有心对称几何体轴的长度直接相关.

习题 6.1

1. 将下列实二次型化为对角形, 并写出所用的非退化线性替换:

(i) $f(x_1, x_2, x_3) = x_1^2 + 2x_1x_2 + 2x_2^2 + 4x_2x_3 + x_3^2$;

(ii) $f(x_1, x_2, x_3) = -2x_1x_2 + 2x_1x_3 + 2x_2x_3$;

(iii) $f(x_1, x_2, x_3) = 2x_1^2 - 4x_1x_2 + x_2^2 - 4x_2x_3$.

2. 设矩阵 $A = \begin{pmatrix} a_{11} & a_{12} & \cdots & a_{1n} \\ a_{21} & a_{22} & \cdots & a_{2n} \\ \vdots & \vdots & & \vdots \\ a_{n1} & a_{n2} & \cdots & a_{nn} \end{pmatrix}$, 求二次型 $f(x) = x^{\mathrm{T}} A x$ 的矩阵.

3. 证明: 对任意域 F 及其上的两个 n 阶对称方阵 A, B, 若有两个二次型 $f(x) = x^{\mathrm{T}} A x$, $g(x) = x^{\mathrm{T}} B x$, 当对任意 $x \in F^n$, 都有 $f(x) = g(x)$ 时, 那么 $A = B$.

4. 求第 1 题中二次型的规范型 (实的与复的).

5. 取定任意正整数 n, 证明: I_n 与 $-I_n$ 在复数域上合同, 但在实数域上不合同.

6. 如果把 n 阶实对称矩阵按合同关系分类 (即两个 n 阶实对称矩阵属于同一类, 当且仅当它们是合同的), 问共有几类?

7. 已知二次曲面方程 $x^2 + ay^2 + z^2 + 2bxy + 2xz + 2yz = 4$ 可经过正交线性替换

$$\begin{pmatrix} x \\ y \\ z \end{pmatrix} = P \begin{pmatrix} x_1 \\ y_1 \\ z_1 \end{pmatrix}$$

化为椭圆柱面方程 $y_1^2 + 4z_1^2 = 4$, 试求 a, b 的值和正交矩阵 P.

8. 设 S 是 n 阶实对称方阵, 求证: 定义在 $\mathbb{R}^{n \times 1}$ 的子集 $U = \{x \in \mathbb{R}^{n \times 1} \mid |x| = 1\}$ 上的函数 $f(x) = x^{\mathrm{T}} S x$ 的最大值和取小值分别是 S 的最大和最小的特征值.

9. 用正交矩阵化下列二次型为标准形:

(i) $Q(x_1, x_2, x_3) = 2x_1^2 + x_2^2 - 4x_1 x_2 - 4x_2 x_3$;

(ii) $Q(x_1, x_2, x_3) = 3x_1^2 + 4x_1 x_2 + 8x_1 x_3 + 4x_2 x_3 + 3x_3^2$;

(iii) $Q(x_1, x_2, x_3) = 4x_1^2 + x_2^2 + 9x_3^2 - 2x_1 x_2 - 4x_1 x_3 + 2x_2 x_3$;

(iv) $Q(x_1, x_2, x_3) = x_1 x_2 + x_1 x_3 + x_2 x_3$.

10. 在建立了直角坐标系的三维几何空间中, 如下的方程表示什么图形?

(i) $x^2 + y^2 + z^2 - 4xy - 6xz + 8yz = 12$;

(ii) $4x^2 + y^2 + 9z^2 - 2xy - 4xz + 2yz = 12$;

(iii) $xy + yz + zx = 5$.

6.2　二次型与自伴变换的正定性

由定义可知, 对欧氏空间 V 中任意非零向量 v, 内积 $(v, v) > 0$, 即内积给出了一个二次型, 使其在任意非零向量上的值是正数. 这种性质称为**正定性**. 本节将主要研究这类性质, 并将在最后指出具有正定性的二次型反过来也决定了一个内积.

(一) 欧氏空间与实二次型

设 $\mathfrak{q}$ 是 n 维欧氏空间 V 上的二次型, 在 V 的一组标准正交基 $\alpha = \{\alpha_1, \alpha_2, \cdots, \alpha_n\}$ 下的矩阵为 A, 从而 A 是实对称矩阵, 那么

$$\mathfrak{q}(v) = x^{\mathrm{T}} A x, \quad \text{其中 } x = [v]_\alpha \in \mathbb{R}^n.$$

定义 V 上线性变换 φ 使得 $[\varphi]_\alpha = A$, 即

$$\varphi(\alpha_1, \ \alpha_2, \ \cdots, \ \alpha_n) = (\alpha_1 \ \alpha_2 \ \cdots \ \alpha_n) A.$$

那么 φ 是一个自伴变换, 即 $\varphi = \varphi^*$, 且此时有

$$(\varphi(v), v) = x^{\mathrm{T}} A x = \mathfrak{q}(v).$$

定义 6.2.1　设 $\mathfrak{q}$, A 和 φ 如上所述. 若对任意非零向量 $v \in V$, 有

$$\mathfrak{q}(v) = (\varphi(v), v) \geqslant 0 \quad (\leqslant 0),$$

也等价于对任意非零向量 $x \in \mathbb{R}^n$, 有

$$x^{\mathrm{T}} A x \geqslant 0 \quad (\leqslant 0),$$

则称实二次型 $\mathfrak{q}$、自伴变换 φ 和实对称矩阵 A 是**半正定的** (**半负定的**); 若上面两式中不等号严格成立, 则称实二次型 $\mathfrak{q}$、自伴变换 φ 和实对称矩阵 A 是**正定的** (**负定的**); 若它们既非半正定的也非半负定的, 则称其为**不定的**.

　　显然 $\mathfrak{q}$, φ 和 A 是 (半) 负定的当且仅当 $-\mathfrak{q}$, $-\varphi$ 和 $-A$ 是 (半) 正定的. 因此我们只需讨论 (半) 正定的情况, (半) 负定的情况类似可得.

　　设 A 为 n 阶方阵. 对 $k = 1, 2, \cdots, n$, 将 A 的前 k 行与前 k 列交叉位置元素构成的矩阵称作 A 的 k **阶顺序主子阵**并记为 A_k, 即有分块形式

$$A = \begin{pmatrix} A_k & * \\ * & * \end{pmatrix}, \tag{6.3}$$

其中 A_k 为 k 阶方阵. 称行列式 $|A_k|$ 为 A 的 k **阶顺序主子式**.

　　由实二次型与实对称矩阵的对应关系, 以及上述顺序主子式的概念, 我们有如下关于实二次型和实对称矩阵正定性的等价刻画.

定理 6.2.1　设 A 为 n 阶实对称矩阵, 那么下面的陈述等价:

(i) $\mathbb{R}^n$ 上的实二次型 $f(x) = x^{\mathrm{T}} A x$ 正定, 即实对称矩阵 A 正定;

(ii) 上述 f 的正惯性指数等于 n;

(iii) A 的所有特征值均为正数;

(iv) A 与单位矩阵合同;

(v) 存在 n 阶可逆实矩阵 B, 使得 $A = B^{\mathrm{T}} B$;

(vi) A 的 k 阶顺序主子式为正数, $k = 1, 2, \cdots, n$.

证明　(i) $\Rightarrow$ (ii). 设 M 为可逆矩阵, 使得 $M^{\mathrm{T}} A M = \mathrm{diag}\{d_1, d_2, \cdots, d_n\}$. 若存在 $d_i < 0$, 则对 $x = M e_i$ 有

$$x^{\mathrm{T}} A x = e_i^{\mathrm{T}} M^{\mathrm{T}} A M e_i = d_i < 0,$$

与 A 正定矛盾. 因此 $d_i > 0$, $i = 1, 2, \cdots, n$, 即 A 的正惯性指数为 n.

(ii) $\Rightarrow$ (iii). 设 $\lambda_1, \lambda_2, \cdots, \lambda_n \in \mathbb{R}$ 是 A 的所有特征值, 那么存在正交矩阵 U 使得

$$U^{\mathrm{T}} A U = \mathrm{diag}\{\lambda_1, \lambda_2, \cdots, \lambda_n\}. \tag{6.4}$$

由 f 正惯性指数为 n 可得 $\lambda_i > 0$, $i = 1, 2, \cdots, n$.

(iii) $\Rightarrow$ (iv). 设 (6.4) 式中 λ_i 均为正数, 令 $D = \mathrm{diag}\{1/\sqrt{\lambda_1}, 1/\sqrt{\lambda_2}, \cdots, 1/\sqrt{\lambda_n}\}$, 那么显然

$$(UD)^{\mathrm{T}} A U D = D^{\mathrm{T}} U^{\mathrm{T}} A U D = I_n,$$

因此 A 与 I_n 合同.

(iv) $\Rightarrow$ (v). 若 $M^{\mathrm{T}} A M = I_n$, 则 $A = B^{\mathrm{T}} B$, 其中 $B = M^{-1}$.

(v) $\Rightarrow$ (i). 若 $A = B^{T} B$, 其中 B 可逆, 则对任意非零向量 $x \in \mathbb{R}^n$, 有 $Bx \neq \mathbf{0}$, 从而

$$f(x) = x^{\mathrm{T}} A x = x^{\mathrm{T}} B^{\mathrm{T}} B x = (Bx)^{\mathrm{T}} B x \neq 0,$$

即 f 正定.

(i) $\Rightarrow$ (vi). 对任意非零向量 $x \in \mathbb{R}^k$, 由 (6.3) 式有

$$0 < (x^{\mathrm{T}} \quad \mathbf{0}^{\mathrm{T}}) \begin{pmatrix} A_k & * \\ * & * \end{pmatrix} \begin{pmatrix} x \\ \mathbf{0} \end{pmatrix} = x^{\mathrm{T}} A_k x,$$

这里 $\mathbf{0}$ 代表 $\mathbb{R}^{n-k}$ 中的零向量. 因此 A_k 正定. 那么由 (i) $\Rightarrow$ (iii) 知 A_k 的特征值均为正数, 因此 $|A_k| > 0$.

(vi) $\Rightarrow$ (i). 对 n 作归纳. 当 $n = 1$ 时结论显然. 设结论对 $n-1$ 成立, 并假设 A 为顺序主子式均为正数的 n 阶实对称矩阵. 那么由归纳假设, A_{n-1} 正定. 特别地, 由上面已经证明的等价性知 A_{n-1} 可逆. 记

$$A = \begin{pmatrix} A_{n-1} & b \\ b^{\mathrm{T}} & d \end{pmatrix}, \quad b \in \mathbb{R}^{n-1}, \ d \in \mathbb{R},$$

那么不难得到

$$A = \begin{pmatrix} I_{n-1} & \mathbf{0} \\ b^{\mathrm{T}} A_{n-1}^{-1} & 1 \end{pmatrix} \begin{pmatrix} A_{n-1} & \mathbf{0} \\ \mathbf{0}^{\mathrm{T}} & d - b^{\mathrm{T}} A_{n-1}^{-1} b \end{pmatrix} \begin{pmatrix} I_{n-1} & A_{n-1}^{-1} b \\ \mathbf{0}^{\mathrm{T}} & 1 \end{pmatrix}.$$

记 $d' = d - b^{\mathrm{T}} A_{n-1}^{-1} b$, 那么 $|A| = |A_n| = |A_{n-1}| d'$, 因此 $d' > 0$. 要证明 A 正定, 只需证明 $\begin{pmatrix} A_{n-1} & \\ & d' \end{pmatrix}$ 正定. 对任意非零向量 $x = \begin{pmatrix} y \\ z \end{pmatrix} \in \mathbb{R}^n$, 其中 $y \in \mathbb{R}^{n-1}$, $z \in \mathbb{R}$, 必有 $y \neq \mathbf{0}$ 或 $z \neq 0$, 因此总有

$$x^{\mathrm{T}} \begin{pmatrix} A_{n-1} & \\ & d' \end{pmatrix} x = y^{\mathrm{T}} A_{n-1} y + d' z^2 > 0.$$

因此 A 正定, 由归纳法即得结论. □

推论 6.2.1 n 阶实对称矩阵 A 负定当且仅当 A 的 k 阶顺序主子式 $|A_k|$ 的符号为 $(-1)^k$, $k = 1, 2, \cdots, n$.

例 6.2.1 判断

$$A = \begin{pmatrix} 3 & 0 & 3 \\ 0 & 1 & -2 \\ 3 & -2 & 8 \end{pmatrix}$$

是否为正定矩阵.

解 由于 $|A_1| = 3 > 0$, $|A_2| = \begin{vmatrix} 3 & 0 \\ 0 & 1 \end{vmatrix} = 3 > 0$, $|A_3| = |A| = 3 > 0$, 故 A 为正定矩阵. □

读者可以自行证明以下关于半正定性的定理:

定理 6.2.2 设 A 为 n 阶实对称矩阵, $r = r(A)$, 那么下面的陈述等价:

(i) $\mathbb{R}^n$ 上的实二次型 $f(x) = x^{\mathrm{T}} A x$ 半正定, 即 A 半正定;

(ii) 上述 f 的正惯性指数为 r, 负惯性指数为 0;

(iii) A 的所有特征值均非负;

(iv) A 与 $\begin{pmatrix} I_r & O \\ O & O \end{pmatrix}_{n \times n}$ 合同;

(v) 存在秩为 r 的 n 阶实矩阵 B, 使得 $A = B^{\mathrm{T}} B$.

(二) 酉空间与酉二次型

类似地, 我们可以考虑酉空间. 设 V 是 n 维酉空间, φ 是 V 上的自伴变换, 在 V 的一组标准正交基 α 下的矩阵为 A, 那么 A 是 Hermite 矩阵, 即 $A = A^{\mathrm{H}}$. 此时有

$$(\varphi(v), v) = x^{\mathrm{H}} A^{\mathrm{H}} \bar{x} = x^{\mathrm{H}} A x, \quad \text{其中 } x = [v]_\alpha \in \mathbb{C}^n.$$

由 φ 自伴可知

$$(\varphi(v), v) = (v, \varphi(v)) = \overline{(\varphi(v), v)},$$

从而上式定义了 V 上的一个实值函数. 事实上若将 V 视作 $2n$ 维实线性空间, 则此函数是一个实二次型.

定义 6.2.2 (i) 设 φ 是 n 维酉空间 V 上的自伴变换, 在一组标准正交基下的矩阵为 A, 称 V 上实值函数 $\mathfrak{q}(v) = (\varphi(v), v)$ 为一个**酉二次型**;

(ii) 若对任意非零向量 $v \in V$, 有

$$\mathfrak{q}(v) = (\varphi(v), v) \geqslant 0 \quad (\leqslant 0),$$

也等价于对任意非零向量 $x \in \mathbb{C}^n$, 有

$$x^{\mathrm{H}} A x \geqslant 0 \quad (\leqslant 0),$$

则称酉二次型 q, 自伴变换 φ 和 Hermite 矩阵 A 是**半正定的** (**半负定的**); 若上面两式中不等号严格成立, 则称酉二次型 q, 自伴变换 φ 和 Hermite 矩阵 A 是**正定的** (**负定的**); 若它们既非半正定的也非半负定的, 则称其是**不定的**.

同样我们将只需要讨论 (半) 正定情形, 对 (半) 负定情形的讨论类似. 由于本书中未讨论 Hermite 矩阵和酉二次型的 Sylvester 惯性定理 (见习题 6.2 第 29 题), 定理 6.2.1 中的 (ii) 对 Hermite 矩阵和酉二次型亦不讨论, 但其余各条性质的等价性对 Hermite 矩阵和酉二次型均成立, 即我们有如下定理:

定理 6.2.3 设 A 为 n 阶 Hermite 矩阵, 那么下面的陈述等价:

(i') $\mathbb{C}^n$ 上的酉二次型 $f(x) = x^{\mathrm{H}} A x$ 正定, 即 Hermite 矩阵 A 正定;

(iii') A 的所有特征值均为正数;

(iv') A 与单位矩阵 Hermite 合同, 即存在可逆复矩阵 M, 使得 $M^{\mathrm{H}} A M = I_n$;

(v') 存在 n 阶可逆复矩阵 B, 使得 $A = B^{\mathrm{H}} B$;

(vi') A 的所有 k 阶顺序主子式均为正数, $k = 1, 2, \cdots, n$.

证明 (i') $\Rightarrow$ (iii'). 设 $\lambda_1, \lambda_2, \cdots, \lambda_n \in \mathbb{R}$ 是 A 的所有特征值, 那么存在酉线性替换 $x = Uy$, 使得

$$f(x) = \lambda_1 |y_1|^2 + \lambda_2 |y_2|^2 + \cdots + \lambda_n |y_n|^2, \quad \text{其中 } y = (y_1, y_2, \cdots, y_n)^{\mathrm{T}}.$$

若存在 $\lambda_i \leqslant 0$, 则 $f(Ue_i) = \lambda_i \leqslant 0$, 矛盾. 因此 $\lambda_i > 0$, $i = 1, 2, \cdots, n$.

余下的证明均与定理 6.2.1 的证明类似. □

推论 6.2.2 n 阶 Hermite 矩阵 A 负定当且仅当 A 的 k 阶顺序主子式 $|A_k|$ 的符号为 $(-1)^k$, $k = 1, 2, \cdots, n$.

与定理 6.2.2 类似, 我们有

定理 6.2.4 设 A 为 n 阶 Hermite 矩阵, $r = r(A)$, 那么下面的陈述等价:

(i') $\mathbb{C}^n$ 上的酉二次型 $f(x) = x^{\mathrm{H}} A x$ 半正定, 即 A 半正定;

(iii') A 的所有特征值均非负;

(iv') A 与 $\begin{pmatrix} I_r & O \\ O & O \end{pmatrix}_{n \times n}$ 是 Hermite 合同的;

(v') 存在秩为 r 的 n 阶复矩阵 B, 使得 $A = B^{\mathrm{H}} B$.

由前面二次型和自伴变换 (半) 正定性的对应关系, 根据本节关于二次型和酉二次型的定理, 我们得到关于自伴变换的推论如下:

推论 6.2.3 对有限维内积空间 V 上的自伴变换 φ, 下面的陈述等价:

(i) φ 是正定 (半正定) 变换;

(ii) φ 的所有特征值均是正的 (非负的);

(iii) 存在 V 上 (可逆) 线性变换 ψ, 使得 $\varphi = \psi^* \psi$.

证明 设 φ 在 V 的一组标准正交基下的矩阵为 A, 那么 φ 的特征值即为 Hermite 矩阵 A 的特征值, 并且存在 V 上的 (可逆) 线性变换 ψ, 使得 $\varphi = \psi^* \psi$ 当且仅当存在 (可逆) 矩阵 B 使得 $A = B^{\mathrm{H}} B$. 那么由关于二次型的定理 6.2.1 和 6.2.2 以及关于酉二次型的定理 6.2.3 和 6.2.4 即得结论. $\qquad\square$

最后我们指出, 正定性即是内积的一种等价刻画, 即

命题 6.2.1 一个 n 阶实对称 (Hermite) 矩阵 A 是正定的当且仅当 A 是某个 n 维欧氏空间 (酉空间) 的内积在一组标准正交基下的度量矩阵.

证明 充分性在本节开始已由内积的正定性给出.

必要性. 设 A 是 n 阶正定实对称 (Hermite) 矩阵, 定义 $\mathbb{R}^n$ 或 $\mathbb{C}^n$ 上的二元函数 $f(x, y) = x^{\mathrm{T}} A \bar{y}$, 那么容易验证 f 是内积且在标准正交基 $e_1, e_2, \cdots, e_n$ 下的度量矩阵即为 A. $\qquad\square$

习题 6.2

1. (i) 判断习题 6.1 第 1 题中的二次型是否正定并说明理由;

(ii) 假设二次型 $f(x_1, x_2, x_3) = 2x_1^2 + 3x_2^2 + 3x_3^2 + 2ax_2x_3$ $(a > 0)$ 可通过正交线性替换化为标准形 $y_1^2 + 2y_2^2 + 5y_3^2$, 求参数 a 以及所用的正交线性替换.

2. 已知 Hermite 矩阵 $A = (a_{ij})_{n \times n}$ 是正定的, 求证 $a_{ii} > 0$, $i = 1, 2, \cdots, n$.

3. 设有复矩阵 $A_{m \times n}$, 证明: $A^{\mathrm{H}} A$ 为正定矩阵当且仅当 $r(A) = n$.

4. 试问当 $t \in \mathbb{R}$ 取何值时下列二次型正定?

(i) $x_1^2 + x_2^2 + x_3^2 + 2x_1x_2 + 2tx_2x_3$;

(ii) $t(x_1^2 + x_2^2 + x_3^2) + 2x_1x_2 - 2x_2x_3 + 2x_1x_3 + x_4^2$.

5. 设 A, B 是 n 阶实对称矩阵, 证明:

(i) 当实数 t 充分大时, $tI_n + A$ 正定;

(ii) 若 A, B 正定, 则 $A + B$ 正定.

6. 设 $A = (a_{ij})_{n \times n}$ 是一个实矩阵, 且对任意的 $1 \leqslant i \leqslant n$, 有 $2a_{ii} > \sum\limits_{j=1}^{n} |a_{ij}|$ (称这样的矩阵为绝对对角占优矩阵). 证明:

(i) $|A| > 0$;

(ii) 如果 A 对称, 则 A 正定.

7. 设 $A_{n \times n}$ 是一个实对称矩阵且 $|A| < 0$, 证明: 必存在非零向量 $v \in \mathbb{R}^n$, 使得 $v^{\mathrm{T}} A v < 0$.

8. 证明: n 阶方阵 A 半正定的充要条件是对任意的实数 $a > 0$, 有 $B = aI_n + A$ 正定.

9. 证明: n 阶方阵 A 正定的充要条件是存在实数 $a < 0$, 使得 $B = aI_n + A$ 正定.

10. 设 A 是一个可逆矩阵, 证明: A 正定当且仅当 A^{-1} 正定, 当且仅当 A^* 正定.

11. 设 A 是一个 n 阶正定实矩阵, $B = \begin{pmatrix} A & v \\ v^{\mathrm{T}} & a \end{pmatrix}$, 其中 $a \in \mathbb{R}$, v 是 n 维列向量.

证明:

(i) B 正定当且仅当 $a - v^{\mathrm{T}} A^{-1} v > 0$;

(ii) B 半正定当且仅当 $a - v^{\mathrm{T}} A^{-1} v \geqslant 0$.

12. 设 A 是一个 Hermite 矩阵, B 是一个 Hermite 半正定矩阵. 证明: AB 的特征值全为实数.

13. 设 A 是一个 n 阶 Hermite 矩阵, 其最小与最大特征值分别为 a, b. 证明: 对任意的向量 $x \in \mathbb{C}^n$, 有 $ax^{\mathrm{H}} x \leqslant x^{\mathrm{H}} A x \leqslant b x^{\mathrm{H}} x$.

14. 设 $f(x) = x^{\mathrm{H}} A X$ 是一个酉二次型. 若有 n 元向量 x_1 与 x_2, 使得

$$x_1^{\mathrm{H}} A x_1 > 0, \quad x_2^{\mathrm{H}} A x_2 < 0.$$

求证: 必存在复 n 元向量 $x_0 \neq 0$, 使得 $x_0^{\mathrm{T}} A x_0 = 0$.

15. 设分块矩阵 $A = \begin{pmatrix} A_{11} & A_{12} \\ A_{21} & A_{22} \end{pmatrix}$ 是一个正定矩阵, 其中 A_{11} 和 A_{22} 是方阵.

证明:

(i) 矩阵 A_{11}, A_{22}, $A_{22} - A_{21} A_{11}^{-1} A_{12}$ 都正定;

(ii) $|A| \leqslant |A_{11}| |A_{22}|$.

16. 设矩阵 A, B 均为正定矩阵, 证明: AB 是正定矩阵当且仅当矩阵 A 与 B 可交换.

17. 设 $A = (a_{ij})_{n \times n}$ 是一个实对称矩阵, 证明:

(i) 矩阵 A 正定当且仅当 A 的任意一个主子式都大于零;

(ii) 假设 A 正定, 对任意的 $i \neq j$, 有 $|a_{ij}| < \sqrt{a_{ii} a_{jj}}$;

(iii) 假设 A 正定, 那么 A 的所有元素中绝对值最大的元素一定在对角线上.

18. 设实二次型 $f(x_1, x_2, \cdots, x_n)$ 是半正定的且其秩为 r. 证明方程 $f(x_1, x_2, \cdots, x_n) = 0$ 的所有实数解所构成的集合 W 是 $\mathbb{R}^n$ 的一个子空间, 并求 W 的维数.

19. 证明: 一个实二次型可以分解成两个实系数一次齐次多项式的乘积的充要条件是它的秩为 2 且符号差为 0, 或者秩为 1.

20. 设 $f(x_1, x_2, \cdots, x_n) = l_1^2 + l_2^2 + \cdots + l_p^2 - l_{p+1}^2 - \cdots - l_{p+q}^2$, 其中 l_i ($i = 1, 2, \cdots, p + q$) 是 $x_1, x_2, \cdots, x_n$ 的实一次齐次多项式. 证明: $f(x_1, x_2, \cdots, x_n)$ 的正惯性指数 $\leqslant p$, 负惯性指数 $\leqslant q$.

21. 证明: 任一个可逆实矩阵可表示成一个正交矩阵和一个正定矩阵的乘积.

22. 设 A, B 是两个 n 阶实对称矩阵, 其中 A 是正定的. 证明: 存在可逆矩阵 P, 使得 $P^{\mathrm{T}}AP = I_n$ 且 $P^{\mathrm{T}}BP$ 是一个对角矩阵.

23. 设 A 是一个正定矩阵, B 是一个半正定矩阵. 证明: 如果 $A - B$ 半正定, 则 $|A| \geqslant |B|$.

提示: 利用上题结论.

24. 设 $A_1, A_2, \cdots, A_t$ 均为实对称矩阵. 证明: $A_1^2 + A_2^2 + \cdots + A_t^2 = O$ 当且仅当 $A_1 = A_2 = \cdots = A_t = O$.

25. 设 A 为 m 阶正定矩阵, B 为 $m \times n$ 实矩阵. 证明 $B^{\mathrm{T}}AB$ 正定的充要条件是 $r(B) = n$.

26. 已知实二次型 $f(x_1, x_2, x_3) = 5x_1^2 + 5x_2^2 + cx_3^2 - 2x_1x_2 + 6x_1x_3 - 6x_2x_3$ 的秩为 2.

(i) 求参数 c 及该二次型矩阵 A 的特征值;

(ii) 指出方程 $f(x_1, x_2, x_3) = 1$ 表示何种曲面.

27. 设 A 是 n 阶正定矩阵, $\alpha_1, \alpha_2, \cdots, \alpha_n$ 均为非零的 n 元实列向量, 且当 $i \neq j$ 时, $\alpha_i^{\mathrm{T}}A\alpha_j = 0$ $(i, j = 1, 2, \cdots, n)$. 求证: $\alpha_1, \alpha_2, \cdots, \alpha_n$ 线性无关.

28. 设 A 是一个 n 阶实对称矩阵. 证明: $r(A) = n$ 的充要条件为存在实对称矩阵 B 使得 $AB + BA$ 正定.

29. 对 Hermite 矩阵及其定义的酉二次型, 叙述并证明 Sylvester 惯性定理.

6.3　线性变换的极分解和奇异值分解

(一) 极分解

我们已经知道 n 维内积空间 V 上线性变换 φ 的伴随变换 φ^* 由如下等式定义:.

$$(\varphi(u), v) = (u, \varphi^*(v)), \quad \forall u, v \in V.$$

若 φ 在 V 的一组标准正交基 α 下的矩阵为 A, 则 φ^* 在 α 下的矩阵为 A^{H}. 若将 n 阶复方阵代数 $\mathbb{C}^{n \times n}$ 视作 $\mathbb{C}$ 的推广, 则共轭转置 A^{H} 和伴随变换 φ^* 可视作复共轭的推广, 从而复数域上的一些重要事实可以类比到 n 阶复方阵代数和线性变换代数上.

比如对实数 z, 有 $z = \bar{z}$, 这类似于自伴变换, 即满足 $\varphi = \varphi^*$ 的线性变换, 而正实数类似于正定变换. 再比如 $\mathbb{C}$ 的一个重要子集是单位圆, 即 $\{z \in \mathbb{C} \mid |z| = 1\}$, 而 $|z| = 1$ 等价于 $z\bar{z} = 1$. 由上述类比, 这相当于条件 $\varphi^*\varphi = \mathrm{id}_V$, 即 φ 是一个保距线性变换.

注意到对非零复数 $z \in \mathbb{C}^\times$, 有极坐标

$$z = r\mathrm{e}^{\mathrm{i}\theta} = \frac{z}{|z|}\sqrt{\bar{z}z},$$

其中因子 $r = |z| = \sqrt{\bar{z}z}$ 为正实数, $\mathrm{e}^{\mathrm{i}\theta} = \dfrac{z}{|z|}$ 是单位圆上的点. 那么我们是否可以将 $\sqrt{\bar{z}z}$ 类比于 $\sqrt{\varphi^*\varphi}$ 这样的形式? 这里 $\sqrt{\varPhi}$ 当理解为半正定线性变换 $\varPhi$ 的一个**平方根**, 即一个满足 $\phi^2 = \varPhi$ 的半正定线性变换 ϕ.

类比复数的极坐标, 我们猜测对有限维内积空间 V 上的一个线性变换 φ, 存在 V 上的保距线性变换 ψ 和半正定变换 ϕ, 使得 $\varphi = \psi\phi$. 注意到若有此分解, 则

$$\varphi^*\varphi = \phi^*\psi^*\psi\phi = \phi^*\phi = \phi^2, \tag{6.5}$$

即 ϕ 必然是半正定变换 $\varphi^*\varphi$ 的一个半正定平方根.

为此我们首先证明

命题 6.3.1 对有限维内积空间 V 上的自伴变换 φ, 下面的陈述等价:

(i) φ 是半正定 (正定) 变换;

(ii) φ 有半正定 (正定) 的平方根;

(iii) φ 有自伴 (自伴且可逆) 的平方根.

证明 由第三章中结论, 存在 V 的标准正交基 α, 使得 φ 在 α 下的矩阵是一个实对角矩阵

$$\mathrm{diag}\{\lambda_1, \lambda_2, \cdots, \lambda_n\}.$$

(i) $\Rightarrow$ (ii). 若 φ 半正定, 则 $\lambda_i \geqslant 0$, $i = 1, 2, \cdots, n$. 那么存在 V 上线性变换 ϕ, 使得 ϕ 在 α 下的矩阵为

$$\mathrm{diag}\{\sqrt{\lambda_1}, \sqrt{\lambda_2}, \cdots, \sqrt{\lambda_n}\}.$$

显然 ϕ 半正定且 $\phi^2 = \varphi$, 并且若 φ 正定, 则 ϕ 亦然.

(ii) $\Rightarrow$ (iii) 显然.

(iii) $\Rightarrow$ (i). 若 ϕ 自伴且 $\phi^2 = \varphi$, 那么由推论 6.2.3, $\varphi = \phi^2 = \phi^*\phi$ 是半正定的, 并且若 ϕ 可逆, 则 φ 正定. $\square$

事实上, 半正定变换的半正定平方根是唯一的.

命题 6.3.2 若 ϕ, ϕ' 是有限维内积空间 V 上的半正定变换且 $\phi^2 = \phi'^2$, 则 $\phi = \phi'$.

证明 记 $\varphi = \phi^2 = \phi'^2$, 由 ϕ 半正定知 ϕ 可对角化且有非负特征值, 那么 ϕ 关于特征值 $\lambda \geqslant 0$ 的特征子空间即为 φ 关于特征值 λ^2 的特征子空间. 对 ϕ' 作类似讨论可以看出, ϕ 和 ϕ' 可对角化且有相同的特征值和特征子空间, 因此 $\phi = \phi'$. $\square$

作为复数上极坐标的推广, 我们现在给出

定理 6.3.1 (线性变换的极分解)   设 V 是有限维内积空间, φ 是 V 上的线性变换, 那么有

(i) 存在 V 上的保距线性变换 ψ 和唯一的半正定变换 ϕ, 使得 $\varphi = \psi\phi$. 此时 ϕ 即为 $\varphi^*\varphi$ 唯一的半正定平方根;

(ii) 若 φ 可逆, 则 (i) 中分解唯一.

证明   (i) 由推论 6.2.3 或由定义直接验证可知 $\varphi^*\varphi$ 是半正定变换. 若 $\varphi = \psi\phi$, 其中 ψ 是保距线性变换, ϕ 是半正定变换, 则由 (6.5) 式和上述两个命题即知 ϕ 是 $\varphi^*\varphi$ 唯一的半正定平方根.

下面证明这种分解 $\varphi = \psi\phi$ 存在. 由 $\phi^2 = \varphi^*\varphi$, 对任意 $v \in V$, 有

$$|\phi(v)|^2 = (\phi(v), \phi(v)) = (v, \phi^2(v)) = (v, \varphi^*\varphi(v)) = (\varphi(v), \varphi(v)) = |\varphi(v)|^2. \tag{6.6}$$

定义映射

$$\psi_1 : \operatorname{Im}\phi \to \operatorname{Im}\varphi, \quad \phi(v) \mapsto \varphi(v), \quad \text{其中 } v \in V.$$

首先验证 ψ_1 是合理定义的. 若有 $u, v \in V$, 使得 $\phi(u) = \phi(v)$, 那么由 (6.6) 式有

$$|\varphi(u) - \varphi(v)| = |\varphi(u - v)| = |\phi(u - v)| = |\phi(u) - \phi(v)| = 0,$$

从而 $\varphi(u) = \varphi(v)$, 即 ψ_1 是合理定义的.

容易直接验证 ψ_1 是线性映射. 由 (6.6) 式可知 ψ_1 保长度从而是单射. 另一方面 (6.6) 式还表明 $\operatorname{Ker}\phi = \operatorname{Ker}\varphi$, 从而由维数定理有 $\dim\operatorname{Im}\phi = \dim\operatorname{Im}\varphi$. 因此 ψ_1 是保距同构.

由于 $\dim(\operatorname{Im}\phi)^\perp = \dim(\operatorname{Im}\varphi)^\perp$, 我们可任取一个保距同构 $\psi_2 : (\operatorname{Im}\phi)^\perp \to (\operatorname{Im}\varphi)^\perp$, 并定义线性映射

$$\psi = \psi_1 \oplus \psi_2 : V = \operatorname{Im}\phi \oplus (\operatorname{Im}\phi)^\perp \to V = \operatorname{Im}\varphi \oplus (\operatorname{Im}\varphi)^\perp.$$

那么显然 ψ 是保距线性变换, 并且由定义有

$$\psi\phi(v) = \psi_1(\phi(v)) = \varphi(v), \quad \forall v \in V,$$

即 $\psi\phi = \varphi$.

(ii) 若 φ 可逆, 则 (i) 中唯一的半正定变换 ϕ 亦可逆, 从而 $\psi = \varphi\phi^{-1}$. $\square$

注 6.3.1   需要指出, 对酉空间上线性变换 φ 的极分解 $\varphi = \psi\phi$, 其中 ψ 是保距线性变换, ϕ 是半正定变换, ψ 和 ϕ 都可酉相似对角化, 但未必有同时使其对角化的标准正交基.

作为定理 6.3.1 的直接推论我们可以得到

推论 6.3.1(矩阵的极分解)　设 A 为 n 阶实 (复) 方阵 A, 那么有

(i) 存在正交 (酉) 矩阵 U 和唯一的半正定实对称 (Hermite) 矩阵 B, 使得 $A = UB$. 此时 B 即为 $A^{\mathrm{H}}A$ 唯一的半正定平方根;

(ii) 若 A 可逆, 则 (i) 中分解唯一.

(二) 奇异值分解

设 n 维内积空间 V 上有线性变换 φ, 那么半正定变换 $\varphi^*\varphi$ 有非负实特征值 $\lambda_1, \lambda_2, \cdots, \lambda_n$. 令 $s_i = \sqrt{\lambda_i}$, $i = 1, 2, \cdots, n$, 称为 φ 的**奇异值**. 若 $\lambda = \lambda_i$ 是 $\varphi^*\varphi$ 的一个特征值, 则其特征子空间的维数称为奇异值 $s = s_i$ 的**重数**. 由于 $\varphi^*\varphi$ 可对角化, φ 的奇异值重数之和为 n.

定理 6.3.2 (奇异值分解)　设 n 维内积空间 V 上的线性变换 φ 有奇异值 $s_1, s_2, \cdots, s_n$, 那么存在 V 的标准正交基 $\xi_1, \xi_2, \cdots, \xi_n$ 和 $\eta_1, \eta_2, \cdots, \eta_n$ 使得

$$\varphi(\xi_1, \ \xi_2, \ \cdots, \ \xi_n) = (\eta_1 \ \eta_2 \ \cdots \ \eta_n) \begin{pmatrix} s_1 & & & \\ & s_2 & & \\ & & \ddots & \\ & & & s_n \end{pmatrix},$$

即 $\varphi(\xi_i) = s_i \eta_i$, $i = 1, 2, \cdots, n$. 此时有

$$\varphi(v) = (v, \xi_1)s_1\eta_1 + (v, \xi_2)s_2\eta_2 + \cdots + (v, \xi_n)s_n\eta_n, \quad \forall v \in V.$$

证明　作极分解 $\varphi = \psi\phi$, 其中 ψ 为保距线性变换, ϕ 为 $\varphi^*\varphi$ 的半正定平方根. 那么 ϕ 的特征值即为 $s_1, s_2, \cdots, s_n$, 且存在 V 的标准正交基 $\xi_1, \xi_2, \cdots, \xi_n$, 使得 ξ_i 是 ϕ 关于 s_i 的特征向量, $i = 1, 2, \cdots, n$.

令 $\eta_i = \psi(\xi_i)$, $i = 1, 2, \cdots, n$. 由于 ψ 是保距线性变换, 因此 $\eta_1, \eta_2, \cdots, \eta_n$ 亦是 V 的标准正交基, 且由定义

$$\varphi(\xi_i) = \psi(\phi(\xi_i)) = \psi(s_i\xi_i) = s_i\eta_i, \quad i = 1, 2, \cdots, n.$$

由于

$$v = (v, \xi_1)\xi_1 + (v, \xi_2)\xi_2 + \cdots + (v, \xi_n)\xi_n, \quad \forall v \in V,$$

以 φ 作用即得定理最后一个等式.　　　　　　　　　　　　　　　　　　$\square$

作为内积空间上线性映射奇异值分解的直接推论, 读者可以证明矩阵的奇异值分解:

推论 6.3.2 对 n 阶实 (复) 矩阵 A, 存在正交 (酉) 矩阵 P, Q, 使得

$$A = Q \begin{pmatrix} s_1 & & & \\ & s_2 & & \\ & & \ddots & \\ & & & s_n \end{pmatrix} P^{\mathrm{H}},$$

其中 $s_1, s_2, \cdots, s_n$ 是半正定矩阵 $A^{\mathrm{H}}A$ 特征值的非负平方根.

进一步地, 内积空间 V 上线性变换的极分解和奇异值分解, 可以推广至不同内积空间之间的线性映射 $\varphi : V \to W$. 要完成这个工作, 首先需要将线性变换的伴随变换推广至线性映射 $\varphi : V \to W$ 的伴随映射 $\varphi^* : W \to V$, 然后才可陈述和证明线性映射版本的极分解定理和奇异值定理. 读者可参阅文献 [11] 中 367 页的定义及相关习题、定理 6.28、定理 6.26 和定理 6.27.

习题 6.3

下面的内积空间 V 均假设是有限维的.

1. 取定内积空间 V 中的元素 u, v, 其中 $u \neq \mathbf{0}$. 定义线性变换

$$\varphi : V \to V, \quad w \mapsto (w, u)v.$$

令 ϕ 是 $\varphi^* \varphi$ 的半正定平方根. 求证:

$$\phi(w) = \frac{|v|}{|u|}(w, u)u, \quad \forall w \in V.$$

2. 对 $F = \mathbb{R}$ 或 $\mathbb{C}$, 定义标准内积空间 F^3 上的线性变换

$$\varphi : F^3 \to F^3, \quad (z_1, z_2, z_3) \mapsto (z_3, 2z_1, 3z_2).$$

令 ϕ 是 $\varphi^* \varphi$ 的半正定平方根. 求一个 F^3 上的保距线性变换 ψ, 使得 $\varphi = \psi \phi$.

3. 证明: 若 φ 是内积空间 V 上的自伴变换, 则 φ 的奇异值等于 φ 的特征值的绝对值 (计算重数).

4. 证明或给出反例: 若 φ 是内积空间 V 上的线性变换, 则 φ^2 的奇异值等于 φ 的奇异值的平方.

5. 设 φ 是内积空间 V 上的线性变换, 证明: φ 是保距同构当且仅当 φ 的所有奇异值都等于 1.

6. 设 φ_1, φ_2 是内积空间 V 上的线性变换, 证明: φ_1, φ_2 有同样的奇异值当且仅当存在 V 上的保距同构 ψ, ψ', 使得 $\varphi_1 = \psi \varphi_2 \psi'$.

7. 设 V 上的自伴变换 φ 有如下奇异值分解:

$$\varphi(v) = s_1(v, \xi_1)\eta_1 + s_2(v, \xi_2)\eta_2 + \cdots + s_n(v, \xi_n)\eta_n, \quad \forall v \in V,$$

其中 $s_1, s_2, \cdots, s_n$ 是 φ 的所有奇异值, $\{\xi_1, \xi_2, \cdots, \xi_n\}$ 和 $\{\eta_1, \eta_2, \cdots, \eta_n\}$ 都是 V 的标准正交基. 求证:

(i) $\varphi^*(v) = s_1(v, \eta_1)\xi_1 + s_2(v, \eta_2)\xi_2 + \cdots + s_n(v, \eta_n)\xi_n, \forall v \in V$;

(ii) 若 φ 可逆, 则

$$\varphi^{-1}(v) = \frac{(v, \eta_1)\xi_1}{s_1} + \frac{(v, \eta_2)\xi_2}{s_2} + \cdots + \frac{(v, \eta_n)\xi_n}{s_n}, \quad \forall v \in V.$$

第七章

内积空间的推广与
辛空间

由上一章的讨论, 线性空间 V 上的双线性函数 f 可以看成欧氏空间上内积的推广. 类比双线性函数的性质和内积的性质, 可以得到欧氏空间的度量性质、正交性、正交基等概念的类似推广, 虽然一般情况下长度、角度等概念难以推广. 本章主要根据前一章的讨论, 给出线性空间在不同 (酉) 双线性函数下对内积空间概念的几类重要推广.

除特别说明, 本章中始终假设域 F 特征不为 2.

7.1　非退化双线性函数下的空间结构

定义 7.1.1　设 V 是域 F 上的线性空间, f 是 V 上的一个双线性函数, 表示为 (V, f).

(i) 若 f 是非退化的, 则称 (V, f) 是一个**双线性度量空间**;

(ii) 若 f 是非退化且对称的, 则称 (V, f) 是一个**正交空间**;

(iii) 若 (V, f) 是 $F = \mathbb{R}$ 上的正交空间, 则称 (V, f) 是一个**准欧氏空间**或**实正交空间**;

(iv) 若 f 是非退化且反对称的, 则称 (V, f) 是一个**辛空间**.

若 (V, f) 是准欧氏空间且满足 $f(v, v) \geqslant 0$, $\forall v \in V$, 其中等号成立当且仅当 $v = \mathbf{0}$, 则 f 成为 V 的一个内积, 此时 (V, f) 是一个欧氏空间.

我们有如下关系:

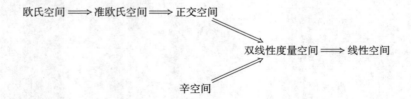

其中 "$X \Rightarrow Y$" 表示定义 X 一定满足定义 Y(后面亦如此).

作为类似欧氏空间的结构, 我们先来探讨正交空间. 事实上, 正交空间的许多基本性质与欧氏空间相仿. 设 (V, f) 是一个正交空间, 从而 f 是 V 上的非退化对称双线性函数. 若 $u, v \in V$ 满足 $f(u, v) = 0$, 则称 u 和 v 关于 f 是**正交**的.

由定理 5.5.1, 若 V 维数有限, 则存在一组基 $\alpha_1, \alpha_2, \cdots, \alpha_n$, 使得 f 的度量矩阵

$$A = (f(\alpha_i, \alpha_j))_{i, j = 1, 2, \cdots, n}$$

是对角矩阵. 而由定理 5.4.2, A 必为非退化的, 即 A 的对角元 $f(\alpha_i, \alpha_i)$, $i = 1, 2, \cdots, n$ 均非零. 综上所述, 对于基 $\alpha_1, \alpha_2, \cdots, \alpha_n$ 和 $i, j = 1, 2, \cdots, n$, 我们有

$$f(\alpha_i, \alpha_j) \begin{cases} \neq 0, & i = j, \\ = 0, & i \neq j. \end{cases}$$

称这样的基 $\alpha_1, \alpha_2, \cdots, \alpha_n$ 是 V 关于 f 的**正交基**.

显然欧氏空间中的正交基是一般正交空间中正交基的特例. 可以用类似欧氏空间中 Schmidt 正交化的方法来构造正交空间的正交基, 从而给出定理 5.5.1 的另一证明. 事实上, 对正交空间, 可以利用其正交基对空间的结构作类似于欧氏空间的研究.

定义 7.1.2 设 (V_1, f_1) 和 (V_2, f_2) 是域 F 上的正交空间, $\varphi : V_1 \to V_2$ 是线性映射. 若对任意 $u, v \in V_1$, 有 $f_2(\varphi(u), \varphi(v)) = f_1(u, v)$, 则称 $\varphi : V_1 \to V_2$ 是**正交映射**或**保距线性映射**. 当 $V_1 = V_2$ 且 $f_1 = f_2$ 时, 称正交映射 φ 是 V 上的**正交变换**或**保距线性变换**.

由定义可逐一验证如下与内积空间类似的性质:

命题 7.1.1 如下结论成立:

(i) 正交空间之间的正交映射必为单射;

(ii) 正交映射之积仍为正交映射;

(iii) 正交空间的恒等映射是正交变换;

(iv) 有限维正交空间上的正交变换必为同构;

(v) 有限维正交空间上正交变换的逆变换也是正交变换.

一般的正交空间与欧氏空间亦有明显的不同之处, 其中一点就是所谓迷向向量的存在性.

定义 7.1.3 设 f 是线性空间 V 上的非退化双线性函数. 若 V 中非零向量 v 满足 $f(v, v) = 0$, 则称 v 是 V 中关于 f 的**迷向向量**.

由定义以及 F 特征不为 2 的假定, 辛空间 (V, f) 中任意非零向量 v 都是迷向向量, 即总有 $f(v, v) = 0$. 这是双线性度量空间的一种极端情形.

另一种极端情形是整个空间中不存在任何迷向向量. 最典型的例子就是欧氏空间. 但一般的正交空间中, 可以存在一部分非零向量是迷向向量, 另一部分非零向量是非迷向的. 这也说明正交空间是欧氏空间的推广.

若双线性度量空间 (V, f)(未必是正交空间) 的子空间 W 满足 $f(u, v) = 0$, $\forall u, v \in W$, 则称 W 是 V 的**迷向子空间**.

例 7.1.1 设 $2n$ 维双线性度量空间 (V, f) 在某组基 $\alpha_1, \alpha_2, \cdots, \alpha_{2n}$ 下的度量

矩阵为

$$\begin{pmatrix} 0 & 1 & & & \\ 1 & 0 & 1 & & \\ & 1 & \ddots & \ddots & \\ & & \ddots & \ddots & 1 \\ & & & 1 & 0 \end{pmatrix},$$

那么 (V, f) 是正交空间且每个 α_i 都是迷向向量. 当 $|i - j| > 1$ 时, $\alpha_i + \alpha_j$ 是迷向向量, 但 $\alpha_i + \alpha_{i+1}$ 不是迷向向量.

事实上, 可以证明上述度量矩阵行列式非零, 即为非退化对称矩阵, 从而由定理 5.4.2 和命题 5.5.1, (V, f) 是正交空间. 显然 $f(\alpha_i, \alpha_i) = 0$, $i = 1, 2, \cdots, 2n$, 即 α_i 都是迷向的, 并且

$$f(\alpha_i + \alpha_j, \alpha_i + \alpha_j) = f(\alpha_i, \alpha_i) + f(\alpha_j, \alpha_j) + f(\alpha_i, \alpha_j) + f(\alpha_j, \alpha_i) = \begin{cases} 0, & |i - j| > 1, \\ 2, & |i - j| = 1. \end{cases}$$

例 7.1.1 中的正交空间 V 至少有 $2n$ 个一维迷向子空间. 当 $\dim V = 2$ 时, 称 V 是一个**双曲平面**. 此时 V 恰有两个一维的迷向子空间.

下面我们给出一个准欧氏空间的例子.

例 7.1.2　设实四维正交空间 (V, g) 在某组基 $\alpha_1, \alpha_2, \alpha_3, \alpha_4$ 下的度量矩阵为

$$\begin{pmatrix} 1 & & & \\ & 1 & & \\ & & 1 & \\ & & & -1 \end{pmatrix}.$$

该度量矩阵显然是非退化对称的, 实线性空间 V 是一个准欧氏空间, 但不是欧氏空间, 因为 $g(\alpha_4, \alpha_4) = -1 < 0$. 称 (V, g) 是一个 **Minkowski (闵可夫斯基) 空间**.

Minkowski 空间 (V, g) 是相对论中的一类重要空间, 其正交变换称为 **Lorentz (洛伦兹) 变换**, 其中的迷向向量称为**光向量**, 满足 $g(v, v) > 0$ 的向量 v 称为**空间向量**, 满足 $g(w, w) < 0$ 的向量 w 称为**时间向量**.

由前面的讨论, 辛空间是不同于欧氏空间的另一类极端情形的双线性度量空间. 辛空间有重要的理论意义, 我们将在下节专门讨论.

现在我们将酉空间内积的酉性质和双线性函数的想法结合, 并引入如下概念.

定义 7.1.4　设有复线性空间 V 和映射 $f : V \times V \to \mathbb{C}$.

(i) 若对任意 $u, v, w \in V$ 和 $a, b \in \mathbb{C}$, 有

$$f(au + bv, w) = af(u, w) + bf(v, w),$$

$$f(w, au + bv) = \bar{a}f(w, u) + \bar{b}f(w, v),$$

则称 f 是**酉双线性函数**;

(ii) 若 f 是酉双线性函数, 并且对任意非零向量 $u \in V$, 存在 $v \in V$ 使得 $f(u, v) \neq 0$, 则称 f 是**非退化的**, 称 (V, f) 是**酉双线性度量空间**;

(iii) 若 f 是酉双线性函数, $f(u, v) = \overline{f(v, u)}$, $\forall u, v \in V$, 则称 f 是**酉对称的**. 此时若 f 非退化, 则称 (V, f) 是**酉正交空间**或**准酉空间**;

(iv) 若 f 是酉双线性函数, $f(u, v) = -\overline{f(v, u)}$, $\forall u, v \in V$, 则称 f 是**酉反对称的**. 此时若 f 非退化, 则称 (V, f) 是**酉辛空间**.

由定义显然有如下关系:

类似从欧氏空间到正交空间的推广, 可以对这些酉空间的推广进行讨论, 其结论会有相仿和不同之处, 是酉空间理论的自然推广. 从方法论上来说都源于内积空间理论.

对酉双线性函数 f, 我们可以定义 $\mathsf{q}(v) = f(v, v)$, 就是 6.2 节定义的 V 到 $\mathbb{C}$ 的**酉二次型**.

下一节我们专门讨论辛空间. 平行地, 我们也可以考虑酉辛空间. 我们可以看到正交空间和辛空间的性质截然不同, 但酉正交空间和酉辛空间却并无本质上的区别, 见习题 7.1 第 3 题.

习题 7.1

1. 设 (V, f) 是 n 维准欧氏空间. 若 V 的一组基 $\alpha_1, \alpha_2, \cdots, \alpha_n$ 满足

$$f(\alpha_i, \alpha_i) = 1, 2, \quad i = 1, 2, \cdots, p,$$

$$f(\alpha_i, \alpha_i) = -1, \quad i = p+1, p+2, \cdots, n,$$

$$f(\alpha_i, \alpha_j) = 0, \quad i \neq j,$$

则称其为 V 的一组**准正交基**. 设 φ 是 V 上正交变换, 求证:

(i) 若 φ 的特征向量 v 是非迷向向量, 则其对应的特征值为 ± 1;

(ii) φ 在准正交基下的矩阵 A 满足

$$A^{\mathrm{T}} \begin{pmatrix} I_p & O \\ O & -I_{n-p} \end{pmatrix} A = \begin{pmatrix} I_p & O \\ O & -I_{n-p} \end{pmatrix}.$$

2. 证明 Minkowski 空间的如下性质:

(i) 任意两个时间向量都不可能互相正交;

(ii) 任意一个时间向量都不可能正交于一个光向量;

(iii) 两个光向量正交的充要条件是它们线性相关.

3. 设 (V, f) 是酉正交空间, 定义 $g : V \times V \to \mathbb{C}$, $g(u, v) = \mathrm{i} f(u, v)$. 证明 (V, g) 是酉辛空间.

4. 设 V 是复线性空间且 $\dim V \geqslant 2$, f 是 V 上的对称双线性函数. 求证:

(i) 存在 V 中非零向量 v, 使得 $f(v, v) = 0$;

(ii) 若 f 非退化, 则存在 V 中线性无关的向量 u, v, 使得 $f(u, u) = f(v, v) = 0$ 且 $f(u, v) = 1$.

5. 设 f 是线性空间 V 上的双线性函数, 且对 V 中任意向量 u, v, 有 $f(u, v) = 0$ 当且仅当 $f(v, u) = 0$. 求证: f 是对称或反对称双线性函数.

6. 设 f 是线性空间 V 上的双线性函数, 称 V 的子空间

$$\mathrm{Rad}_l f = \{ u \in V \mid f(u, v) = 0, \ \forall v \in V \}$$

为 f 的**左根**. 类似地, 称子空间

$$\mathrm{Rad}_r f = \{ v \in V \mid f(u, v) = 0, \ \forall u \in V \}$$

为 f 的**右根**. 证明下面的三个条件等价:

(i) f 的左根为零;

(ii) f 在 V 的任意一组基下的度量矩阵是可逆的;

(iii) f 的右根为零.

7.2 辛空间

本节中出现的辛空间均为有限维的.

设 (V, f) 是辛空间, f 是非退化反对称双线性函数. 由推论 5.6.2, V 必为偶数维的, 且存在辛正交基 $\alpha_1, \alpha_2, \cdots, \alpha_n, \alpha_{-1}, \alpha_{-2}, \cdots, \alpha_{-n}$, 使得 f 在该基下的度量矩阵为 (5.9) 式中的矩阵 J_{2n}.

反之显然有:

命题 7.2.1　域 F 上任意偶数维线性空间 V 上都存在非退化反对称双线性函数 f, 使得 (V, f) 成为辛空间.

证明　设 $\dim V = 2n$. 任取 V 的一组基 α 和 F 上任意一个 $2n$ 阶非退化反对称矩阵 A, 例如可取 $A = J_{2n}$. 定义

$$f : V \times V \to F, \quad f(u, v) = [u]_\alpha^{\mathrm{T}} A [v]_\alpha,$$

其中记号 $[v]_\alpha$ 代表 v 在 α 下的坐标, 那么容易验证 f 是非退化反对称双线性函数. □

定义 7.2.1　设 (V_1, f_1) 和 (V_2, f_2) 是域 F 上的辛空间, $\varphi : V_1 \to V_2$ 是线性映射.

(i) 若对任意 $u, v \in V_1$, 有 $f_2(\varphi(u), \varphi(v)) = f_1(u, v)$, 则称 $\varphi : V_1 \to V_2$ 是**辛映射**;

(ii) 若辛映射 φ 是线性同构, 则称 φ 是**辛同构**. 若 $V_1 = V_2$, $f_1 = f_2$, 则称辛同构 φ 是 (V_1, f_1) 上的**辛变换**.

下面的结论证明留作习题.

命题 7.2.2　设 (V_1, f_1) 和 (V_2, f_2) 是域 F 上的辛空间, $\varphi : V_1 \cong V_2$ 是线性同构. 证明下面的陈述等价:

(i) φ 是辛同构;

(ii) 若 $\alpha_1, \alpha_2, \cdots, \alpha_n, \alpha_{-1}, \alpha_{-2}, \cdots, \alpha_{-n}$ 是 (V_1, f_1) 的辛正交基, 则 $\varphi(\alpha_1), \varphi(\alpha_2), \cdots, \varphi(\alpha_n), \varphi(\alpha_{-1}), \varphi(\alpha_{-2}), \cdots, \varphi(\alpha_{-n})$ 是 (V_2, f_2) 的辛正交基.

命题 7.2.3　域 F 上的辛空间 (V_1, f_1) 和 (V_2, f_2) 是辛同构的当且仅当 $\dim V_1 = \dim V_2$.

证明　**充分性**. 由定义 7.2.1 即得.

必要性. 设 $\dim V_1 = \dim V_2 = 2n$, 取 (V_1, f_1) 的辛正交基 $\alpha_1, \alpha_2, \cdots, \alpha_n, \alpha_{-1}, \alpha_{-2}, \cdots, \alpha_{-n}$ 和 (V_2, f_2) 的辛正交基 $\alpha_1', \alpha_2', \cdots, \alpha_n', \alpha_{-1}', \alpha_{-2}', \cdots, \alpha_{-n}'$. 存在唯一的线性同构 $\varphi : V_1 \to V_2$ 满足 $\varphi(\alpha_i) = \alpha_i'$, $i = \pm 1, \pm 2, \cdots, \pm n$. 由命题 7.2.2 即知 φ 是辛同构. □

命题 7.2.4　(i) 辛同构的乘积和逆映射均为辛同构;

(ii) 辛变换的乘积和逆映射均为辛变换.

证明　由命题 7.2.2 即知. □

下面给出辛变换的矩阵刻画. 若域 F 上 $2n$ 阶方阵 M 满足 $M^{\mathrm{T}} J_{2n} M = J_{2n}$, 则称 M 是**辛方阵**. 记 $\mathrm{Sp}_{2n}(F)$ 为所有域 F 上 $2n$ 阶辛方阵之集. 不难证明 $\mathrm{Sp}_{2n}(F)$ 在矩阵乘法下构成一个群, 称为 F 上的 $2n$ 阶**辛群**.

命题 7.2.5　设 (V, f) 是辛空间, 那么 V 的自同构 φ 是辛变换当且仅当 φ 在 V 的辛正交基下的矩阵是辛方阵.

证明　设 $\alpha_1, \alpha_2, \cdots, \alpha_n, \alpha_{-1}, \alpha_{-2}, \cdots, \alpha_{-n}$ 是 V 的辛正交基, 从而 f 在该基下的度量矩阵为 J_{2n}. 设 φ 在该基下的矩阵为 M, 那么 f 在 $\varphi(\alpha_1), \varphi(\alpha_2), \cdots, \varphi(\alpha_n), \varphi(\alpha_{-1})$,

$\varphi(\alpha_{-2}), \cdots, \varphi(\alpha_{-n})$ 下的度量矩阵为 $M^{\mathrm{T}} J_{2n} M$. 那么由命题 7.2.2, φ 是辛变换当且仅当 $\varphi(\alpha_1), \varphi(\alpha_2), \cdots, \varphi(\alpha_n), \varphi(\alpha_{-1}), \varphi(\alpha_{-2}), \cdots, \varphi(\alpha_{-n})$ 是辛正交基, 当且仅当 $M^{\mathrm{T}} J_{2n} M = J_{2n}$. $\qquad\square$

设 $M = \begin{pmatrix} A & B \\ C & D \end{pmatrix}$, 其中 $A, B, C, D \in F^{n \times n}$, 那么

$$M^{\mathrm{T}} J_{2n} M = \begin{pmatrix} A^{\mathrm{T}} C - C^{\mathrm{T}} A & A^{\mathrm{T}} D - C^{\mathrm{T}} B \\ B^{\mathrm{T}} C - D^{\mathrm{T}} A & B^{\mathrm{T}} D - D^{\mathrm{T}} B \end{pmatrix} = J_{2n}$$

当且仅当 $A^{\mathrm{T}} C = C^{\mathrm{T}} A, B^{\mathrm{T}} D = D^{\mathrm{T}} B, A^{\mathrm{T}} D - C^{\mathrm{T}} B = I_n$.

注 7.2.1   特别地, 当 $n = 1$ 时, 我们得到 $\mathrm{Sp}_2(F) = \mathrm{SL}_2(F)$.

由上述计算我们有

定理 7.2.1   设 (V, f) 是辛空间, V 的自同构 φ 在 V 的一组辛正交基下的矩阵为 $\begin{pmatrix} A & B \\ C & D \end{pmatrix}$, 那么 φ 是辛变换当且仅当 $A^{\mathrm{T}} C$ 和 $B^{\mathrm{T}} D$ 是对称矩阵且 $A^{\mathrm{T}} D - C^{\mathrm{T}} B = I_n$.

定义 7.2.2   设 (V, f) 是辛空间.

(i) 若 $u, v \in V$ 满足 $f(u, v) = 0$, 则称 u, v 是**辛正交**的;

(ii) 设 W 是 V 的子空间, 令 $W^{\perp} = \{ u \in V \mid f(u, w) = 0, \forall w \in W \}$, 则 $W^{\perp}$ 是 V 的子空间, 称为 W 的**辛正交补空间**;

(iii) 若 $W \subseteq W^{\perp}$(等价于 $f(u, v) = 0, \forall u, v \in W$), 则称 W 是 (V, f) 的**迷向子空间**;

(iv) 若 $W = W^{\perp}$, 则称 W 是 (V, f) 的 **Lagrange 子空间**;

(v) 若子空间 W 满足 $W \cap W^{\perp} = \{\mathbf{0}\}$, 则称 W 是 (V, f) 的**辛子空间**.

根据定义, 辛子空间和 Lagrange 子空间是辛空间中两类极端情形的子空间. 下面我们说明辛空间的结构就是由这两类子空间决定的.

作为定理 5.4.3 的特殊情形, 我们有如下基本结果.

定理 7.2.2   设 (V, f) 是辛空间, W 是 V 的子空间, 那么

$$\dim V = \dim W + \dim W^{\perp}.$$

注 7.2.2   维数关系 $\dim V = \dim W^{\perp} + \dim W$ 并不蕴涵 $W \cap W^{\perp} = \{\mathbf{0}\}$, 即不一定有 $V = W \oplus W^{\perp}$, 除非 W 是 V 的辛子空间.

由此基本定理, 我们首先给出一些基本性质.

性质 7.2.1   设 W, U 是辛空间 (V, f) 的子空间, 那么有

(i) $(W^{\perp})^{\perp} = W$;

(ii) $U \subseteq W \Rightarrow W^{\perp} \subseteq U^{\perp}$;

(iii) 若 W 是 (V, f) 的辛子空间, 则 $V = W \oplus W^\perp$;

(iv) 若 W 是 (V, f) 的迷向子空间, 则 $\dim W \leqslant \frac{1}{2} \dim V$;

(v) 若 W 是 (V, f) 的 Lagrange 子空间, 则 $\dim W = \frac{1}{2} \dim V$.

证明   (i) 由 $W^\perp$ 的定义以及反对称性, $f(u, w) = 0$, $\forall u \in W^\perp, w \in W$. 这表明 $W \subseteq (W^\perp)^\perp$. 由定理 7.2.2, $\dim(W^\perp)^\perp = \dim V - \dim W^\perp = \dim W$, 因此 $(W^\perp)^\perp = W$.

(ii) 由定义直接即得.

(iii) 由辛子空间的定义和定理 7.2.2 即得.

(iv) 由 $W \subseteq W^\perp$ 得

$$\dim W \leqslant \dim W^\perp = \dim V - \dim W,$$

因此 $\dim W \leqslant \frac{1}{2} \dim V$.

(v) 由 $\dim W = \dim W^\perp$ 和定理 7.2.2 即得.   □

引理 7.2.1   设 W 是辛空间 (V, f) 的迷向子空间. 若 W 不是 V 的 Lagrange 子空间, 则存在 $\dim W + 1$ 维迷向子空间 $W_1 = W \oplus W_0$, 其中 W_0 是一维子空间且有基元 $\alpha \in W^\perp \setminus W$.

证明   任取 $\alpha \in W^\perp \setminus W$, 令 $W_0 = \operatorname{Span}\{\alpha\}$, $W_1 = W \oplus W_0$. 对 W_1 中任意向量 $w_1 + c_1\alpha, w_2 + c_2\alpha$, 其中 $w_1, w_2 \in W$, $c_1, c_2 \in F$, 我们有

$$f(w_1 + c_1\alpha, w_2 + c_2\alpha) = f(w_1, w_2) + c_1 f(\alpha, w_2) + c_2 f(w_1, \alpha) + c_1 c_2 f(\alpha, \alpha) = 0.$$

这说明 W_1 是 $\dim W + 1$ 维迷向子空间.   □

性质 7.2.2   设 W 是辛空间 (V, f) 的迷向子空间, 那么下列陈述等价:

(i) W 是 V 的 Lagrange 子空间;

(ii) $\dim W = \frac{1}{2} \dim V$;

(iii) W 是 V 的极大迷向子空间 (在集合包含关系下极大).

证明   (i) $\Rightarrow$ (ii). 由性质 7.2.1 (v) 即得.

(ii) $\Rightarrow$ (iii). 由性质 7.2.1 (iv) 即得.

(iii) $\Rightarrow$ (i). 若 W 不是 V 的 Lagrange 子空间, 则由引理 7.2.1, W 不是极大迷向子空间.   □

性质 7.2.3   若 W 是辛空间 (V, f) 的辛子空间, 则

(i) (W, f_W) 是辛空间, 其中 f_W 表示 f 在 $W \times W$ 上的限制;

(ii) $W^\perp$ 也是 (V, f) 的辛子空间.

证明   (i) 由性质 7.2.1, $V = W \oplus W^\perp$. 若 $w \in W$ 非零, 则存在 $v \in V$, 使得 $f(w, v) \neq 0$. 设 $v = w' + u$, 其中 $w' \in W$, $u \in W^\perp$, 那么 $f(w, v) = f(w, w') + f(w, u) = f(w, w')$, 故 $f(w, w') \neq 0$. 这表明 f_W 非退化.

(ii) 由 $(W^\perp)^\perp = W$ 可得 $W^\perp \cap (W^\perp)^\perp = W^\perp \cap W = \{\mathbf{0}\}$, 因此 $W^\perp$ 也是 (V, f) 的辛子空间. $\square$

由此性质可知, 辛子空间相当于欧氏空间中的欧氏子空间.

例 7.2.1   设辛空间 (V, f) 有辛正交基 $\alpha_1, \alpha_2, \cdots, \alpha_n, \alpha_{-1}, \alpha_{-2}, \cdots, \alpha_{-n}$. 对 $k = 1, 2, \cdots, n$, 令

$$X_k = \mathrm{Span}\{\alpha_1, \alpha_2, \cdots, \alpha_k\}, \quad Y_k = \mathrm{Span}\{\alpha_{-1}, \alpha_{-2}, \cdots, \alpha_{-k}\}.$$

(i) 由于 $f(\alpha_i, \alpha_j) = f(\alpha_{-i}, \alpha_{-j}) = 0$, $i, j = 1, 2, \cdots, k$, X_k 和 Y_k 都是 V 的迷向子空间.

(ii) 由 $\dim X_n = \dim Y_n = n$ 和性质 7.2.2 知, X_n 和 Y_n 都是 V 的 Lagrange 子空间.

(iii) 令 $V_k = X_k + Y_k$, 不难验证 $V_k^\perp = \mathrm{Span}\{\alpha_{k+1}, \cdots, \alpha_n, \alpha_{-k-1}, \cdots, \alpha_{-n}\}$. 因此 $V_k \cap V_k^\perp = \{\mathbf{0}\}$. 这说明 V_k 是 V 的辛子空间.

这个例子给出了辛空间在取定辛正交基后的一些辛子空间和 Lagrange 子空间. 实际上我们下面可以证明, 这种形式的 X_k, Y_k, X_n, Y_n, V_k 就是辛空间 (V, f) 所有的迷向子空间、Lagrange 子空间、辛子空间.

定理 7.2.3   若 W 是 $2n$ 维辛空间 (V, f) 的 Lagrange 子空间, $\alpha_1, \alpha_2, \cdots, \alpha_m$ 是 W 的一组基, 则 $m = n$ 且这组基可扩充为 (V, f) 的一组辛正交基 $\alpha_1, \alpha_2, \cdots, \alpha_n, \alpha_{-1}, \alpha_{-2}, \cdots, \alpha_{-n}$.

证明   由性质 7.2.1 (v) 有 $m = n$. 容易验证映射

$$\varphi : V \to W^*, \quad v \mapsto (f(\cdot, v) : W \to F, \ w \mapsto f(w, v), \ \forall w \in W)$$

是线性映射, 并且 $\mathrm{Ker}\, \varphi = W^\perp$. 由于 W 是 Lagrange 子空间, $W^\perp = W$. 那么由维数定理可知 φ 是满射. 设 $f_1, f_2, \cdots, f_n$ 是 $\alpha_1, \alpha_2, \cdots, \alpha_n$ 在 W^* 中的对偶基, 并取其在 φ 下的任意一组原像 $\alpha'_{-1}, \alpha'_{-2}, \cdots, \alpha'_{-n} \in V$, 那么容易验证 $\alpha_1, \alpha_2, \cdots, \alpha_n, \alpha'_{-1}, \alpha'_{-2}, \cdots, \alpha'_{-n}$ 线性无关, 从而是 V 的一组基. 由定义有

$$f(\alpha_i, \alpha'_{-j}) = (\varphi(\alpha'_{-j}))(\alpha_i) = f_j(\alpha_i) = \delta_{ij}, \quad i, j = 1, 2, \cdots, n.$$

为构造辛正交基, 还需利用 $\alpha'_{-1}, \alpha'_{-2}, \cdots, \alpha'_{-n}$ 构造向量组 $\alpha_{-1}, \alpha_{-2}, \cdots, \alpha_{-n}$, 使得保证 $f(\alpha_i, \alpha_{-j}) = \delta_{ij}$ 成立的同时有 $f(\alpha_{-i}, \alpha_{-j}) = 0$, $i, j = 1, 2, \cdots, n$. 类似 Schmidt

正交化的过程, 归纳地定义向量组

$$
\begin{cases}
\alpha_{-1} = \alpha'_{-1}, \\
\alpha_{-2} = \alpha'_{-2} - f(\alpha'_{-2}, \alpha_{-1})\alpha_1, \\
\qquad \cdots\cdots\cdots\cdots \\
\alpha_{-i} = \alpha'_{-i} - f(\alpha'_{-i}, \alpha_{-1})\alpha_1 - \cdots - f(\alpha'_{-i}, \alpha_{-(i-1)})\alpha_{i-1}, \\
\qquad \cdots\cdots\cdots\cdots
\end{cases} \tag{7.1}
$$

其中 $i = 2, 3, \cdots, n$. 下面证明 $\alpha = \{\alpha_1, \alpha_2, \cdots, \alpha_n, \alpha_{-1}, \alpha_{-2}, \cdots, \alpha_{-n}\}$ 是一组辛正交基.

由 (7.1) 式易知 $\alpha'_{-1}, \alpha'_{-2}, \cdots, \alpha'_{-n} \in \mathrm{Span}\,\alpha$. 由于 $\alpha_1, \alpha_2, \cdots, \alpha_n \in \alpha$ 且 $\alpha_1, \alpha_2, \cdots,$ $\alpha_n, \alpha'_{-1}, \alpha'_{-2}, \cdots, \alpha'_{-n}$ 是一组基, 因此 α 也是一组基. 由于 W 是 Lagrange 子空间, 由 (7.1) 式可得

$$
f(\alpha_j, \alpha_{-i}) = f(\alpha_j, \alpha'_{-i}) = \delta_{ij}, \quad i, j = 1, 2, \cdots, n. \tag{7.2}
$$

最后由 (7.1) 和 (7.2) 两式, 对 $1 \leqslant j < i \leqslant n$, 有

$$
f(\alpha_{-i}, \alpha_{-j}) = f(\alpha'_{-i}, \alpha_{-j}) - f(\alpha'_{-i}, \alpha_{-j})f(\alpha_j, \alpha_{-j}) = 0.
$$

因此 α 是辛正交基. $\qquad\square$

定理 7.2.4　辛空间 (V, f) 的辛子空间 (W, f_W) 的一组辛正交基可扩充为 (V, f) 的一组辛正交基.

证明　由性质 7.2.3, (W, f_W) 和 $(W^\perp, f_{W^\perp})$ 是辛空间. 由于 $V = W \oplus W^\perp$, 由定义可知, (W, f_W) 的一组辛正交基和 $(W^\perp, f_{W^\perp})$ 的一组辛正交基之并即为 (V, f) 的一组辛正交基. $\qquad\square$

现在讨论辛空间的辛变换.

设辛空间 (V, f) 有子空间 U 和 W. 若有线性同构 $\varphi: U \cong W$ 满足

$$
f(\varphi(u), \varphi(v)) = f(u, v), \quad \forall u, v \in U,
$$

则称 φ 是一个**保距同构**.

定理 7.2.5 (Witt (维特) 定理)　若有辛空间 (V, f) 的子空间 U, W 以及保距同构 $\varphi: U \cong W$, 则 φ 可扩充成 V 上的一个辛变换.

Witt 定理的证明相对繁琐, 超出了本课程的范围, 故不进行深入讨论. 但我们可证明 Witt 定理的两类特殊情形.

定理 7.2.6　设辛空间 (V, f) 的子空间 U 和 W 维数相同. 若 U, W 同为迷向子空间或辛子空间, 则存在 (V, f) 的辛变换将 U 变成 W.

证明   (i) 设 U, W 同为迷向子空间, 任取 U 的基 $\alpha_1, \alpha_2, \cdots, \alpha_k$ 和 W 的基 β_1, $\beta_2, \cdots, \beta_k$, 则 $k \leqslant n$ 且由引理 7.2.1 和定理 7.2.3 易知, 它们可分别扩充为 V 的辛正交基 $\alpha_1, \alpha_2, \cdots, \alpha_n, \alpha_{-1}, \alpha_{-2}, \cdots, \alpha_{-n}$ 和 $\beta_1, \beta_2, \cdots, \beta_n, \beta_{-1}, \beta_{-2}, \cdots, \beta_{-n}$, 存在 V 的辛变换 φ 满足 $\varphi(\alpha_i) = \beta_i$, $i = \pm1, \pm2, \cdots, \pm n$, 那么显然 $\varphi(U) = W$.

(ii) 设 U, W 同为辛子空间, 由定理 7.2.4, U 和 W 的辛正交基可各自扩充为 V 的辛正交基, 那么类似 (i) 中证明即得结论.   □

习题 7.2

1. 证明命题 7.2.2.

2. 设 A 为 $2n$ 阶辛矩阵, 求证: A 的特征多项式 f 满足 $f(\lambda) = \lambda^{2n} f\left(\dfrac{1}{\lambda}\right)$.

3. 设 φ 为辛空间 (V, f) 上的辛变换, λ, μ 为 φ 的两个特征值且 $\lambda\mu \neq 1$. 求证: φ 关于 λ 的特征子空间 V_λ 和关于 μ 的特征子空间 V_μ 辛正交.

4. 证明辛矩阵的行列式等于 1.

第八章

多项式代数上的矩阵论

8.1 交换环上的矩阵

迄今为止我们定义的矩阵, 其元素都是某个域中的元素. 特别地, 数域上的矩阵称为**数字矩阵**. 现在我们考虑含幺交换环上的矩阵, 即假设 R 是一个含幺交换环, $A = (a_{ij})_{m \times n}$, 其中 $a_{ij} \in R$, $i = 1, 2, \cdots, m$, $j = 1, 2, \cdots, n$, 我们称 A 是一个 R **上矩阵**.

我们知道, 两个有限维线性空间之间的线性映射可以在取定这两个线性空间的基的情况下, 实现为一个域上的矩阵. 这可以视作定义域上矩阵的一个动机. 与此类似地, 我们也可用同样的方式理解交换环上的矩阵.

设 M 是一个 R-模, 其零元记为 $\mathbf{0}$. 若存在 $x_1, x_2, \cdots, x_n \in M$, 满足

(i) 若 $r_1, r_2, \cdots, r_n \in R$, $r_1 x_1 + r_2 x_2 + \cdots + r_n x_n = \mathbf{0}$, 则 $r_i = 0$, $i = 1, 2, \cdots, n$;

(ii) 对任意 $m \in M$, 存在 $r_1, r_2, \cdots, r_n \in R$, 使得 $m = r_1 x_1 + r_2 x_2 + \cdots + r_n x_n$, 则称 M 是一个有限维**自由 R-模**, 称 $x_1, x_2, \cdots, x_n$ 是 M 的一组**基**.

一般而言, R-模不一定存在基, 而基存在时未必是唯一的. 本章中假设环 R 是**不变基数环** (也称 **IBN 环**), 即满足如下条件:

当一个 R-模存在 (有限) 基, 即是一个有限维自由 R-模时, 其不同基的元素个数必相同.

我们可以定义 R 上有限维自由模 M 的**维数** $\dim M = n$, 其中 n 为 M 任意一组基的元素个数. 我们不加证明地指出, 并非所有的环都具有不变基数性质.

设 M 和 N 是自由 R-模, $\alpha_1, \alpha_2, \cdots, \alpha_n$ 和 $\beta_1, \beta_2, \cdots, \beta_m$ 分别是 M 和 N 的基, 则 R-模同态 $\varphi : M \to N$ 在这两组基下可写成如下形式:

$$
\begin{cases}
\varphi(\alpha_1) = a_{11}\beta_1 + a_{21}\beta_2 + \cdots + a_{m1}\beta_m, \\
\varphi(\alpha_2) = a_{12}\beta_1 + a_{22}\beta_2 + \cdots + a_{m2}\beta_m, \\
\qquad\qquad \cdots\cdots\cdots \\
\varphi(\alpha_n) = a_{1n}\beta_1 + a_{2n}\beta_2 + \cdots + a_{mn}\beta_m,
\end{cases}
\tag{8.1}
$$

其中 $a_{ij} \in R$, $i = 1, 2, \cdots, m$, $j = 1, 2, \cdots, n$. 类似于线性空间的情形, (8.1) 式可写成如下矩阵乘法形式:

$$
\varphi(\alpha_1 \quad \alpha_2 \quad \cdots \quad \alpha_n) \overset{\text{def}}{=} (\varphi(\alpha_1) \quad \varphi(\alpha_2) \quad \cdots \quad \varphi(\alpha_n)) = (\beta_1 \quad \beta_2 \quad \cdots \quad \beta_m)A,
$$

其中 $A = (a_{ij})_{m \times n}$ 是 R 上矩阵. 因此根据自由模的基下线性表示的唯一性, 在这两组基下, M 到 N 的 R-模同态 φ 和 R 上的 $m \times n$ 矩阵 A 一一对应. 这就是我们理解交换环上矩阵定义的意义所在.

虽然交换环 R 上矩阵与域上矩阵 (特别是数字矩阵) 有很大区别, 但仍有很多相似的基本理论. 比如对 $A = (a_{ij}), B = (b_{ij}) \in R^{m \times n}$, 定义加法

$$A + B = (a_{ij} + b_{ij})_{m \times n},$$

那么 $R^{m \times n}$ 关于加法构成一个交换群, 且 A 的加法逆元为 $-A = (-a_{ij})$. 再对 $r \in R$ 和 $A = (a_{ij})$ 定义数乘 $rA = (ra_{ij})$. 容易看出数乘给出了环 R 在加群 $R^{m \times n}$ 上的一个作用, 即 $R^{m \times n}$ 是一个 R-模.

对 $A = (a_{ij}) \in R^{m \times n}$ 和 $B = (b_{ij}) \in R^{n \times p}$, 定义乘法

$$AB = C = (c_{ij})_{m \times p}, \quad \text{其中} \quad c_{ij} = \sum_{k=1}^{n} a_{ik} b_{kj}.$$

与域上矩阵一样, R 上 n 阶方阵之集 $R^{n \times n}$ 关于矩阵的加法和乘法构成了一个环 (称为 R 的全矩阵环), 单位矩阵 I_n 为其单位元. 当环 R 是某个域 F 上的代数时, $R^{n \times n}$ 也是 F-代数.

方阵 $A \in R^{n \times n}$ 的行列式定义为

$$|A| = \sum_{i_1 i_2 \cdots i_n \in S_n} (-1)^{\tau(i_1 i_2 \cdots i_n)} a_{1 i_1} a_{2 i_2} \cdots a_{n i_n}.$$

对 $A, B \in R^{n \times n}$, 有 $|AB| = |A||B|$, 其证明方法同域上矩阵.

同样地, 可以类似定义 R 上矩阵的子式、(代数) 余子式等概念, 并进一步证明 R 上矩阵的 Laplace 定理. R 上矩阵 A 的秩 $r(A)$ 定义为 A 中非零子式的最高阶数. 特别地, 零矩阵的秩规定为零. 这是域上矩阵秩的一种等价定义的推广.

同样地我们还有:

定义 8.1.1　设 R 是含幺交换环, $A \in R^{n \times n}$. 若存在 $B \in R^{n \times n}$, 使得

$$AB = BA = I_n,$$

则称 A 是**可逆的**. 可以证明满足上式的 B 是唯一的, 称为 A 的**逆矩阵**, 并记作 A^{-1}.

一般地, 对含有单位元 1 的环 $\mathcal{R}$, 集合 $U(\mathcal{R}) = \{r \in \mathcal{R} \mid \text{存在 } s \in \mathcal{R}, \text{使得 } rs = sr = 1\}$ 称为 $\mathcal{R}$ 的**可逆元集**, 也记作 $\mathcal{R}^\times$. 下面的命题是显然的.

命题 8.1.1　含幺环 $\mathcal{R}$ 的可逆元集 $\mathcal{R}^\times$ 关于乘法构成一个群. 当 $\mathcal{R}$ 是一个交换环时, $\mathcal{R}^\times$ 是一个交换群.

例 8.1.1　设 $F[\lambda]$ 是域 F 上的多项式环, 那么 $F[\lambda]^\times = F^\times$, 即域 F 中非零元关于乘法构成的交换群.

证明　显然 $F[\lambda]^\times \supseteq F^\times$. 反之若 $f(x) \in F[\lambda]^\times$, 则存在 $g(x) \in F[\lambda]$, 使得 $f(x)g(x) = 1$, 从而 $\deg f(x) + \deg g(x) = 0$. 这表明 $\deg f(x) = 0$, 故 $f(x) = a \in F^\times$ 是非零常数. $\qquad \square$

本节中继续假设 R 是含幺交换环. 全矩阵环 $R^{n \times n}$ 的可逆元集 $U(R^{n \times n})$ 即为 R 上所有 n 阶可逆方阵之集, 称为 R 上的**一般线性群**并记作 $\mathrm{GL}_n(R)$. 当 $n > 1$ 时, $\mathrm{GL}_n(R)$ 是非交换群.

与域上矩阵相同, 对 R 上方阵 $A = (a_{ij})$, 可定义 A 的 (经典) 伴随矩阵 $A^* = (A_{ji})$, 其中 A_{ij} 代表 a_{ij} 的代数余子式. 由 R 上矩阵的 Laplace 定理, 类似地可证明

$$AA^* = A^*A = |A|I_n.$$

若 $|A| \in R^\times$, 则 $A(|A|^{-1}A^*) = (|A|^{-1}A^*)A = I_n$, 从而 A 有逆矩阵 $A^{-1} = |A|^{-1}A^*$. 反之若 A 可逆, 则 $|A||A^{-1}| = |I_n| = 1$, 从而 $|A| \in R^\times$.

综上我们对 R 上 n 阶方阵的可逆性有如下刻画:

定理 8.1.1 R 上 n 阶方阵 A 可逆的充要条件是 $|A| \in R^\times$. 此时 $A^{-1} = |A|^{-1}A^*$.

R 上矩阵 A 的**R-初等变换**定义为如下三种变换:

(i) 矩阵 A 的两行 (列) 互换位置;

(ii) 矩阵 A 的某一行 (列) 乘 R 中一个可逆元 $a \in R^\times$;

(iii) 矩阵 A 的某一行 (列) 加上另一行 (列) 的 r 倍, 其中 $r \in R$.

与域上矩阵一样, 对 R 上矩阵作某一类初等行 (列) 变换, 相当于左 (右) 乘某个简单的 R 上矩阵, 这个对应的简单矩阵称为**R-初等矩阵**.

(i) 互换第 i 行 (列) 和第 j 行 (列) 相当于左 (右) 乘 R-初等矩阵

$$P_{ij} = \begin{pmatrix} 1 \\ & \ddots \\ & & 0 & \cdots & 1 \\ & & \vdots & & \vdots \\ & & 1 & \cdots & 0 \\ & & & & & \ddots \\ & & & & & & 1 \end{pmatrix} \begin{matrix} \\ \\ i \\ \\ j \\ \\ \end{matrix} ;$$

(ii) 第 i 行 (列) 乘 $a \in R^\times$ 相当于左 (右) 乘 R-初等矩阵 $D_i(a) = \begin{pmatrix} 1 \\ & \ddots \\ & & a \\ & & & \ddots \\ & & & & 1 \end{pmatrix} i$;

(iii) 对 $r \in R$, 将第 j 行的 r 倍加到第 i 行 (或将第 i 列的 r 倍加到第 j 列) 相当于左 (右) 乘 R-初等矩阵 $T_{ij}(r) = \begin{pmatrix} 1 \\ & \ddots \\ & & 1 & \cdots & r \\ & & & \ddots & \vdots \\ & & & & 1 \\ & & & & & \ddots \\ & & & & & & 1 \end{pmatrix} \begin{matrix} \\ \\ i \\ \\ j \\ \\ \end{matrix} .$

显然 R-初等变换和 R-初等矩阵均可逆, 且 R-初等变换的逆变换对应的矩阵就是相应 R-初等矩阵的逆矩阵. 容易验证:

$$D_{ij}^{-1} = D_{ij}, \quad D_i(a)^{-1} = D_i(a^{-1}), \ a \in R^\times, \quad T_{ij}(r)^{-1} = T_{ij}(-r), \ r \in R.$$

在 R-初等变换下, 与域上矩阵一样对三类初等变换分别讨论, 可类似地证明如下关于环上矩阵秩的命题:

命题 8.1.2 R 上矩阵的秩在 R-初等变换下不变.

定义 8.1.2 对 R 上矩阵 A, B, 若 A 可经一系列 R-初等变换变为 B, 则称 A, B 是**相抵**的.

由定义, A 与 B 相抵当且仅当存在 R-初等矩阵 $P_1, P_2, \cdots, P_k, Q_1, Q_2, \cdots, Q_l$ 使得 $B = P_k \cdots P_2 P_1 A Q_1 Q_2 \cdots Q_l$. 由于 R-初等矩阵可逆, $P = P_k \cdots P_2 P_1$ 与 $Q = Q_1 Q_2 \cdots Q_l$ 均为 R 上可逆矩阵, 且 $B = PAQ$. 因此我们有

性质 8.1.1 若 R 上矩阵 A 与 B 相抵, 则

(i) 存在 R 上可逆矩阵 P, Q, 使得 $B = PAQ$;

(ii) 若 A, B 是方阵, 则存在 $a \in R^\times$, 使得 $|B| = a|A|$.

与域上矩阵情况一样, R 上矩阵间的相抵也满足自反性、对称性和传递性, 从而是一个等价关系.

习题 8.1

1. 求下面整数环 $\mathbb{Z}$ 上矩阵的秩:

(i) $\begin{pmatrix} 1 & 2 & 3 & -2 \\ 2 & -2 & 1 & 3 \\ 3 & 0 & 4 & 1 \end{pmatrix}$; (ii) $\begin{pmatrix} a & & & \\ 1 & a & & \\ & \ddots & \ddots & \\ & & 1 & a \end{pmatrix}_{n \times n}$, 其中 $a \in \mathbb{Z}$;

(iii) $\begin{pmatrix} 1 & 1 & 0 & 0 \\ 2 & 1 & 0 & 0 \\ 3 & 2 & 2 & 2 \\ 4 & 3 & 3 & 3 \end{pmatrix}$.

2. 设 $R = \mathbb{Q}[\lambda]$, 求 R 上矩阵 $\begin{pmatrix} \lambda & \lambda & 1 & 0 \\ \lambda^2 & \lambda & 0 & 1 \\ 3\lambda & 2\lambda & \lambda^2 & \lambda - 2 \\ 4\lambda & 3 - \lambda & 2 & 1 \end{pmatrix}$ 的秩.

3. 若一个交换环 R 上的 n 阶方阵 A 的秩等于 n, 则称其是满秩的. 试证明可逆矩阵都是满秩的, 并举例说明其逆命题不成立.

4. 设 $A \in R^{n \times n}$ 为交换环 R 上的分块对角矩阵, $A = \mathrm{diag}\{A_1, A_2, \cdots, A_k\}$, 其中 $A_i \in R^{n_i \times n_i}$, $n_1 + n_2 + \cdots + n_k = n$. 证明 A 的秩等于 $A_1, A_2, \cdots, A_k$ 的秩之和.

8.2 λ-矩阵及其标准形

现在考虑特殊的含幺交换环上的矩阵, 即域 F 上一元多项式代数 $F[\lambda]$ 的矩阵理论. 因为其未定元用 λ 表示, 所以称 $F[\lambda]$-矩阵为**λ-矩阵**, 或更一般地, 称为**多项式矩阵**. 类似地, 分别称 $F[\lambda]$-初等变换和 $F[\lambda]$-初等矩阵为 λ-初等变换和 λ-初等矩阵.

一般地, 域上矩阵表示为 $A = (a_{ij})$, 其中 $a_{ij} \in F$; λ-矩阵表示为 $A(\lambda) = (a_{ij}(\lambda))$, 其中 $a_{ij}(\lambda) \in F[\lambda]$. 由于 $F \subseteq F[\lambda]$, 域上矩阵可以视作特殊的 λ-矩阵, 即 $F^{m \times n} \subseteq F[\lambda]^{m \times n}$.

若 $A(\lambda) \neq O$, 令 $s = \max\{\deg a_{ij}(\lambda) \mid i = 1, 2, \cdots, m, j = 1, 2, \cdots, n\}$, 则我们可以将每个 $a_{ij}(\lambda)$ 写成

$$a_{ij}(\lambda) = a_{ij}^{(s)}\lambda^s + \cdots + a_{ij}^{(1)}\lambda + a_{ij}^{(0)}.$$

对 $k = 0, 1, \cdots, s$, 令矩阵 $A^{(k)} = (a_{ij}^{(k)})_{m \times n} \in F^{m \times n}$, 那么由定义 $A^{(s)} \neq O$, 并且有如下表达:

$$A(\lambda) = \lambda^s A^{(s)} + \cdots + \lambda A^{(1)} + A^{(0)}.$$

我们将其称为 $A(\lambda)$ 的**矩阵多项式表达**, 称 s 是 $A(\lambda)$ **的次数**并记为 $s = \deg A(\lambda)$. 零矩阵的次数仍规定为 $-\infty$.

对于 n 阶 λ-矩阵的可逆性, 我们有如下刻画:

推论 8.2.1 n 阶 λ-矩阵 $A(\lambda)$ 可逆的充要条件是行列式 $|A(\lambda)|$ 是 F 中非零元素, 即 $|A(\lambda)| \in F^{\times}$.

证明   由定理 8.1.1 和例 8.1.1, $A(\lambda)$ 可逆当且仅当 $|A(\lambda)| \in F[\lambda]^{\times} = F^{\times}$.   □

作为含幺交换环上矩阵的特例, 由命题 8.1.2, λ-矩阵在 λ-初等变换下秩是保持不变的, 即相抵的 λ-矩阵总是等秩的. 一个自然需要考虑的问题是: 此结论的逆命题是否成立, 即 $F[\lambda]^{m \times n}$ 中等秩的 λ-矩阵是否相抵?

事实上, 在《代数学 (一)》中已证明此结论的逆命题对域上矩阵成立, 因为域上任意矩阵可经初等变换化为标准形 $\begin{pmatrix} I_r & O \\ O & O \end{pmatrix}$, 而标准形即由矩阵的秩决定. 因此 $F^{m \times n}$ 中等秩的矩阵均相抵.

然而 λ-矩阵作为多项式环上的矩阵, 和域上矩阵有所不同. 特别地, 不难证明上述结论的逆命题对 λ-矩阵不成立, 即 $F[\lambda]^{m \times n}$ 中等秩的 λ-矩阵未必相抵 (见本节习题第 3 题). 那不同点究竟在什么地方? 这就是下面需要讨论的, 我们将给出 λ-矩阵标准形的概念并指出与域上矩阵标准形的不同之处.

由例 8.1.1, 对 $R = F[\lambda]$, 有 $R^{\times} = F^{\times}$, 因此在第二类 R-初等变换中只能对某行 (列) 倍乘 F 中非零元素.

引理 8.2.1 设 λ-矩阵 $A(\lambda) = (a_{ij}(\lambda))$, 其中 $a_{11}(\lambda) \neq 0$, 并且 $A(\lambda)$ 中至少有一个元素不能被 $a_{11}(\lambda)$ 整除, 那么 $A(\lambda)$ 相抵于一个 λ-矩阵 $B(\lambda) = (b_{ij}(\lambda))$, 使得 $b_{11}(\lambda) \neq 0$ 且 $\deg b_{11}(\lambda) < \deg a_{11}(\lambda)$.

证明 根据 $A(\lambda)$ 中不被 $a_{11}(\lambda)$ 整除的元素所在位置, 分三种情况讨论:

(i) $A(\lambda)$ 第一列中有一个元素 $a_{i1}(\lambda)$ 不能被 $a_{11}(\lambda)$ 整除. 由带余除法,

$$a_{i1}(\lambda) = a_{11}(\lambda)q(\lambda) + r(\lambda),$$

其中 $r(\lambda) \neq 0$ 且 $\deg r(\lambda) < \deg a_{11}(\lambda)$. 实施初等行变换

$$A(\lambda) \xrightarrow{R_i - q(\lambda)R_1} \begin{pmatrix} a_{11}(\lambda) & \cdots \\ \vdots & \ddots \\ r(\lambda) & \cdots \\ \vdots & \ddots \end{pmatrix} \xrightarrow{R_{1i}} \begin{pmatrix} r(\lambda) & \cdots \\ \vdots & \ddots \\ a_{11}(\lambda) & \cdots \\ \vdots & \ddots \end{pmatrix} = B(\lambda).$$

那么 $b_{11}(\lambda) = r(\lambda)$ 的次数小于 $a_{11}(\lambda)$ 的次数.

(ii) $A(\lambda)$ 第一行中有一个元素 $a_{1j}(\lambda)$ 不能被 $a_{11}(\lambda)$ 整除. 与情况 (i) 类似, 实施初等列变换即可.

(iii) $A(\lambda)$ 第一行与第一列中元素均可被 $a_{11}(\lambda)$ 整除. 那么存在 $a_{ij}(\lambda)$ 不被 $a_{11}(\lambda)$ 整除, 其中 $i, j > 1$. 根据条件, $a_{11}(\lambda)$ 整除 $a_{i1}(\lambda)$, 故可设 $a_{i1}(\lambda) = a_{11}(\lambda)q(\lambda)$. 实施初等变换

$$A(\lambda) \xrightarrow{R_i - q(\lambda)R_1} \begin{pmatrix} a_{11}(\lambda) & \cdots & a_{1j}(\lambda) & \cdots \\ \vdots & & \vdots & \\ 0 & \cdots & a_{ij}(\lambda) - a_{1j}(\lambda)q(\lambda) & \cdots \\ \vdots & & \vdots & \end{pmatrix}$$

$$\xrightarrow{R_1 + R_i} \begin{pmatrix} a_{11}(\lambda) & \cdots & a_{ij}(\lambda) + a_{1j}(\lambda)(1 - q(\lambda)) & \cdots \\ \vdots & & \vdots & \\ 0 & \cdots & a_{ij}(\lambda) - a_{1j}(\lambda)q(\lambda) & \cdots \\ \vdots & & \vdots & \end{pmatrix} = A_1(\lambda).$$

由于 $a_{11}(\lambda) \mid a_{1j}(\lambda)$ 但 $a_{11}(\lambda) \nmid a_{ij}(\lambda)$, 我们有 $a_{11}(\lambda)$ 不能整除 $a_{ij}(\lambda) + a_{1j}(\lambda)(1 - q(\lambda))$. 因此 $A_1(\lambda)$ 满足情况 (ii). 再由 (ii) 的讨论, 结论得证. □

定理 8.2.1 设非零 λ-矩阵 $A(\lambda) \in F[\lambda]^{m \times n}$ 的秩为 r, 那么 $A(\lambda)$ 相抵于如下形式的 λ-矩阵:

$$\begin{pmatrix} d_1(\lambda) & & & & \\ & d_2(\lambda) & & & \\ & & \ddots & & \\ & & & d_r(\lambda) & \\ & & & & O \end{pmatrix}_{m \times n},$$

其中 $d_1(\lambda), d_2(\lambda), \cdots, d_r(\lambda)$ 为首一多项式且 $d_i(\lambda) \mid d_{i+1}(\lambda)$, $i = 1, 2, \cdots, r-1$. 此形式的 λ-矩阵称为 $A(\lambda)$ 的**标准形**.

证明 **第一步**. 首先证明 $A(\lambda)$ 相抵于某个 λ-矩阵 $C(\lambda) = (c_{ij}(\lambda))$, 使得 $c_{11}(\lambda) \neq 0$ 且 $c_{11}(\lambda)$ 整除 $C(\lambda)$ 中任意元素 $c_{ij}(\lambda)$.

因为 $A(\lambda) \neq 0$, 必存在 $a_{i_0 j_0}(\lambda) \neq 0$. 经行、列互换, 不妨假设 $a_{11}(\lambda) \neq 0$. 由引理 8.2.1, 若存在 $a_{ij}(\lambda)$ 不被 $a_{11}(\lambda)$ 整除, 则 $A(\lambda)$ 相抵于某个 $B(\lambda)$ 使得 $b_{11}(\lambda) \neq 0$ 且 $\deg b_{11}(\lambda) < \deg a_{11}(\lambda)$. 对 $A_1(\lambda) \overset{\text{def}}{=} B(\lambda)$ 进行同样的讨论, 重复此过程即可得到相抵的 λ-矩阵 $A(\lambda), A_1(\lambda), A_2(\lambda), \cdots$, 使其 $(1,1)$ 位置元素均非零且次数严格递减. 此过程必经有限步终止, 故 $A(\lambda)$ 相抵于某个 λ-矩阵 $C(\lambda) = A_t(\lambda)$, 使得 $c_{11}(\lambda)$ 整除所有的 $c_{ij}(\lambda)$.

第二步. 对 $\min\{m, n\}$ 作归纳, 证明 $A(\lambda)$ 相抵于标准形. 由第一步, 不妨假设 $a_{11}(\lambda)$ 非零且整除所有的 $a_{ij}(\lambda)$, 即有 $a_{ij}(\lambda) = a_{11}(\lambda) q_{ij}(\lambda)$, $q_{ij}(\lambda) \in F[\lambda]$, $i = 1, 2, \cdots, m$, $j = 1, 2, \cdots, n$. 通过倍乘 F 中非零常数, 不妨进一步假设 $d_1(\lambda) \overset{\text{def}}{=} a_{11}(\lambda)$ 首一.

若 $\min\{m, n\} = 1$, 不妨设 $m = 1$ ($n = 1$ 的情形同理可证). 此时若 $n = 1$, 则结论显然; 若 $n > 1$, 则有初等列变换

$$A(\lambda) \xrightarrow{\;C_j - q_{1j}(\lambda) C_1 (j = 2, 3, \cdots, n)\;} (d_1(\lambda) \quad 0 \; \cdots \; 0)_{1 \times n},$$

此即为所需标准形.

假设当 $\min\{m, n\} = p \geqslant 1$ 时结论成立, 下面考虑 $\min\{m, n\} = p + 1$ 时的情形. 实施初等变换可得

$$A(\lambda) \xrightarrow[\;R_i - q_{i1}(\lambda) R_1 (i = 1, 2, \cdots, m)\;]{\;C_j - q_{1j}(\lambda) C_1 (j = 1, 2, \cdots, n)\;} \begin{pmatrix} d_1(\lambda) & \\ & A_1(\lambda) \end{pmatrix},$$

那么 $A_1(\lambda)$ 中所有元素均为 $A(\lambda)$ 中元素的 $F[\lambda]$-线性组合, 故均可被 $d_1(\lambda) = a_{11}(\lambda)$ 整除.

由于秩在初等变换下不变, 显然有 $r(A_1(\lambda)) = r - 1$. 若 $r = 1$, 则 $A_1(\lambda) = O$, 此时上式即为标准形. 若 $r > 1$, 则由归纳假设 $A_1(\lambda)$ 相抵于标准形

$$B_1(\lambda) = \begin{pmatrix} d_2(\lambda) & & & \\ & \ddots & & \\ & & d_r(\lambda) & \\ & & & O \end{pmatrix}_{(m-1)\times(n-1)},$$

其中 $d_2(\lambda), d_3(\lambda), \cdots, d_r(\lambda)$ 首一且 $d_i(\lambda) \mid d_{i+1}(\lambda)$, $i = 2, 3, \cdots, r-1$. 由于 $B_1(\lambda)$ 中元素均为 $A_1(\lambda)$ 中元素的 $F[\lambda]$-线性组合, 故均可被 $d_1(\lambda)$ 整除, 从而 $d_1(\lambda) \mid d_2(\lambda)$. 于是 $\begin{pmatrix} d_1(\lambda) & \\ & A_1(\lambda) \end{pmatrix}$ 相抵于标准形 $\begin{pmatrix} d_1(\lambda) & \\ & B_1(\lambda) \end{pmatrix}$, 从而 $A(\lambda)$ 亦然.

由归纳法结论得证. $\qquad\square$

定理 8.2.1 实际上给出了 $A(\lambda)$ 的标准形的存在性. 由定义可以看出, 此标准形不仅与矩阵的秩有关, 也与对角线上的多项式 $d_i(\lambda)$ 有关. 下一节我们将证明此标准形的唯一性, 从而给出 λ-矩阵标准形的完整理论.

例 8.2.1 求 $A(\lambda) = \begin{pmatrix} 1-\lambda & 2\lambda-1 & \lambda \\ \lambda & \lambda^2 & -\lambda \\ 1+\lambda^2 & \lambda^3+\lambda-1 & -\lambda^2 \end{pmatrix}$ 的标准形.

解 实施 λ-初等变换

$$A(\lambda) \xrightarrow{C_3+C_1} \begin{pmatrix} 1-\lambda & 2\lambda-1 & 1 \\ \lambda & \lambda^2 & 0 \\ 1+\lambda^2 & \lambda^3+\lambda-1 & 1 \end{pmatrix} \xrightarrow{C_{13}} \begin{pmatrix} 1 & 2\lambda-1 & 1-\lambda \\ 0 & \lambda^2 & \lambda \\ 1 & \lambda^3+\lambda-1 & 1+\lambda^2 \end{pmatrix}$$

$$\xrightarrow{R_3-R_1} \begin{pmatrix} 1 & 2\lambda-1 & 1-\lambda \\ 0 & \lambda^2 & \lambda \\ 0 & \lambda^3-\lambda & \lambda^2+\lambda \end{pmatrix} \xrightarrow[C_3-(1-\lambda)C_1]{C_2-(2\lambda-1)C_1} \begin{pmatrix} 1 & 0 & 0 \\ 0 & \lambda^2 & \lambda \\ 0 & \lambda^3-\lambda & \lambda^2+\lambda \end{pmatrix}$$

$$\xrightarrow{C_{23}} \begin{pmatrix} 1 & 0 & 0 \\ 0 & \lambda & \lambda^2 \\ 0 & \lambda^2+\lambda & \lambda^3-\lambda \end{pmatrix} \xrightarrow{C_3-\lambda C_2} \begin{pmatrix} 1 & 0 & 0 \\ 0 & \lambda & 0 \\ 0 & \lambda^2+\lambda & -\lambda^2-\lambda \end{pmatrix}$$

$$\xrightarrow{R_3-(\lambda+1)R_2} \begin{pmatrix} 1 & 0 & 0 \\ 0 & \lambda & 0 \\ 0 & 0 & -(\lambda^2+\lambda) \end{pmatrix} \xrightarrow{-R_3} \begin{pmatrix} 1 & 0 & 0 \\ 0 & \lambda & 0 \\ 0 & 0 & \lambda^2+\lambda \end{pmatrix} = B(\lambda).$$

此 $B(\lambda)$ 即为 $A(\lambda)$ 的标准形. $\qquad\square$

习题 8.2

1. 设有 λ-矩阵:

$$A(\lambda) = \begin{pmatrix} \lambda & 2\lambda+1 & 1 \\ 1 & \lambda+1 & \lambda^2+1 \\ \lambda-1 & \lambda & -\lambda^2 \end{pmatrix}, \quad B(\lambda) = \begin{pmatrix} 1 & 0 & 1 \\ 1 & \lambda+1 & \lambda \\ 1 & 1 & \lambda^2 \end{pmatrix},$$

$$C(\lambda) = \begin{pmatrix} 1 & \lambda & 0 \\ 2 & \lambda & 1 \\ \lambda^2+1 & 2 & \lambda^2+1 \end{pmatrix}, \quad D(\lambda) = \begin{pmatrix} \lambda^2-1 & \lambda & \lambda & 0 \\ \lambda^2 & 1 & 0 & \lambda \\ 0 & 0 & \lambda^2-1 & \lambda \\ 0 & 0 & \lambda^2 & 1 \end{pmatrix}.$$

(i) 求上述 λ-矩阵的秩并指出哪些是满秩的;

(ii) 上述 λ-矩阵哪些是可逆的? 求出其逆矩阵.

2. 将下列 λ-矩阵化成标准形:

(i) $\begin{pmatrix} \lambda^3-\lambda & 2\lambda^2 \\ \lambda^2+5\lambda & 3\lambda \end{pmatrix}$;　　(ii) $\begin{pmatrix} 1-\lambda & \lambda^2 & \lambda \\ \lambda & \lambda & -\lambda \\ 1+\lambda^2 & \lambda^2 & -\lambda^2 \end{pmatrix}$.

3. 求证: $F[\lambda]^{n\times n}$ 中相抵的 λ-矩阵 $A(\lambda)$ 和 $B(\lambda)$ 的行列式只差一个 F 中的非零常数.

4. 将可逆 λ-矩阵 $A(\lambda) = \begin{pmatrix} \lambda^2 & \lambda & 1 \\ 0 & 1 & 0 \\ 1 & 0 & 0 \end{pmatrix}$ 表示为 λ-初等矩阵之积.

5. 设 $A(\lambda)$ 是实多项式矩阵, 求证: $r(A(\lambda)) = \max\{r(A(x)) \mid x \in \mathbb{R}\}$.

6. 设 $A \in F^{n\times n}$.

(i) 求证: $\lambda I_n - A$ 在 $F[\lambda]^{n\times n}$ 中不可逆;

(ii) 对哪些 $x \in F$, $xI_n - A$ 在 $F^{n\times n}$ 中不可逆?

7. 设 $A(\lambda) \in \mathbb{C}[\lambda]^{n\times n}$, 求证: $A(\lambda)$ 在 $\mathbb{C}[\lambda]^{n\times n}$ 中可逆等价于对任意 $x \in \mathbb{C}$, $A(x)$ 在 $\mathbb{C}^{n\times n}$ 中可逆.

8.3　λ-矩阵的因子不变量与标准形的唯一性

　　本节将引入 λ-矩阵的行列式因子、不变因子、初等因子等初等变换下的不变量. 它们是本节讨论标准形唯一性的主要工具, 也是我们理解整个 λ-矩阵理论的关键.

定义 8.3.1　设 λ-矩阵 $A(\lambda)$ 的秩为 r. 对正整数 $k = 1, 2, \cdots, r$, $A(\lambda)$ 所有 k 阶非零子式的首一最大公因式 $D_k(\lambda)$ 称为 $A(\lambda)$ 的 **k 阶行列式因子**.

由秩的定义可见, 秩为 r 的 λ-矩阵有 r 个行列式因子:

$$D_1(\lambda), \ D_2(\lambda), \ \cdots, \ D_r(\lambda),$$

并且由行列式因子定义知其均非零.

行列式因子的意义在于它们是初等变换下的不变量, 即有

定理 8.3.1　相抵的 λ-矩阵对应的各阶行列式因子必相同.

证明　设 λ-矩阵 $A(\lambda)$ 经一次 λ-初等变换变为 $B(\lambda)$, 其 k 阶行列式因子分别为 $f(\lambda)$ 和 $g(\lambda)$. 由于 λ-初等变换可逆且逆变换仍为 λ-初等变换, 只需证明 $f(\lambda) \mid g(\lambda)$. 下面根据三类初等行变换进行讨论, 列变换完全类似.

(i) $A(\lambda) \xrightarrow{R_{ij}} B(\lambda)$. 此时 $B(\lambda)$ 的每个 k 阶子式均与 $A(\lambda)$ 的某个 k 阶子式相差一个正负号, 因此 $f(\lambda) = g(\lambda)$.

(ii) $A(\lambda) \xrightarrow{cR_i} B(\lambda)$, 其中 $c \in F^\times$. 此时 $B(\lambda)$ 的每个 k 阶子式均与 $A(\lambda)$ 的某个 k 阶子式相同或相差 c 倍, 因此 $f(\lambda) = g(\lambda)$.

(iii) $A(\lambda) \xrightarrow{R_i + \varphi(\lambda) R_j} B(\lambda)$, 其中 $\varphi(\lambda) \in F[\lambda]$. 此时 $B(\lambda)$ 的每个 k 阶子式或者等于 $A(\lambda)$ 的某个 k 阶子式, 或者等于 $A(\lambda)$ 的某个 k 阶子式加上另一个 k 阶子式的 $\varphi(\lambda)$ 倍, 因此 $f(\lambda) \mid g(\lambda)$. □

由定理 8.2.1, 任意 λ-矩阵 $A(\lambda)$ 相抵于它的标准形, 设为

$$B(\lambda) = \begin{pmatrix} d_1(\lambda) & & & & \\ & d_2(\lambda) & & & \\ & & \ddots & & \\ & & & d_r(\lambda) & \\ & & & & O \end{pmatrix},$$

其中 $d_1(\lambda), d_2(\lambda), \cdots, d_r(\lambda)$ 为首一多项式且 $d_k(\lambda) \mid d_{k+1}(\lambda)$, $k = 1, 2, \cdots, r-1$. 那么根据定理 8.3.1, $A(\lambda)$ 与 $B(\lambda)$ 的行列式因子相同, 因此只需计算 $B(\lambda)$ 的行列式因子.

对 $k = 1, 2, \cdots, r$, 不难看出 $B(\lambda)$ 的非零 k 阶子式为

$$d_{i_1} d_{i_2} \cdots d_{i_k}, \quad 1 \leqslant i_1 < i_2 < \cdots < i_k \leqslant r.$$

因此由 $d_i(\lambda)$ 的性质, $B(\lambda)$ 所有 k 阶非零子式的首一最大公因式为

$$D_k(\lambda) = d_1(\lambda) d_2(\lambda) \cdots d_k(\lambda). \tag{8.2}$$

此即为 $B(\lambda)$ 的 k 阶行列式因子, 从而也是 $A(\lambda)$ 的 k 阶行列式因子. 特别地, 我们有

$$d_1(\lambda) = D_1(\lambda), \quad d_k(\lambda) = \frac{D_k(\lambda)}{D_{k-1}(\lambda)}, \quad k = 2, 3, \cdots, r. \tag{8.3}$$

因此 $d_1(\lambda), d_2(\lambda), \cdots, d_r(\lambda)$ 由 $A(\lambda)$ 的行列式因子 $D_1(\lambda), D_2(\lambda), \cdots, D_r(\lambda)$ 所确定. 我们称 $d_1(\lambda), d_2(\lambda), \cdots, d_r(\lambda)$ 是 $A(\lambda)$ 的 **不变因子**. 这证明了:

定理 8.3.2 λ-矩阵 $A(\lambda)$ 的标准形是唯一的, 其非零对角元即为 $A(\lambda)$ 的不变因子.

由 (8.2) 式, $A(\lambda)$ 的行列式因子显然也是由不变因子唯一确定的. 由上述讨论, $A(\lambda)$ 的行列式因子和不变因子均是初等变换下的不变量. 因此我们有:

推论 8.3.1   两个 $m \times n$ 的 λ-矩阵相抵当且仅当它们有相同的行列式因子 (或不变因子).

证明   **充分性**. 由上述讨论即得.

必要性. 若 $m \times n$ 的 λ-矩阵 $A(\lambda)$ 和 $B(\lambda)$ 有相同的行列式因子, 则也有相同的不变因子, 记为 $d_1(\lambda), d_2(\lambda), \cdots, d_r(\lambda)$. 那么 $A(\lambda)$ 和 $B(\lambda)$ 均相抵于标准形

$$\begin{pmatrix} d_1(\lambda) & & & & & \\ & d_2(\lambda) & & & & \\ & & \ddots & & & \\ & & & d_r(\lambda) & & \\ & & & & & O \end{pmatrix},$$

因此它们相抵. $\qquad\qquad\square$

注意到对秩为 r 的 λ-矩阵 $A(\lambda)$, 其行列式因子满足 $D_k(\lambda) \mid D_{k+1}(\lambda)$, $k = 1, 2, \cdots, r-1$. 当最高阶行列式因子 $D_r(\lambda)$ 次数较低时, 亦可先计算 $D_r(\lambda)$, 再由整除关系 $D_k(\lambda) \mid D_{k+1}(\lambda)$ 大致确定低阶行列式因子的可能性. 求出行列式因子后即可通过 (8.3) 式求出不变因子, 从而确定 $A(\lambda)$ 的标准形.

特别地, 我们来说明可逆 λ-矩阵的标准形即为 I_n.

定理 8.3.3 n 阶 λ-方阵 $A(\lambda)$ 可逆当且仅当 $A(\lambda)$ 的标准形是 I_n, 当且仅当 $A(\lambda)$ 可表示成 λ-初等矩阵之积.

证明   先假设 $A(\lambda)$ 可逆. 由定理 8.1.1, $|A(\lambda)| \in F^{\times}$ 是一个非零常数. 这说明 $A(\lambda)$ 的秩为 n 并且 $D_n(\lambda) = 1$. 于是由 $D_k(\lambda) \mid D_{k+1}(\lambda)$, $k = 1, 2, \cdots, n$ 得

$$D_k(\lambda) = 1, \quad k = 1, 2, \cdots, n.$$

从而由 (8.3) 式进一步可得

$$d_k(\lambda) = 1, \quad k = 1, 2, \cdots, n,$$

那么 $A(\lambda)$ 的标准形是 I_n.

反之设 $A(\lambda)$ 相抵于 I_n，那么存在 λ-初等矩阵 $P_1, P_2, \cdots, P_k, Q_1, Q_2, \cdots, Q_l$ 使得

$$P_k \cdots P_2 P_1 A(\lambda) Q_1 Q_2 \cdots Q_l = I_n,$$

那么 $A(\lambda)$ 可逆并且 $A(\lambda)^{-1} = Q_1 Q_2 \cdots Q_l P_k \cdots P_2 P_1$. □

于是结合 λ-矩阵相抵的定义知:

推论 8.3.2 域 F 上 $m \times n$ 阶 λ-矩阵 $A(\lambda)$ 与 $B(\lambda)$ 相抵当且仅当存在 m 阶可逆 λ-矩阵 $P(\lambda)$ 和 n 阶可逆 λ-矩阵 $Q(\lambda)$ 使得 $P(\lambda)A(\lambda)Q(\lambda) = B(\lambda)$.

最后我们来说明, 若将不变因子进一步分解为 F 上不可约多项式之积, 则初等变换下的不变量可归结为更基本的初等因子. 设 $m \times n$ 阶 λ-矩阵 $A(\lambda)$ 的所有不变因子分解为首一不可约多项式的方幂之积, 这些方幂称为 $A(\lambda)$ 的**初等因子** (相同的方幂按出现次数计算). 具体来说, 设 $A(\lambda)$ 的不变因子为 $d_1(\lambda), d_2(\lambda), \cdots, d_r(\lambda)$, 并将其分解为首一不可约多项式的方幂之积:

$$\begin{cases} d_1(\lambda) = p_1(\lambda)^{e_{11}} p_2(\lambda)^{e_{12}} \cdots p_s(\lambda)^{e_{1s}}, \\ d_2(\lambda) = p_1(\lambda)^{e_{21}} p_2(\lambda)^{e_{22}} \cdots p_s(\lambda)^{e_{2s}}, \\ \qquad \cdots\cdots\cdots\cdots \\ d_r(\lambda) = p_1(\lambda)^{e_{r1}} p_2(\lambda)^{e_{r2}} \cdots p_s(\lambda)^{e_{rs}}, \end{cases} \tag{8.4}$$

其中 $p_1(\lambda), p_2(\lambda), \cdots, p_s(\lambda) \in F[\lambda]$ 为互不相同的首一不可约多项式, 且为了统一表达允许某些幂次 e_{ij} 为零. 那么 $A(\lambda)$ 的全部初等因子为

$$p_j(\lambda)^{e_{ij}}, \quad \text{其中 } i = 1, 2, \cdots, r, \ j = 1, 2, \cdots, s, \ e_{ij} > 0.$$

由 $d_k(\lambda) \mid d_{k+1}, k = 1, 2, \cdots, r-1$ 知, 同一个不可约多项式 $p_j(\lambda)$ 在不变因子的不可约分解中出现的幂次递增, 即

$$0 \leqslant e_{1j} \leqslant e_{2j} \leqslant \cdots \leqslant e_{rj}, \quad j = 1, 2, \cdots, s. \tag{8.5}$$

在继续作一般讨论之前, 我们来介绍一类重要的域.

<u>**定义 8.3.2**</u> 若域 F 上任意非零多项式 $f(x) \in F[x]$ 在 F 中均有零点, 则称 F 为**代数闭域**.

等价地, F 是代数闭域当且仅当任意非零多项式 $f(x) \in F[x]$ 均可分解为 F 上一次多项式之积, 即 F 上不可约多项式均为一次多项式. 由代数学基本定理, $\mathbb{C}$ 是代数闭域. 而 $\mathbb{R}$ 上有一次和二次不可约多项式, 故 $\mathbb{R}$ 不是代数闭域. 在抽象代数部分, 我们将看到任意一个域总是某个代数闭域的子域.

因此若 F 是代数闭域, 则 F 上 λ-矩阵的初等因子均为一次多项式的方幂.

例 8.3.1   (i) 设 $\mathbb{R}$ 上 12 阶 λ-矩阵 $A(\lambda)$ 的标准形为

$$B(\lambda) = \begin{pmatrix} I_6 & & & & \\ & d_1(\lambda) & & & \\ & & d_2(\lambda) & & \\ & & & d_3(\lambda) & \\ & & & & O_{3\times 3} \end{pmatrix},$$

其中 $d_1(\lambda) = (\lambda - 1)^2$, $d_2(\lambda) = (\lambda - 1)^2(\lambda + 1)$, $d_3(\lambda) = (\lambda - 1)^2(\lambda + 1)^2(\lambda^2 + 1)^2$, 那么 $A(\lambda)$ 的不变因子、行列式因子和初等因子分别为

$$1, 1, 1, 1, 1, 1, (\lambda - 1)^2, (\lambda - 1)^2(\lambda + 1), (\lambda - 1)^2(\lambda + 1)^2(\lambda^2 + 1)^2,$$

$$1, 1, 1, 1, 1, 1, (\lambda - 1)^2, (\lambda - 1)^4(\lambda + 1), (\lambda - 1)^6(\lambda + 1)^3(\lambda^2 + 1)^2,$$

$$(\lambda - 1)^2, (\lambda - 1)^2, (\lambda - 1)^2, \lambda + 1, (\lambda + 1)^2, (\lambda + 1)^2.$$

(ii) 若将上述 $A(\lambda)$ 视作 $\mathbb{C}$ 上 λ-矩阵, 则 $A(\lambda)$ 的不变因子和行列式因子仍如上所述, 但由分解

$$(\lambda - 1)^2(\lambda + 1)^2(\lambda^2 + 1)^2 = (\lambda - 1)^2(\lambda + 1)^2(\lambda + \mathrm{i})^2(\lambda - \mathrm{i})^2$$

可知, $A(\lambda)$ 有初等因子

$$(\lambda - 1)^2, (\lambda - 1)^2, (\lambda - 1)^2, \lambda + 1, (\lambda + 1)^2, (\lambda + \mathrm{i})^2, (\lambda - \mathrm{i})^2.$$

下面继续讨论一般的域 F. 显然 λ-矩阵 $A(\lambda)$ 的不变因子确定了其初等因子. 反之我们将看到, 由 $A(\lambda)$ 的秩和初等因子可以确定其不变因子, 从而确定其标准形.

设 $A(\lambda)$ 的秩为 r. 由 (8.5) 式可知, 初等因子中同一个不可约多项式 $p_j(\lambda)$ 的最高次方幂必出现在 $d_r(\lambda)$ 的分解中, 次高次的方幂必出现在 $d_{r-1}(\lambda)$ 的分解中, 依次类推. 通过对每个不可约因子补充合适数量的因子 1 使其有 r 个方幂, 并对幂次作递增排列, 我们可将初等因子扩充为形式:

$$\begin{array}{cccc} p_1(\lambda)^{e_{11}}, & p_1(\lambda)^{e_{21}}, & \cdots, & p_1(\lambda)^{e_{r1}}, \\ p_2(\lambda)^{e_{12}}, & p_2(\lambda)^{e_{22}}, & \cdots, & p_2(\lambda)^{e_{r2}}, \\ \vdots & \vdots & & \vdots \\ p_s(\lambda)^{e_{1s}}, & p_s(\lambda)^{e_{2s}}, & \cdots, & p_s(\lambda)^{e_{rs}}, \end{array}$$

其中 $p_1(\lambda), p_2(\lambda), \cdots, p_s(\lambda)$ 为不同的首一不可约多项式, 且幂次 e_{ij} 满足 (8.5) 式, 即上面每行的幂次递增. 那么 $A(\lambda)$ 的不变因子由 (8.4) 式给出, 即为上面每列因子之积.

我们将上述讨论总结为如下命题.

命题 8.3.1 λ-矩阵 $A(\lambda)$ 的秩和初等因子决定了 $A(\lambda)$ 的不变因子, 反之亦然.

下面我们通过一个例子来具体说明.

例 8.3.2 设 $\mathbb{C}$ 上 4 阶 λ-方阵 $A(\lambda)$ 的秩为 3, 初等因子为 $\lambda^2, \lambda^4, (\lambda-1)^2, (\lambda-1)^3, \lambda+1$. 求 $A(\lambda)$ 的标准形.

解 由上述方法, 将初等因子扩充为如下形式:

$$
\begin{array}{lll}
1, & \lambda^2, & \lambda^4, \\
1 & (\lambda-1)^2, & (\lambda-1)^3, \\
1, & 1, & \lambda+1.
\end{array}
$$

那么有不变因子

$$d_1(\lambda) = 1,$$
$$d_2(\lambda) = \lambda^2(\lambda-1)^2,$$
$$d_3(\lambda) = \lambda^4(\lambda-1)^3(\lambda+1).$$

于是得到 $A(\lambda)$ 的标准形

$$
\begin{pmatrix}
1 & & & \\
& \lambda^2(\lambda-1)^2 & & \\
& & \lambda^4(\lambda-1)^3(\lambda+1) & \\
& & & 0
\end{pmatrix}.
$$

$\square$

由推论 8.3.1 和命题 8.3.1 我们即得到:

推论 8.3.3 两个 $m \times n$ 阶的 λ-矩阵相抵当且仅当它们有相同的秩和初等因子.

因此要判断两个 λ-矩阵是否相抵, 只需比较它们的行列式因子、不变因子、秩和初等因子三者中的任意一组是否相同. 然而在实际问题中, 并不需要完全求出 λ-矩阵的标准形再进行比较. 下面我们说明, 只需求出与 λ-矩阵相抵的任意一个对角形式的矩阵, 即可直接求出 λ-矩阵的所有初等因子. 那么根据实际需要, 这给我们提供了更多判断 λ-矩阵相抵的方法, 并给计算 λ-矩阵的标准形带来了简化.

为此我们需要利用多项式最大公因式的性质.

定理 8.3.4 设有域 F 上对角形式的 λ-矩阵

$$
D(\lambda) = \begin{pmatrix}
h_1(\lambda) & & & & \\
& h_2(\lambda) & & & \\
& & \ddots & & \\
& & & h_r(\lambda) & \\
& & & & O
\end{pmatrix}_{m \times n},
$$

其中 $h_i(\lambda)$ 非零, $i = 1, 2, \cdots, r$, 那么 $h_1(\lambda), h_2(\lambda), \cdots, h_r(\lambda)$ 的标准不可约分解中首一不可约多项式的方幂 (相同的方幂按出现次数计算) 即为 $D(\lambda)$ 的所有初等因子.

证明   作标准不可约分解:

$$h_i(\lambda) = a_i\, p_1(\lambda)^{e_{i1}} p_2(\lambda)^{e_{i2}} \cdots p_s(\lambda)^{e_{is}}, \quad i = 1, 2, \cdots, r,$$

其中 $a_i \in F^{\times}$, $p_1(\lambda), p_2(\lambda), \cdots, p_r(\lambda)$ 为 F 上互不相同的首一不可约多项式, 且为了统一表达允许某些幂次 e_{ij} 为零. 那么对 $k = 1, 2, \cdots, r$, 由定义, $D(\lambda)$ 的 k 阶行列式因子 $D_k(\lambda)$ 即为

$$h_{i_1}(\lambda) h_{i_2}(\lambda) \cdots h_{i_k}(\lambda), \quad 1 \leqslant i_1 < i_2 < \cdots < i_k \leqslant r$$

的最大公因式, 从而

$$D_k(\lambda) = p_1(\lambda)^{m_{k1}} p_2(\lambda)^{m_{k2}} \cdots p_s(\lambda)^{m_{ks}},$$

其中对 $j = 1, 2, \cdots, s$, 有

$$m_{kj} = \min\{e_{i_1 j} + e_{i_2 j} + \cdots + e_{i_k j} \mid 1 \leqslant i_1 < i_2 < \cdots < i_k \leqslant r\}.$$

显然上式不依赖于 $e_{1j}, e_{2j}, \cdots, e_{rj}$ 的顺序. 由于行列式因子可以决定初等因子, 不妨将 $e_{1j}, e_{2j}, \cdots, e_{rj}$ 重新按递增排序, 那么此时 $D(\lambda)$ 即为标准形, 从而其初等因子即为

$$p_j(\lambda)^{e_{ij}}, \quad \text{其中} \quad i = 1, 2, \cdots, r,\ j = 1, 2, \cdots, s,\ e_{ij} \neq 0. \qquad \square$$

由此定理 8.3.4, 若 λ-矩阵 $A(\lambda)$ 相抵于对角形式的 λ-矩阵 $D(\lambda)$, 那么 $D(\lambda)$ 对角元的不可约分解中出现的不可约多项式方幂就是 $A(\lambda)$ 的全部初等因子.

习题 8.3

1. 求下列 λ-矩阵的各阶行列式因子:

(i) $\begin{pmatrix} 2\lambda & 1 & 0 \\ 0 & -\lambda(\lambda+2) & -3 \\ 0 & 0 & \lambda^2-1 \end{pmatrix}$; (ii) $\begin{pmatrix} \lambda & 0 & 0 & 5 \\ -1 & \lambda & 0 & 4 \\ 0 & -1 & \lambda & 3 \\ 0 & 0 & -1 & \lambda+2 \end{pmatrix}$;

(iii) $\begin{pmatrix} 1-\lambda & 2\lambda-1 & \lambda \\ \lambda & \lambda^2 & -\lambda \\ 1+\lambda^2 & \lambda^2+\lambda-1 & -\lambda^2 \end{pmatrix}$; (iv) $\begin{pmatrix} \lambda & 1 & 0 & 0 \\ 0 & \lambda & 1 & 0 \\ 0 & 1 & \lambda & 0 \\ 0 & 0 & 1 & \lambda \end{pmatrix}$.

2. 求上题中各 λ-矩阵的不变因子和初等因子.

3. 设 $A(\lambda)$ 是 5 阶方阵, 其秩为 4, 初等因子组是

$$\lambda, \ \lambda^2, \ \lambda^2, \ \lambda - 1, \ \lambda - 1, \ \lambda + 1, \ (\lambda + 1)^3.$$

求 $A(\lambda)$ 的标准形.

4. 设 n 阶 λ-矩阵

$$A(\lambda) = \begin{pmatrix} \lambda & & & a_0 \\ -1 & \ddots & & a_1 \\ & \ddots & \lambda & \vdots \\ & & -1 & \lambda + a_{n-1} \end{pmatrix}.$$

求证: $A(\lambda)$ 的不变因子为 $\underbrace{1, \ 1, \ \cdots, \ 1}_{n-1 \ \text{个}}, \ d_n(\lambda) = \lambda^n + a_{n-1}\lambda^{n-1} + \cdots + a_1\lambda + a_0.$

5. 设有 λ-矩阵

$$A(\lambda) = \begin{pmatrix} \lambda - \alpha & 0 & -1 & 0 \\ 0 & \lambda - \alpha & 0 & -1 \\ \beta^2 & 0 & \lambda - \alpha & 0 \\ 0 & \beta^2 & 0 & \lambda - \alpha \end{pmatrix},$$

$$B(\lambda) = \begin{pmatrix} 1 & 0 & 0 & 0 \\ 0 & 1 & 0 & 0 \\ 0 & 0 & (\lambda - \alpha)^2 + \beta^2 & 0 \\ 0 & 0 & 0 & (\lambda - \alpha)^2 + \beta^2 \end{pmatrix}.$$

判断 $A(\lambda)$ 与 $B(\lambda)$ 是否相抵.

6. 判断下列 λ-矩阵 $A(\lambda)$ 与 $B(\lambda)$ 是否相抵:

(i) $A(\lambda) = \begin{pmatrix} \lambda & 1 \\ 0 & \lambda \end{pmatrix}, B(\lambda) = \begin{pmatrix} 1 & -\lambda \\ 1 & \lambda \end{pmatrix};$

(ii) $A(\lambda) = \begin{pmatrix} \lambda(\lambda + 1) & 0 & 0 \\ 0 & \lambda & 0 \\ 0 & 0 & (\lambda + 1)^2 \end{pmatrix}, B(\lambda) = \begin{pmatrix} 0 & 0 & \lambda + 1 \\ 0 & 2\lambda & 0 \\ \lambda(\lambda + 1)^2 & 0 & 0 \end{pmatrix}.$

7. 求证: 若 F 上多项式 $f(\lambda)$ 与 $g(\lambda)$ 互素, 则下列 λ-矩阵彼此相抵:

$$A(\lambda) = \begin{pmatrix} f(\lambda) & 0 \\ 0 & g(\lambda) \end{pmatrix}, B(\lambda) = \begin{pmatrix} g(\lambda) & 0 \\ 0 & f(\lambda) \end{pmatrix}, C(\lambda) = \begin{pmatrix} 1 & 0 \\ 0 & f(\lambda)g(\lambda) \end{pmatrix}.$$

8. 设 $A = \mathrm{diag}\{A_1, A_2, \cdots, A_k\} \in F^{n \times n}$ 为分块对角矩阵, 其中 $A_1, A_2, \cdots, A_k$ 为方阵. 求证: A 的初等因子组为所有 $A_1, A_2, \cdots, A_k$ 的初等因子组之并.

第九章

Jordan标准形
理论

线性代数的主线之一, 就是将线性变换在适当基下的矩阵尽可能简化, 这也等价于将一个方阵通过相似变换尽可能简化, 这常常是解决线性代数实际问题的关键. 在《代数学 (一)》里, 我们已经系统研究了一个方阵可相似对角化的充要条件; 在本卷教材的前些章节, 我们给出了一些能相似对角化的重要线性变换和对应的矩阵. 对此问题的进一步研究的关键在于当一个线性变换或对应方阵不可相似对角化时, 如何找到一种方法使其相似于尽可能简单的一类变换或矩阵, 这是非常重要的.

这就是本章将研究 Jordan (若尔当) 标准形理论的目的. 我们将通过对线性变换的研究找出矩阵简化的途径, 为此我们从线性空间的广义特征子空间 (又称根子空间) 分解入手.

9.1 线性空间的广义特征子空间分解

设 V 是域 F 上的有限维线性空间, φ 是 V 上的线性变换. 为方便起见, 本章中特征多项式 $f_\varphi(\lambda)$ 也常记为 $f_\varphi(x)$. 设 $f_\varphi(x)$ 分裂, 即 $f_\varphi(x) = (x - \lambda_1)^{m_1}(x - \lambda_2)^{m_2} \cdots (x - \lambda_s)^{m_s}$, 其中 $\lambda_1, \lambda_2, \cdots, \lambda_s$ 是 φ 所有互不相同的特征值, 其代数重数分别为 $m_1, m_2, \cdots, m_s$. 对 $i = 1, 2, \cdots, s$, 令 V_{λ_i} 是 φ 关于 λ_i 的特征子空间, 即

$$V_{\lambda_i} = \mathrm{Ker}\,(\lambda_i \,\mathrm{id}_V - \varphi).$$

我们已经知道

$$V_{\lambda_1} \oplus V_{\lambda_2} \oplus \cdots \oplus V_{\lambda_s} \subseteq V, \tag{9.1}$$

并且 φ 可对角化当且仅当等式成立.

由此我们可以考虑如何将每个特征子空间适当扩大, 使得 (9.1) 式可改进为一般条件下 V 的直和分解, 并研究 φ 在此分解下的性质. 事实上, 我们将在下面的定理 9.1.1 中将 V 分解为由特征值决定的所谓广义特征子空间的直和.

首先给出定义. 我们知道特征值的一个重要因素是其代数重数, 即作为特征多项式根的重数. 设 λ 为 φ 的特征值, 代数重数为 m. 作为特征子空间 V_λ 的推广, 我们定义

$$\overline{V}_\lambda = \mathrm{Ker}\,(\lambda \,\mathrm{id}_V - \varphi)^m,$$

称为 φ 关于特征值 λ 的**根子空间**或**广义特征子空间**, $\overline{V}_\lambda$ 中的非零向量称为 φ 关于特征值 λ 的**广义特征向量**. 显然 V_λ 是 $\overline{V}_\lambda$ 的子空间. 特别地, 当 $m = 1$ 时, $V_\lambda = \overline{V}_\lambda$ 是一维空间.

由 φ 与 $(\lambda \,\mathrm{id}_V - \varphi)^e$ 可交换易知, $\overline{V}_\lambda$ 是 φ-不变子空间.

定理 9.1.1　　设 V 是域 F 上的有限维线性空间, φ 是 V 上的线性变换, 其特征多项式 $f(x) = f_\varphi(x)$ 分裂, 即 $f(x) = (x - \lambda_1)^{m_1}(x - \lambda_2)^{m_2}\cdots(x - \lambda_s)^{m_s}$, 其中 $\lambda_1, \lambda_2, \cdots, \lambda_s \in F$ 是 φ 所有不同的特征值, 那么

(i) 对 $i = 1, 2, \cdots, s$, 有 $\overline{V}_{\lambda_i} = \operatorname{Im} f_i(\varphi)$, 其中 $f_i(x) = \dfrac{f(x)}{(x - \lambda_i)^{m_i}}$;

(ii) (广义特征子空间分解) $V = \overline{V}_{\lambda_1} \oplus \overline{V}_{\lambda_2} \oplus \cdots \oplus \overline{V}_{\lambda_s}$.

证明　　(i) 由 Hamilton-Cayley (哈密顿–凯莱) 定理有 $f(\varphi) = \mathbf{0}$, 因此由 $f(x) = (x - \lambda_i)^{m_i} f_i(x)$ 可得

$$\operatorname{Im} f_i(\varphi) \subseteq \operatorname{Ker}(\varphi - \lambda_i \operatorname{id}_V)^{m_i} = \overline{V}_{\lambda_i}, \quad i = 1, 2, \cdots, s.$$

另一方面 $(x - \lambda_i)^{m_i}$ 与 $f_i(x)$ 互素, 因此存在 $g(x), h(x) \in F[x]$, 使得

$$g(x)(x - \lambda_i)^{m_i} + h(x) f_i(x) = 1.$$

这表明对任意 $v \in \overline{V}_{\lambda_i}$, 有

$$v = h(\varphi) f_i(\varphi)(v) = f_i(\varphi) h(\varphi)(v) \in \operatorname{Im} f_i(\varphi). \tag{9.2}$$

因此 $\operatorname{Im} f_i(\varphi) = \overline{V}_{\lambda_i}$.

(ii) 首先证明

$$V = \overline{V}_{\lambda_1} + \overline{V}_{\lambda_2} + \cdots + \overline{V}_{\lambda_s}. \tag{9.3}$$

不难看出 $(f_1(x), f_2(x), \cdots, f_s(x)) = 1$, 因此存在 $g_1(x), g_2(x), \cdots, g_s(x) \in F[x]$, 使得

$$f_1(x) g_1(x) + f_2(x) g_2(x) + \cdots + f_s(x) g_s(x) = 1.$$

由 (i), 这表明对任意 $v \in V$, 有

$$v = f_1(\varphi) g_1(\varphi)(v) + f_2(\varphi) g_2(\varphi)(v) + \cdots + f_s(\varphi) g_s(\varphi)(v)$$

$$\in \operatorname{Im} f_1(\varphi) + \operatorname{Im} f_2(\varphi) + \cdots + \operatorname{Im} f_s(\varphi) = \overline{V}_{\lambda_1} + \overline{V}_{\lambda_2} + \cdots + \overline{V}_{\lambda_s}.$$

再证明 (9.3) 式是直和. 设 $v_i \in \overline{V}_{\lambda_i}$, $i = 1, 2, \cdots, s$, 使得

$$v_1 + v_2 + \cdots + v_s = \mathbf{0}.$$

任取 $i = 1, 2, \cdots, s$, 若 $i \neq j$, 则 $(x - \lambda_j)^{m_j} \mid f_i(x)$, 因此 $f_i(\varphi)(v_j) = 0$. 那么由上式可得 $f_i(\varphi)(v_i) = \mathbf{0}$, 再由 (9.2) 式即得

$$v_i = h(\varphi) f_i(\varphi)(v_i) = \mathbf{0}.$$

这表明 (9.3) 式是直和. □

一般域 F 上的正次多项式未必分裂, 因此定理 9.1.1 中 φ 的特征多项式 $f_\varphi(x)$ 分裂的条件未必总成立. 但若 F 是代数闭域 (定义 8.3.2), 例如 $F = \mathbb{C}$, 则 F 上的正次多项式均分裂, 故定理 9.1.1 的结论对 F 上任意线性变换 φ 均成立.

当 $f_\varphi(x)$ 分裂时, 由定理 9.1.1 有 $V = \overline{V}_{\lambda_1} \oplus \overline{V}_{\lambda_2} \oplus \cdots \oplus \overline{V}_{\lambda_s}$, 其中 $\overline{V}_{\lambda_i}$ 是 φ-不变的, $i = 1, 2, \cdots, s$. 因此若 γ_i 是 $\overline{V}_{\lambda_i}$ 的一组基, 则 $\gamma = \gamma_1 \cup \gamma_2 \cup \cdots \cup \gamma_s$ 是 V 的一组基, 且 φ 在 γ 下的矩阵为分块对角矩阵

$$A = \begin{pmatrix} A_1 & & & \\ & A_2 & & \\ & & \ddots & \\ & & & A_s \end{pmatrix},$$

其中 A_i 是 $\varphi_{\overline{V}_{\lambda_i}}$ 在 γ_i 下的矩阵, $i = 1, 2, \cdots, s$.

于是接下来的关键问题是:

问题 9.1.1 怎么找 $\overline{V}_{\lambda_i}$ 的一组基 γ_i, 使得矩阵 A_i 为形式相对简单的矩阵, 即使得 A 的对角块变得简单?

习题 9.1

1. 设 $\mathbb{R}^3$ 上有一个线性变换:

$$\varphi : \mathbb{R}^3 \to \mathbb{R}^3, \quad (x_1, x_2, x_3) \mapsto (x_1 + x_2, x_3 + x_2, x_3).$$

请问下列 $\mathbb{R}^3$ 的子空间哪些是 φ-不变的?

(i) $\{(0, 0, c) \mid c \in \mathbb{R}\}$;　　(ii) $\{(0, b, c) \mid b, c \in \mathbb{R}\}$;

(iii) $\{(a, 0, 0) \mid a \in \mathbb{R}\}$;　　(iv) $\{(a, b, 0) \mid a, b \in \mathbb{R}\}$;

(v) $\{(a, 0, c) \mid a, c \in \mathbb{R}\}$;　　(vi) $\{(a, -a, 0) \mid a \in \mathbb{R}\}$.

2. 设 φ 是 n 维线性空间 V 上的一个线性变换, W 是 φ 的一个不变子空间. 求证: 若 φ 可逆, 则 W 也是 φ^{-1} 的一个不变子空间.

3. 设 V 是线性空间, φ, ψ 是 V 上的线性变换, 且 $\varphi\psi = \psi\varphi$. 求证:

(i) 若 λ 是 φ 的特征值, 则 φ 关于 λ 的特征子空间 V_λ 是 ψ-不变的;

(ii) 若 V 是有限维复线性空间, 则 φ, ψ 至少有一个公共特征向量.

4. 设 φ 是 n 维线性空间 V 的线性变换, 证明: V 可以分解成 n 个一维 φ-不变子空间的直和的充要条件是 V 有一组由 φ 的特征向量组成的基.

5. 设 V 是域 F 上的线性空间, $\varphi : V \to V$ 是线性变换, $g(x) \in F[x]$ 非零且 $g(\varphi) = 0$. 假设 $g(x) = \prod\limits_{i=1}^{k} g_i(x)$, 其中 $g_i(x) \in F[x]$ 两两互素. 定义多项式 $\tilde{g}_i(x) = \prod\limits_{j \neq i} g_j(x)$ 和线性空间 $V_i = \operatorname{Ker} g_i(\varphi)$, 其中 $i = 1, 2, \cdots, k$. 求证:

(i) V_i 是 φ-不变子空间并且 $V_i = \operatorname{Im} \widetilde{g}_i(\varphi)$, $i = 1, 2, \cdots, k$;

(ii) V 有直和分解 $V = \bigoplus\limits_{i=1}^{k} V_i$.

6. 设 φ 是实线性空间 V 上的线性变换, 证明下列陈述等价:

(i) $\varphi_{\mathbb{C}}$ 的所有特征值都是实的;

(ii) 存在 V 的一组基 α, 使得线性变换 φ 在 α 下的矩阵是上三角形的;

(iii) V 有一组由 φ 的广义特征向量组成的基.

9.2　幂零变换下的循环子空间分解

首先介绍循环子空间的概念.

定义 9.2.1　设 φ 是线性空间 V 上的线性变换, W 是 V 的子空间. 若存在 $v \in V$, 使得

$$W = \operatorname{Span}\{v, \varphi(v), \varphi^2(v), \cdots\},$$

则称 W 是由 v 生成的 φ-**循环子空间**, 记作 $W = C_{\varphi}(v)$.

由定义, φ-循环子空间 $C_{\varphi}(v)$ 显然是 φ-不变的. 对有限维线性空间, 我们有如下关于 φ-循环子空间的一般结果.

引理 9.2.1　设 φ 是有限维线性空间 V 上的线性变换, $v \in V$ 非零. 对正整数 i, 定义

$$C_{\varphi,i}(v) = \operatorname{Span}\{v, \varphi(v), \cdots, \varphi^{i-1}(v)\}.$$

令 $k = \min\{i \in \mathbb{Z}_+ \mid C_{\varphi,i}(v) = C_{\varphi,i+1}(v)\}$, 那么 $C_{\varphi}(v) = C_{\varphi,k}(\varphi)$ 且维数为 k, 即 $v, \varphi(v), \cdots, \varphi^{k-1}(v)$ 是 $C_{\varphi}(v)$ 的一组基, 称为 $C_{\varphi}(v)$ 的**循环基**.

证明　有限维线性空间 V 中有子空间上升链

$$C_{\varphi,1}(v) \subseteq C_{\varphi,2}(v) \subseteq \cdots$$

且其并集即为子空间 $C_{\varphi}(v)$, 故存在正整数 i 使得 $C_{\varphi,i}(v) = C_{\varphi,i+1}(v)$. 那么引理中的 k 是合理定义的, 并且由定义不难证明对 $i = 1, 2, \cdots, k$, 有 $\dim C_{\varphi,i} = i$. 因此要证明 $C_{\varphi}(v) = C_{\varphi,k}(\varphi)$ 且维数为 k, 只需证明对任意 $i \geqslant k$, 有

$$C_{\varphi,i+1}(v) = C_{\varphi,i}(v). \tag{9.4}$$

我们通过对 $i \geqslant k$ 归纳证明 (9.4) 式. 当 $i = k$ 时, 由 k 的定义即得. 若 (9.4) 式对某个 $i \geqslant k$ 成立, 则 $\varphi^i(v) \in C_{\varphi,i}(v) = \operatorname{Span}\{v, \varphi(v), \cdots, \varphi^{i-1}(v)\}$. 那么有

$$\varphi^{i+1}(v) \in \operatorname{Span}\{\varphi(v), \varphi^2(v), \cdots, \varphi^i(v)\} \subseteq C_{\varphi,i+1}(v).$$

由此即得 $C_{\varphi,i+2}(v) = C_{\varphi,i+1}(v)$. 由归纳法结论得证. $\square$

定义 9.2.2   设 φ 是线性空间 V 上的线性变换. 若存在正整数 N 使得 $\varphi^N = \mathbf{0}$, 则称 φ 是幂零线性变换.

引理 9.2.2   若 V 上线性变换 φ 幂零, $v \in V$ 非零, 则

$$\dim C_\varphi(v) = \min\{i \in \mathbb{Z}_+ \mid \varphi^i(v) = \mathbf{0}\}.$$

证明   令 $m = \min\{i \in \mathbb{Z}_+ \mid \varphi^i(v) = \mathbf{0}\}$, 由 φ 幂零知 m 是合理定义的, 那么对任意 $i \geqslant m$, 有 $\varphi^i(v) = \mathbf{0}$, 从而 $C_\varphi(v) = \mathrm{Span}\{v, \varphi(v), \cdots, \varphi^{m-1}(v)\}$. 这表明 $\dim C_\varphi(v) \leqslant m$. 因此只需再证明 $v, \varphi(v), \cdots, \varphi^{m-1}(v)$ 线性无关. 设 $a_0, a_1, \cdots, a_{m-1} \in F$, 使得

$$a_0 v + a_1 \varphi(v) + a_{m-1} \varphi^{m-1}(v) = \mathbf{0}.$$

由 m 的定义, 以 φ^{m-1} 作用于上式可得 $a_0 \varphi^{m-1}(v) = \mathbf{0}$, 从而 $a_0 = 0$. 那么再以 φ^{m-2} 作用于上式可得 $a_1 \varphi^{m-1}(v) = \mathbf{0}$ 从而 $a_1 = 0$. 依次类推即可证明 $a_i = 0$, $i = 0, 1, \cdots, m-1$. $\square$

定理 9.2.1   设 φ 是 n 维线性空间 V 上的幂零线性变换, $n > 0$. 令 $t = \dim \mathrm{Ker}\,\varphi$, 那么

(i) V 可以分解成 t 个 φ-循环子空间的直和, 即存在非零向量 $\alpha_1, \alpha_2, \cdots, \alpha_t \in V$, 使得 $V = C_\varphi(\alpha_1) \oplus C_\varphi(\alpha_2) \oplus \cdots \oplus C_\varphi(\alpha_t)$;

(ii) V 有如下一组基:

$$\alpha_1, \varphi(\alpha_1), \cdots, \varphi^{k_1-1}(\alpha_1), \alpha_2, \varphi(\alpha_2), \cdots, \varphi^{k_2-1}(\alpha_2), \cdots, \alpha_t, \varphi(\alpha_t), \cdots, \varphi^{k_t-1}(\alpha_t),$$
$$(9.5)$$

其中 $k_i = \dim C_\varphi(\alpha_i)$, $i = 1, 2, \cdots, t$, 并且 φ 在此基下的矩阵是

$$\begin{pmatrix} \begin{matrix} 0 & & & \\ 1 & 0 & & \\ & \ddots & \ddots & \\ & & 1 & 0 \end{matrix} & & \\ & \ddots & \\ & & \begin{matrix} 0 & & & \\ 1 & 0 & & \\ & \ddots & \ddots & \\ & & 1 & 0 \end{matrix} \end{pmatrix}_{n \times n}, \qquad (9.6)$$

其中对角块的阶数从左上到右下依次为 $k_1, k_2, \cdots, k_t$.

证明 对 V 的维数 n 作归纳. 当 $n = 1$ 时, 可通过考虑一阶矩阵证明 $\varphi = \mathbf{0}$, 此时结论显然. 假设当 $\dim V < n$ 时结论成立, 并考虑 $\dim V = n$ 时的情况.

由 φ 幂零知 φ 不可逆, 从而不满秩, 即 $\dim \operatorname{Im} \varphi < n$. 由于 $\operatorname{Im} \varphi$ 是 φ-不变的, 显然 φ 在 $\operatorname{Im} \varphi$ 上的限制也是幂零的. 那么由归纳假设有直和分解:

$$\operatorname{Im} \varphi = C_\varphi(\beta_1) \oplus C_\varphi(\beta_2) \oplus \cdots \oplus C_\varphi(\beta_s)$$

并且 $\operatorname{Im} \varphi$ 有如下形式的基:

$$
\begin{array}{cccc}
\beta_1, & \beta_2, & \cdots, & \beta_s, \\
\varphi(\beta_1), & \varphi(\beta_2), & \cdots, & \varphi(\beta_s), \\
\vdots & \vdots & & \vdots \\
\varphi^{k_1'-1}(\beta_1), & \varphi^{k_2'-1}(\beta_2), & \cdots, & \varphi^{k_s'-1}(\beta_s),
\end{array}
\tag{9.7}
$$

其中 $k_i' = \dim C_\varphi(\beta_i)$, $i = 1, 2, \cdots, s$.

由于 $\beta_1, \beta_2, \cdots, \beta_s \in \operatorname{Im} \varphi$, 故存在 $\alpha_1, \alpha_2, \cdots, \alpha_t \in V$, 使得

$$\varphi(\alpha_1) = \beta_1, \ \varphi(\alpha_2) = \beta_2, \ \cdots, \ \varphi(\alpha_s) = \beta_s.$$

令 $k_i = k_i' + 1$, $i = 1, 2, \cdots, s$, 那么由引理 9.2.2, (9.7) 式中最后一行向量

$$\varphi^{k_i-1}(\alpha_i) = \varphi^{k_i'-1}(\beta_i), \quad i = 1, 2, \cdots, s$$

是 $\operatorname{Ker} \varphi$ 中的一组线性无关向量. 将其扩充为 $\operatorname{Ker} \varphi$ 的一组基

$$\varphi^{k_1-1}(\alpha_1), \varphi^{k_2-1}(\alpha_2), \cdots, \varphi^{k_s-1}(\alpha_s), \alpha_{s+1}, \alpha_{s+2}, \cdots, \alpha_t,
\tag{9.8}$$

其中 $t = \dim \operatorname{Ker} \varphi$. 另一方面, 向量

$$
\begin{array}{cccc}
\alpha_1, & \alpha_2, & \cdots, & \alpha_s, \\
\varphi(\alpha_1), & \varphi(\alpha_2), & \cdots, & \varphi(\alpha_s), \\
\vdots & \vdots & & \vdots \\
\varphi^{k_1'-1}(\alpha_1), & \varphi^{k_2'-1}(\alpha_2), & \cdots, & \varphi^{k_s'-1}(\alpha_s)
\end{array}
\tag{9.9}
$$

是 $\operatorname{Im} \varphi$ 的基 (9.7) 在 φ 下的一组原像. 由像空间和核空间的关系 (见《代数学 (一)》), (9.8) 和 (9.9) 式中向量之并即为形如 (9.7) 式的一组基, 排列为

$$
\begin{array}{ccccccc}
\alpha_1, & \alpha_2, & \cdots, & \alpha_s, & \alpha_{s+1}, & \alpha_{s+2}, \cdots, & \alpha_t, \\
\varphi(\alpha_1), & \varphi(\alpha_2), & \cdots, & \varphi(\alpha_s), & & & \\
\vdots & \vdots & & \vdots & & & \\
\varphi^{k_1-1}(\alpha_1), & \varphi^{k_2-1}(\alpha_2), & \cdots, & \varphi^{k_s-1}(\alpha_s).
\end{array}
$$

注意到 $k_i = \dim C_\varphi(\alpha_i) = 1$, $i = s+1, s+2, \cdots, t$, 那么 V 可分解为由上述每列中基向量张成的循环子空间的直和, 即有

$$V = C_\varphi(\alpha_1) \oplus C_\varphi(\alpha_2) \oplus \cdots \oplus C_\varphi(\alpha_t).$$

由引理 9.2.2 可直接验证 φ 在基 (9.7) 下的矩阵即为矩阵 (9.6).

由归纳法结论得证. $\square$

习题 9.2

1. 设 $\varphi : V \to V$ 是线性变换, $v \in V$, 求证: $C_\varphi(v)$ 是包含 v 的最小的 φ-不变子空间.

2. 设 φ 为 n 维线性空间 V 上的线性变换, 满足 $\varphi^{n-1} \neq \mathbf{0}$, $\varphi^n = \mathbf{0}$. 证明 V 有且只有 $n+1$ 个 φ-不变子空间.

3. 设 φ 为 n 维线性空间 V 上的线性变换, 且有 n 个不同的特征值. 证明 V 有且只有 2^n 个 φ-不变子空间.

4. 设 A, B 为两个 n 阶复方阵, 满足 $AB = BA$. 证明存在 n 阶可逆矩阵 P 使得 PAP^{-1}, PBP^{-1} 同时为上三角形矩阵.

5. 设 A, B 为两个 n 阶复方阵, 满足 $AB = BA$, 且存在正整数 N 使得 $A^N = O$. 证明 $|A + B| = |B|$.

6. 举例说明, 上题中的条件 $AB = BA$ 不能去掉.

7. 设 φ 是有限维线性空间 V 上的线性变换, W 是 V 的 φ-不变子空间, φ_W 是 φ 限制在 W 上的线性变换, $\varphi_{V/W}$ 是由 φ 所诱导的商空间 V/W 上的线性变换. 求证: 若 $\varphi_W, \varphi_{V/W}$ 均幂零, 则 φ 幂零.

9.3　Jordan 标准形的存在性

设 V 是域 F 上的有限维线性空间, V 上线性变换 φ 的特征多项式分裂. 特别地, 若 F 是代数闭域, 则 V 上任意线性变换的特征多项式总是分裂的. 下面我们来回答问题 9.1.1. 先来观察对每个特征值 λ_i, $i = 1, 2, \cdots, s$, 线性变换 $\varphi_{\overline{V}_{\lambda_i}}$ 的特点.

由定理 9.1.1, $V = \overline{V}_{\lambda_1} \oplus \overline{V}_{\lambda_2} \oplus \cdots \oplus \overline{V}_{\lambda_s}$, 其中

$$\overline{V}_{\lambda_i} = \operatorname{Ker}(\varphi - \lambda_i \operatorname{id}_V)^{m_i}$$

是 φ 关于特征值 λ_i 的广义特征子空间, m_i 是 λ_i 的代数重数, $i = 1, 2, \cdots, s$. 令

$$\varphi_i = (\varphi - \lambda_i \operatorname{id}_V)_{\overline{V}_{\lambda_i}} = \varphi_{\overline{V}_{\lambda_i}} - \lambda_i \operatorname{id}_{\overline{V}_{\lambda_i}}, \quad i = 1, 2, \cdots, s,$$

那么 $\varphi_i^{m_i} = \mathbf{0}$, 即 φ_i 是广义特征子空间 $\overline{V}_{\lambda_i}$ 上的幂零变换.

令 $p_i = \dim \overline{V}_{\lambda_i}$, 那么由定理 9.2.1, 存在 $\overline{V}_{\lambda_i}$ 的基 γ_i, 使得 φ_i 在 γ_i 下的矩阵是

$$B_i = \begin{pmatrix} \begin{matrix} 0 & & & \\ 1 & 0 & & \\ & \ddots & \ddots & \\ & & 1 & 0 \end{matrix} & & \\ & \ddots & \\ & & \begin{matrix} 0 & & & \\ 1 & 0 & & \\ & \ddots & \ddots & \\ & & 1 & 0 \end{matrix} \end{pmatrix}_{p_i \times p_i},$$

其中对角块的个数为

$$t_i = \dim \operatorname{Ker} \varphi_i = \dim V_{\lambda_i}, \tag{9.10}$$

即为 λ_i 的几何重数. 其对角块即为 φ_i 在 φ_i-循环子空间直和项的限制在循环基下的矩阵, 设阶数依次为 $k_{i1}, k_{i2}, \cdots, k_{it_i}$.

由于 $\lambda_i \operatorname{id}_{\overline{V}_{\lambda_i}}$ 在基 γ_i 下的矩阵是 $\lambda_i I_{p_i}$, 因此 $\varphi_{\overline{V}_{\lambda_i}} = \lambda_i \operatorname{id}_{\overline{V}_{\lambda_i}} + \varphi_i$ 在 γ_i 下的矩阵是

$$J_i = \lambda_i I_{p_i} + B_i = \begin{pmatrix} \begin{matrix} \lambda_i & & & \\ 1 & \lambda_i & & \\ & \ddots & \ddots & \\ & & 1 & \lambda_i \end{matrix} & & \\ & \ddots & \\ & & \begin{matrix} \lambda_i & & & \\ 1 & \lambda_i & & \\ & \ddots & \ddots & \\ & & 1 & \lambda_i \end{matrix} \end{pmatrix}, \tag{9.11}$$

其中对角块的阶数依次是 $k_{i1}, k_{i2}, \cdots, k_{it_i}$.

由此结论, 我们引入如下概念:

<u>定义 9.3.1</u>　形如

$$J_k(\lambda) \stackrel{\text{def}}{=} \begin{pmatrix} \lambda & & & \\ 1 & \lambda & & \\ & \ddots & \ddots & \\ & & 1 & \lambda \end{pmatrix}_{k \times k}$$

的矩阵称为 **Jordan 块**. 由若干个 Jordan 块 $A_1, A_2, \cdots, A_t$ 组成的分块对角矩阵

$$J = \begin{pmatrix} A_1 & & & \\ & A_2 & & \\ & & \ddots & \\ & & & A_t \end{pmatrix} \tag{9.12}$$

称为 **Jordan 形矩阵**.

那么对 $i = 1, 2, \cdots, s$, $\varphi_{\overline{V}_{\lambda_i}}$ 在基 γ_i 下的矩阵 (9.11) 即为 Jordan 形矩阵

$$J_i = \begin{pmatrix} J_{k_{i1}}(\lambda_i) & & & \\ & J_{k_{i2}}(\lambda_i) & & \\ & & \ddots & \\ & & & J_{k_{it_i}}(\lambda_i) \end{pmatrix}, \tag{9.13}$$

其中 Jordan 块的个数为 $t_i = \dim V_{\lambda_i}$, 即 λ_i 的几何重数.

于是 φ 在 V 的基 $\gamma = \gamma_1 \cup \gamma_2 \cup \cdots \cup \gamma_s$ 下的矩阵是

$$J = \begin{pmatrix} J_1 & & & \\ & J_2 & & \\ & & \ddots & \\ & & & J_s \end{pmatrix}, \tag{9.14}$$

这是一个 Jordan 形矩阵. 基 γ 中的每个部分 γ_i 为广义特征子空间 $\overline{V}_{\lambda_i}$ 中 φ_i-循环子空间直和项的循环基之并. 我们将此基 γ 称为 V 关于 φ 的 **Jordan 标准基**.

由于线性变换在不同基下的矩阵相似, 作为总结我们得到如下结论:

定理 9.3.1　(i) 设 V 是域 F 上的有限维线性空间, φ 是 V 上的线性变换. 若 φ 的特征多项式分裂, 则存在 V 关于 φ 的 Jordan 标准基, 使得 φ 在此基下的矩阵是 Jordan 形矩阵 J;

(ii) 若域 F 上的 n 阶方阵 A 的特征多项式分裂, 则 A 与一个 Jordan 形矩阵 J 相似.

我们将定理 9.3.1 中线性变换 φ 在 Jordan 标准基下的 Jordan 形矩阵 (或者与矩阵 A 相似的 Jordan 形矩阵) J 称为 φ (或 A) 的 **Jordan 标准形**.

定理 9.3.1 给出了特征多项式分裂的线性变换 φ 和矩阵 A 的 Jordan 标准形的**存在性**. 本章后面的小节中我们将证明线性变换 φ 和矩阵 A 的 Jordan 标准形的**唯一性**, 同时给出 Jordan 标准形的具体计算方法.

最后给出一些 Jordan 块和 Jordan 形矩阵的具体例子.

例 9.3.1　　(i) 复矩阵

$$
\begin{pmatrix} i & 0 & 0 \\ 1 & i & 0 \\ 0 & 1 & i \end{pmatrix}, \quad
\begin{pmatrix} 1 & & \\ 1 & 1 & \\ & 1 & 1 \end{pmatrix}, \quad
\begin{pmatrix} 0 & & & \\ 1 & 0 & & \\ & 1 & 0 & \\ & & 1 & 0 \end{pmatrix}
$$

都是 Jordan 块, 而

$$
\begin{pmatrix}
1 & & & & & \\
1 & 1 & & & & \\
& & 2 & & & \\
& & & 2 & & \\
& & & 1 & 2 & \\
& & & & & -1
\end{pmatrix}
$$

是一个 Jordan 形矩阵.

(ii) 特别地, 对角矩阵是一个 Jordan 形矩阵, 其中的 Jordan 块均为一阶方阵.

(iii) (9.14) 式中的 Jordan 形矩阵 J 为下三角形矩阵, J 的对角元即为其所有特征值 (按重数计算). 显然 J 的特征多项式为 $f(x) = (x - \lambda_1)^{m_1}(x - \lambda_2)^{m_2} \cdots (x - \lambda_s)^{m_s}$, 其中

$$
m_i = k_{i1} + k_{i2} + \cdots + k_{it_i}, \quad i = 1, 2, \cdots, s.
$$

习题 9.3

1. 设 $\varphi : V \to V$ 是幂零线性变换, 证明 $\mathrm{id}_V + \varphi$ 是可逆线性变换.

2. 设 V 是线性空间, V_i 是 V 的子空间, 其中 $i = 1, 2, \cdots, k$. 令 $V_1 \times V_2 \times \cdots \times V_k$ 是这些 V_i 的积空间. 定义映射

$$
\phi : V_1 \times V_2 \times \cdots \times V_k \to V, \quad (v_1, v_2, \cdots, v_k) \mapsto v_1 + v_2 + \cdots + v_k.
$$

求证:

(i) ϕ 是线性映射, 且 $\operatorname{Im}\phi = V_1 + V_2 + \cdots + V_k$;

(ii) ϕ 是线性同构等价于 $V = V_1 \oplus V_2 \oplus \cdots \oplus V_k$.

3. 设 φ 是有限维线性空间 V 上的线性变换. 若对 V 的任意一个 φ-不变子空间 W, 都存在一个 φ-不变子空间 U, 使得 $V = W \oplus U$, 则称 φ 是**半单**的. 求证: 若 φ 可对角化, 则 φ 是半单的.

4. 设 φ 是有限维线性空间 V 上的线性变换, 求证: 若 φ 既可对角化又幂零, 则 $\varphi = \mathbf{0}$.

5. 设 φ 是有限维线性空间 V 上的线性变换, W 是一个 φ-不变子空间. 求证:

(i) 若 φ 可对角化, 则 φ_W 也可对角化;

(ii) 若 φ 幂零, 则 φ_W 也是幂零的.

6. 证明任意一个复方阵都可写成两个对称复方阵之积.

7. 设 V 是域 F 上的 n 维线性空间, $\alpha = \{\alpha_1, \alpha_2, \cdots, \alpha_n\}$ 是 V 的一组基, $\alpha' = \{\alpha_n, \alpha_{n-1}, \cdots, \alpha_1\}$ 是将 α 中向量反序后得到的另一组基, V 上线性变换 φ 在这两组基 α 和 α' 下的矩阵分别为 $A = (a_{ij})$ 和 $B = (b_{ij})$. 证明 $b_{ij} = a_{n+1-i,n+1-j}$, 并验证当 B 是 Jordan 块时有 $A = B^{\mathrm{T}}$.

8. 设有 Jordan 块 $J = J_n(\lambda) \in F^{n \times n}$, 找一个 n 阶可逆矩阵 P 使得 $P^{-1}JP = J^{\mathrm{T}}$.

9. 设有 Jordan 块 $J = J_n(\lambda) \in \mathbb{C}^{n \times n}$.

(i) 求出所有与 J 可交换的矩阵;

(ii) 设 W 为由所有与 J 可交换的 n 阶复方阵之集, 证明 W 是 $\mathbb{C}^{n \times n}$ 的一个子空间, 并求 $\dim W$;

(iii) 证明: 若 $A \in \mathbb{C}^{n \times n}$ 与 J 可交换, 则存在多项式 $f(x) \in \mathbb{C}[x]$, 使得 $f(J) = A$.

10. 求证: n 阶复方阵 A 幂零当且仅当 $\operatorname{tr}(A^p) = 0$, $p = 1, 2, \cdots, n$.

11. 求证: 任意复方阵 A 存在分解 $A = ST$, 其中 S, T 为对称矩阵. 特别地, 若 A 是实方阵, 则矩阵 S, T 可取为实对称矩阵.

12. 求证: 任意反对称复方阵 A 可表示为 $A = S_1 S_2 - S_2 S_1$ 的形式, 其中 S_1 和 S_2 均为对称矩阵.

13. 设 n 维酉空间 V 上线性变换 φ 的特征值模长均为 1, 且对于任意 $v \in V$, 都有 $|\varphi(v)| \leqslant |v|$. 证明 φ 是保距线性变换.

9.4 域上矩阵相似的 λ-矩阵刻画

上节中我们证明了特征多项式分裂的任意方阵 A 都相似于一个 Jordan 标准形矩阵 J, 即存在一个可逆方阵 P 使得 $P^{-1}AP = J$. 本节和下节中我们将把矩阵的相似关

系转化为特殊形式 λ-矩阵的相抵关系, 并通过这种关系的唯一性来完成 Jordan 标准形唯一性的证明, 同时给出方阵 Jordan 标准形的具体计算方法.

我们首先指出, 由于域和多项式代数性质不同, 一般而言 λ-矩阵和域上矩阵的性质亦有很大区别, 但特殊形式的 λ-矩阵可用于域上矩阵一些性质的刻画. 比如上面提到域上矩阵的相似关系即可通过 λ-矩阵的相抵关系来刻画.

注意本节和下节中讨论的矩阵均为方阵.

定义 9.4.1 对域 F 上的 n 阶方阵 A, 称 λ-矩阵 $\lambda I_n - A$ 为 A 的**特征矩阵**.

对方阵 A 定义特征矩阵的原因自然是其行列式 $|\lambda I_n - A|$ 即为 A 的特征多项式. 事实上, 特征矩阵就是我们主要用到的 λ-矩阵.

本节的主要结论是:

定理 9.4.1 设 A 和 B 是域 F 上的 n 阶方阵, 那么 A 与 B 相似当且仅当它们的特征矩阵 $\lambda I_n - A$ 与 $\lambda I_n - B$ 相抵.

由 8.2 节中的矩阵多项式表达, 域 F 上的 λ-矩阵 $A(\lambda)$ 可表示为

$$A(\lambda) = \lambda^m D_0 + \lambda^{m-1} D_1 + \cdots + \lambda D_{m-1} + D_m,$$

其中系数矩阵 $D_0, D_1, \cdots, D_m$ 都是 F 上的矩阵, 并且 $D_0 \neq O$. 此时 $A(\lambda)$ 的次数为 $\deg A(\lambda) = m$.

引理 9.4.1 设有域 F 上的 n 阶方阵 A 和 B. 若存在 F 上矩阵 P, Q 使得 $\lambda I_n - A = P(\lambda I_n - B)Q$, 则 A 与 B 相似.

证明 根据假设有

$$\lambda I_n - A = P(\lambda I_n - B)Q = \lambda PQ - PBQ,$$

比较两边系数矩阵得

$$I_n = PQ, \quad A = PBQ.$$

因此 $Q = P^{-1}$, $A = PBP^{-1}$, 从而 A 与 B 相似. $\qquad\square$

引理 9.4.2 对域 F 上的 n 阶方阵 A 和 n 阶 λ-矩阵 $U(\lambda)$, 存在唯一的 λ-矩阵 $Q(\lambda)$ 与 $R(\lambda)$ 以及 F 上矩阵 U_0 与 V_0, 使得

$$U(\lambda) = (\lambda I_n - A)Q(\lambda) + U_0, \quad V(\lambda) = R(\lambda)(\lambda I_n - A) + V_0. \tag{9.15}$$

证明 我们只证明 (9.15) 中的第一个等式, 第二个等式类似可证. 设 $m = \deg U(\lambda)$, 那么

$$U(\lambda) = \lambda^m D_0 + \lambda^{m-1} D_1 + \cdots + \lambda D_{m-1} + D_m,$$

其中 $D_0, D_1, \cdots, D_m$ 为 F 上矩阵, $D_0 \neq O$.

若 $m = 0$, 取 $Q(\lambda) = O$, $U_0 = U(\lambda)$ 即可.

设 $m > 0$, 令 $Q(\lambda) = \lambda^{m-1}Q_0 + \lambda^{m-2}Q_1 + \cdots + Q_{m-1}$. 将 $U(\lambda)$ 与 $Q(\lambda)$ 的矩阵多项式表达代入 $U(\lambda) = (\lambda I_n - A)Q(\lambda) + U_0$ 可得

$$\lambda^m D_0 + \lambda^{m-1}D_1 + \cdots + \lambda D_{m-1} + D_m$$
$$= \lambda^m Q_0 + \lambda^{m-1}(Q_1 - AQ_0) + \cdots + \lambda^{m-k}(Q_k - AQ_{k-1}) + \cdots +$$
$$\lambda(Q_{m-1} - AQ_{m-2}) - AQ_{m-1} + U_0.$$

比较两边系数矩阵得

$$\begin{cases} D_0 = Q_0, \\ D_1 = Q_1 - AQ_0, \\ \qquad \cdots\cdots\cdots \\ D_k = Q_k - AQ_{k-1}, \\ \qquad \cdots\cdots\cdots \\ D_{m-1} = Q_{m-1} - AQ_{m-2}, \\ D_m = -AQ_{m-1} + U_0, \end{cases}$$

从而

$$\begin{cases} Q_0 = D_0, \\ Q_1 = D_1 + AQ_0, \\ \qquad \cdots\cdots\cdots \\ Q_k = D_k + AQ_{k-1}, \\ \qquad \cdots\cdots\cdots \\ Q_{m-1} = D_{m-1} + AQ_{m-2}, \\ U_0 = D_m + AQ_{m-1}. \end{cases}$$

由此递推公式即可求出唯一的 $Q(\lambda)$ 和 U_0 满足 (9.15) 式. $\qquad\square$

注意到 (9.15) 式可理解为 λ-矩阵, 也就是矩阵系数多项式的带余除法, 其中除式为一次多项式. 由于矩阵乘法非交换, 此时带余除法有左右之分. 读者可自行讨论矩阵系数多项式的带余除法对一般次数的除式是否仍成立.

定理 9.4.1 的证明 **必要性**. 若存在 F 上可逆矩阵 P 使得 $A = PBP^{-1}$, 则

$$\lambda I_n - A = \lambda I_n - PBP^{-1} = P(\lambda I_n - B)P^{-1}.$$

这说明 $\lambda I_n - A$ 与 $\lambda I_n - B$ 相抵.

充分性. 设 $\lambda I_n - A$ 与 $\lambda I_n - B$ 相抵. 由交换环上矩阵的性质 8.1.1 知, 存在可逆 λ-矩阵 $U(\lambda)$ 和 $V(\lambda)$ 使得 $\lambda I_n - A = U(\lambda)(\lambda I_n - B)V(\lambda)$, 那么有

$$U(\lambda)^{-1}(\lambda I_n - A) = (\lambda I_n - B)V(\lambda). \tag{9.16}$$

由引理 9.4.2 知, 存在 λ-矩阵 $Q(\lambda)$ 和 $R(\lambda)$ 及 F 上矩阵 U_0 和 V_0, 使得

$$U(\lambda) = (\lambda I_n - A)Q(\lambda) + U_0, \quad V(\lambda) = R(\lambda)(\lambda I_n - A) + V_0. \tag{9.17}$$

将 (9.17) 中第二个等式代入 (9.16) 式得

$$U(\lambda)^{-1}(\lambda I_n - A) = (\lambda I_n - B)R(\lambda)(\lambda I_n - A) + (\lambda I_n - B)V_0.$$

于是有

$$(U(\lambda)^{-1} - (\lambda I_n - B)R(\lambda))(\lambda I_n - A) = (\lambda I_n - B)V_0.$$

比较两边次数, 由于 V_0 是 F 上矩阵, 故 $U(\lambda)^{-1} - (\lambda I_n - B)R(\lambda)$ 亦必须是 F 上矩阵. 将其记为 T_0, 从而

$$T_0(\lambda I_n - A) = (\lambda I_n - B)V_0. \tag{9.18}$$

由 $T_0 = U(\lambda)^{-1} - (\lambda I_n - B)R(\lambda)$ 可得

$$U(\lambda)T_0 = I_n - U(\lambda)(\lambda I_n - B)R(\lambda).$$

由上式以及 (9.17) 中第一个等式我们有

$$\begin{aligned}
I_n &= U(\lambda)T_0 + U(\lambda)(\lambda I_n - B)R(\lambda) \\
&= U(\lambda)T_0 + (\lambda I_n - A)V(\lambda)^{-1}R(\lambda) \\
&= ((\lambda I_n - A)Q(\lambda) + U_0)T_0 + (\lambda I_n - A)V(\lambda)^{-1}R(\lambda) \\
&= U_0T_0 + (\lambda I_n - A)(Q(\lambda)T_0 + V(\lambda)^{-1}R(\lambda)).
\end{aligned}$$

比较 $I_n = U_0T_0 + (\lambda I_n - A)(Q(\lambda)T_0 + V(\lambda)^{-1}R(\lambda))$ 两边的次数可得

$$Q(\lambda)T_0 + V(\lambda)^{-1}R(\lambda) = O.$$

于是 $I_n = U_0T_0$, 即 $U_0 = T_0^{-1}$ 可逆. 代入 (9.18) 式得

$$\lambda I_n - A = U_0(\lambda I_n - B)V_0.$$

那么由引理 9.4.1 知 A 与 B 相似. $\qquad\square$

定理 9.4.1 说明域 F 上矩阵 A 的性质可以由其特征矩阵 $\lambda I_n - A$ 刻画. 因此我们将主要研究矩阵 $\lambda I_n - A$, 并将其行列式因子、不变因子、初等因子分别称为 A 的**行列式因子**、**不变因子**、**初等因子**. 特别地, 若 F 是代数闭域, 则这些因子均分裂.

由于 λ-矩阵相抵当且仅当它们有相同的行列式因子、不变因子或秩与初等因子, 并且特征矩阵总是满秩的, 因此我们有:

推论 9.4.1　　域 F 上的 n 阶方阵 A 与 B 相似当且仅当它们有相同的不变因子、行列式因子或初等因子.

此结论说明, 不变因子、行列式因子、初等因子都是域 F 上方阵的相似不变量. 因此对 F 上有限维线性空间 V 上的线性变换 φ, 可将 φ 在 V 的任意一组基下矩阵的不变因子、行列式因子、初等因子定义为 φ 的**不变因子**、**行列式因子**、**初等因子**.

需要特别指出, 特征矩阵 $\lambda I_n - A$ 的 n 阶子式即为 A 的特征多项式 $f_A(\lambda) = |\lambda I_n - A| \neq 0$, 因此 $\lambda I_n - A$ 的秩总是 n, 并且有 n 阶行列式因子

$$D_n(\lambda) = f_A(\lambda) = |\lambda I_n - A|.$$

这表明 A 的不变因子恰有 n 个, 记为 $d_1(\lambda), d_2(\lambda), \cdots, d_n(\lambda)$. 那么

$$d_1(\lambda)d_2(\lambda)\cdots d_n(\lambda) = D_n(\lambda) = f_A(\lambda).$$

我们知道, 两个 λ-矩阵相抵当且仅当它们的行列式因子、不变因子或初等因子相同. 因此由定理 8.3.4, 要讨论 F 上的 n 阶方阵 A 和 B 是否相似, 只需将 $\lambda I_n - A$ 与 $\lambda I_n - B$ 经初等变换化为对角矩阵, 再看其对角元的标准不可约分解中首一不可约多项式的方幂是否一致.

习题 9.4

1. 证明: 复数域 $\mathbb{C}$ 上的 n 阶方阵 A 与 A^{T} 相似.

2. 下列矩阵哪些相似? 哪些不相似?

$$A = \begin{pmatrix} -1 & 1 & 0 \\ -4 & 3 & 0 \\ 1 & 0 & 2 \end{pmatrix}, B = \begin{pmatrix} 3 & 0 & 8 \\ 3 & -1 & 6 \\ -2 & 0 & -5 \end{pmatrix}, C = \begin{pmatrix} 2 & 0 & 0 \\ 0 & 1 & 1 \\ 1 & 0 & 1 \end{pmatrix}.$$

3. 设 A, B 是域 F 上的 n 阶方阵, $f_i(\lambda)$, $g_i(\lambda) \in F[\lambda]$, $i = 1, 2, \cdots, n$, 满足 $f_1(\lambda)f_2(\lambda)\cdots f_n(\lambda)$ 与 $g_1(\lambda)g_2(\lambda)\cdots g_n(\lambda)$ 互素. 假设

(i) $\lambda I_n - A$ 与 $\begin{pmatrix} f_1(\lambda)g_1(\lambda) & & & \\ & f_2(\lambda)g_2(\lambda) & & \\ & & \ddots & \\ & & & f_n(\lambda)g_n(\lambda) \end{pmatrix}$ 相抵;

(ii) $\lambda I_n - B$ 与 $\begin{pmatrix} f_{i_1}(\lambda)g_{j_1}(\lambda) & & & \\ & f_{i_2}(\lambda)g_{j_2}(\lambda) & & \\ & & \ddots & \\ & & & f_{i_n}(\lambda)g_{j_n}(\lambda) \end{pmatrix}$ 相抵,

其中 $i_1 i_2 \cdots i_n$ 和 $j_1 j_2 \cdots j_n$ 是两个 n 排列. 证明 A 与 B 相似.

4. 设 a, b, c 是实数, 令

$$A = \begin{pmatrix} b & c & a \\ c & a & b \\ a & b & c \end{pmatrix}, \quad B = \begin{pmatrix} c & a & b \\ a & b & c \\ b & c & a \end{pmatrix}, \quad C = \begin{pmatrix} a & b & c \\ b & c & a \\ c & a & b \end{pmatrix}.$$

求证:

(i) A, B, C 彼此相似;

(ii) 若 $BC = CB$, 则 A 至少有两个特征值等于 0.

5. 求下列矩阵的 Jordan 标准形:

(i) $A = \begin{pmatrix} -1 & 1 & 1 \\ -5 & 21 & 17 \\ 6 & 26 & -21 \end{pmatrix}$; (ii) $B = \begin{pmatrix} 1 & 2 & 0 \\ 0 & 2 & 0 \\ -2 & -2 & -1 \end{pmatrix}$;

(iii) $C = \begin{pmatrix} 3 & 0 & 8 \\ 3 & -1 & 6 \\ -2 & 0 & -5 \end{pmatrix}$; (iv) $D = \begin{pmatrix} 3 & -4 & 0 & 0 \\ 4 & -5 & 0 & 0 \\ 0 & 0 & 3 & -2 \\ 0 & 0 & 2 & -1 \end{pmatrix}$.

6. 设 n 阶方阵

$$A = \begin{pmatrix} 0 & & & 1 \\ 1 & 0 & & \\ & \ddots & \ddots & \\ & & 1 & 0 \end{pmatrix}.$$

(i) 求 A 的行列式因子、不变因子和初等因子;

(ii) 求 A 的 Jordan 标准形.

7. 设复矩阵 $A = \begin{pmatrix} 2 & 0 & 0 \\ a & 2 & 0 \\ b & c & -1 \end{pmatrix}$, 那么 A 可能有什么样的 Jordan 标准形? 求 A 相似于对角矩阵的充要条件.

9.5 Jordan 标准形的唯一性和计算

由定理 9.3.1, 对域 F 上特征多项式分裂的任意 n 阶方阵 A, 存在可逆矩阵 P 使得 $P^{-1}AP = J$ 为 A 的 Jordan 标准形. 余下的问题是:

(i) 如何确定 Jordan 标准形 J 的唯一性?

(ii) 如何具体计算 Jordan 标准形 J?

由于 A 与 J 相似, 故由定理 9.4.1, $\lambda I_n - A$ 与 $\lambda I_n - J$ 相抵. 因此 $\lambda I_n - A$ 与 $\lambda I_n - J$ 具有相同的初等因子集. 那么对上述问题的解答方法如下:

(i) 证明 Jordan 形矩阵与初等因子集之间的唯一对应关系, 那么 A 的初等因子集对应的 Jordan 形矩阵即为 A 唯一的 Jordan 标准形.

(ii) 相应地, 可以分两步求出 A 的 Jordan 标准形 J:

第一步. 求出 $\lambda I_n - A$ 的相抵标准形, 并作因式分解求出 A 的初等因子集 S;

第二步. 求出初等因子集 S 对应的 Jordan 形矩阵 J, 此即为 A 的 Jordan 标准形.

我们应用 λ-矩阵理论来具体讨论上面的问题.

引理 9.5.1　Jordan 块

$$J_n(\lambda_0) = \begin{pmatrix} \lambda_0 & & & \\ 1 & \lambda_0 & & \\ & \ddots & \ddots & \\ & & 1 & \lambda_0 \end{pmatrix}_{n \times n}$$

的初等因子是 $(\lambda - \lambda_0)^n$. 特别地, Jordan 块可由其初等因子决定.

证明　显然特征矩阵

$$\lambda I_n - J_n(\lambda_0) = \begin{pmatrix} \lambda - \lambda_0 & & & \\ -1 & \lambda - \lambda_0 & & \\ & \ddots & \ddots & \\ & & -1 & \lambda - \lambda_0 \end{pmatrix}_{n \times n}$$

的 n 阶行列式因子为

$$D_n(\lambda) = |\lambda I_n - J_n(\lambda_0)| = (\lambda - \lambda_0)^n.$$

由于 $\lambda I_n - J_n(\lambda_0)$ 有一个 $n-1$ 阶子式

$$\begin{vmatrix} -1 & \lambda - \lambda_0 & & \\ & -1 & \ddots & \\ & & \ddots & \lambda - \lambda_0 \\ & & & -1 \end{vmatrix} = (-1)^{n-1},$$

因此 $\lambda I_n - J_n(\lambda_0)$ 的 $n-1$ 阶行列式因子为 $D_{n-1}(\lambda) = 1$.

注意到 $\lambda I_n - J_n(\lambda_0)$ 的秩为 n, 其行列式因子满足 $D_i(\lambda) \mid D_{i+1}(\lambda), i = 1, 2, \cdots, n - 1$, 故

$$D_i(\lambda) = 1, \quad i = 1, 2, \cdots, n-1, \quad D_n(\lambda) = (\lambda - \lambda_0)^n.$$

由于此时不变因子为 $d_1(\lambda) = D_1(\lambda), d_i(\lambda) = \dfrac{D_i(\lambda)}{D_{i-1}(\lambda)}, i = 2, 3, \cdots, n$, 我们得到

$$d_i(\lambda) = 1, \quad i = 1, 2, \cdots, n-1, \quad d_n(\lambda) = (\lambda - \lambda_0)^n.$$

那么 $\lambda I_n - J_n(\lambda)$ 的初等因子只有一个, 即 $(\lambda - \lambda_0)^n$. □

引理 9.5.2 设有正整数分拆 $n = k_1 + k_2 + \cdots + k_t$, 那么 Jordan 形矩阵

$$J = \begin{pmatrix} J_{k_1}(\lambda_1) & & & \\ & J_{k_2}(\lambda_2) & & \\ & & \ddots & \\ & & & J_{k_t}(\lambda_t) \end{pmatrix}_{n \times n} \tag{9.19}$$

的初等因子是 $(\lambda - \lambda_1)^{k_1}, (\lambda - \lambda_2)^{k_2}, \cdots, (\lambda - \lambda_t)^{k_t}$, 这里 λ_i 可以是相同的.

特别地, 若不考虑 Jordan 块的顺序, 则 Jordan 形矩阵由其初等因子决定.

证明 由引理 9.5.1, $J_{k_i}(\lambda_i)$ 满秩且初等因子是 $(\lambda - \lambda_i)^{k_i}$. 由于 λ-矩阵

$$A_i(\lambda) \overset{\text{def}}{=} \begin{pmatrix} 1 & & & & \\ & 1 & & & \\ & & \ddots & & \\ & & & 1 & \\ & & & & (\lambda - \lambda_i)^{k_i} \end{pmatrix}_{k_i \times k_i}$$

亦满秩且有初等因子 $(\lambda - \lambda_i)^{k_i}$, 由推论 8.3.3 可知 $\lambda I_{k_i} - J_{k_i}(\lambda_i)$ 与 $A_i(\lambda)$ 相抵. 因此分块对角 λ-矩阵

$$\lambda I_n - J = \begin{pmatrix} \lambda I_{k_1} - J_{k_1}(\lambda_1) & & & \\ & \lambda I_{k_2} - J_{k_2}(\lambda_2) & & \\ & & \ddots & \\ & & & \lambda I_{k_t} - J_{k_t}(\lambda_t) \end{pmatrix}$$

与

$$\begin{pmatrix} A_1(\lambda) & & & \\ & A_2(\lambda) & & \\ & & \ddots & \\ & & & A_t(\lambda) \end{pmatrix}$$

相抵. 由定理 8.3.4, 后者的初等因子为 $(\lambda - \lambda_1)^{k_1}, (\lambda - \lambda_2)^{k_2}, \cdots, (\lambda - \lambda_t)^{k_t}$, 因此由推论 8.3.3 前者亦然. □

定理 9.5.1   若不考虑 Jordan 块的顺序, 则域 F 上特征多项式分裂的 n 阶方阵 A 相似于唯一的一个 Jordan 形矩阵 J, 即 A 的 Jordan 标准形是唯一的.

证明   先求出特征矩阵 $\lambda I_n - A$ 的标准形

$$\begin{pmatrix} d_1(\lambda) & & & \\ & d_2(\lambda) & & \\ & & \ddots & \\ & & & d_n(\lambda) \end{pmatrix},$$

其中 $d_i(\lambda) \mid d_{i+1}(\lambda)$, $i = 1, 2, \cdots, n - 1$, 那么有 n 阶行列式因子

$$f_\varphi(\lambda) = |\lambda I_n - A| = d_1(\lambda) d_2(\lambda) \cdots d_n(\lambda).$$

由于 $f_\varphi(\lambda)$ 分裂, 对 $d_i(\lambda)$, $i = 1, 2, \cdots, n$ 作不可约分解即得所有初等因子, 记为

$$(\lambda - \lambda_1)^{k_1}, (\lambda - \lambda_2)^{k_2}, \cdots, (\lambda - \lambda_t)^{k_t}.$$

对次数有 $n = k_1 + k_2 + \cdots + k_t$. 令 J 为 (9.19) 式中的 Jordan 形矩阵, 那么 A 与 J 的初等因子均为 $(\lambda - \lambda_1)^{k_1}, (\lambda - \lambda_2)^{k_2}, \cdots, (\lambda - \lambda_t)^{k_t}$. 因此由推论 9.4.1, A 与 J 相似, 从而 J 即为 A 的 Jordan 标准形.

反之若 A 有 Jordan 标准形 J, 则 J 与 A 有相同的初等因子. 那么由引理 9.5.2, 在不考虑 Jordan 块顺序的意义下, J 由 A 唯一确定. □

注 9.5.1   定理 9.5.1 实际上给出了矩阵 Jordan 标准形存在性的一个新证明, 其证明方法与定理 9.3.1 给出的证明方法不同. 相比定理 9.3.1 而言, 定理 9.5.1 的证明事实上同时给出了 Jordan 标准形较为简单的一个计算方法, 我们将其总结如下.

方阵 A 的 Jordan 标准形的求法:

第一步. 求出 $\lambda I_n - A$ 的相抵标准形.

第二步. 由所有不变因子的因式分解求出 A 的初等因子.

第三步. 写出每个初等因子对应的 Jordan 块.

第四步. 将得到的所有 Jordan 块按任意顺序排成分块对角矩阵, 此即为 A 的 Jordan 标准形.

例 9.5.1   求矩阵 $A = \begin{pmatrix} -1 & -2 & 6 \\ -1 & 0 & 3 \\ -1 & -1 & 4 \end{pmatrix}$ 的 Jordan 标准形.

解　首先求出 $\lambda I_3 - A$ 的标准形:

$$\lambda I_3 - A = \begin{pmatrix} \lambda+1 & 2 & -6 \\ 1 & \lambda & -3 \\ 1 & 1 & \lambda-4 \end{pmatrix}$$

$$\xrightarrow[\substack{R_1-(\lambda+1)R_3 \\ R_2-R_3}]{} \begin{pmatrix} 0 & -\lambda+1 & -\lambda^2+3\lambda-2 \\ 0 & \lambda-1 & -\lambda+1 \\ 1 & 1 & \lambda-4 \end{pmatrix}$$

$$\xrightarrow[\substack{R_{13} \\ C_2-C_1,C_3-(\lambda-4)C_1}]{} \begin{pmatrix} 1 & 0 & 0 \\ 0 & \lambda-1 & -\lambda+1 \\ 0 & -\lambda+1 & -\lambda^2+3\lambda-2 \end{pmatrix}$$

$$\xrightarrow[\substack{R_3+R_2}]{} \begin{pmatrix} 1 & 0 & 0 \\ 0 & \lambda-1 & -\lambda+1 \\ 0 & 0 & -\lambda^2+2\lambda-1 \end{pmatrix}$$

$$\xrightarrow[\substack{C_3+C_2}]{} \begin{pmatrix} 1 & 0 & 0 \\ 0 & \lambda-1 & 0 \\ 0 & 0 & (\lambda-1)^2 \end{pmatrix}.$$

因此 A 的初等因子是 $\lambda-1, (\lambda-1)^2$. 由定理 9.5.1 的证明, A 的 Jordan 标准形是

$$\begin{pmatrix} 1 & 0 & 0 \\ 0 & 1 & 0 \\ 0 & 1 & 1 \end{pmatrix}.$$

$\square$

定理 9.5.1 的线性变换表述如下.

推论 9.5.1　设 φ 是域 F 上 n 维线性空间 V 上的线性变换, 其特征多项式分裂, 那么存在 V 的一组基使得 φ 在此基下的矩阵是 Jordan 形矩阵, 并且在不考虑 Jordan 块顺序的意义下, 此 Jordan 形矩阵由 φ 唯一确定.

证明　任取 V 的基 $\alpha_1, \alpha_2, \cdots, \alpha_n$, 设 φ 在此基下的矩阵是 A. 由定理 9.5.1, 存在可逆矩阵 P 使得 $J = P^{-1}AP$ 为 Jordan 形矩阵, 并且若不考虑 Jordan 块的顺序, 则 J 是唯一的. 令

$$(\beta_1\ \beta_2\ \cdots\ \beta_n) = (\alpha_1\ \alpha_2\ \cdots\ \alpha_n)P.$$

那么 $\beta_1, \beta_2, \cdots, \beta_n$ 是 V 的基且 φ 在此基下的矩阵是 J. $\square$

推论 9.5.2　设 φ 是域 F 上 n 维线性空间 V 上的线性变换, 其特征多项式分裂, 那么

(i) φ 的 Jordan 标准形中特征值为 λ_i 的 Jordan 块的个数等于几何重数 $\dim V_{\lambda_i}$;

(ii) 关于特征值 λ_i 的广义特征子空间的维数 $\dim \overline{V}_{\lambda_i}$ (称为 λ_i 的**广义几何重数**) 等于 λ_i 的代数重数.

证明 (i) 由 Jordan 标准形的唯一性和 (9.10) 式即得.

(ii) φ 的特征多项式即为 $\varphi_{\overline{V}_{\lambda_i}}$, $i = 1, 2, \cdots, s$ 的特征多项式之积. 由此即得结论. $\qquad\square$

> **注 9.5.2** 虽然由注 9.5.1, 定理 9.5.1 的证明方法比定理 9.3.1 的证明简单, 但不足之处在于定理 9.5.1 的证明并未给出推论 9.5.1 中基的构造. 而定理 9.3.1 的证明给出了实现 Jordan 标准形的 Jordan 标准基, 即为某些循环子空间直和项的循环基之并.

习题 9.5

1. 求出所有的二阶幂等复方阵.

2. 设有 Jordan 块 $J = J_n(\lambda)$, 其中 $\lambda \in \mathbb{C}^{\times}$, 求 J^k 的 Jordan 标准形, k 为整数.

3. 设 $A, B \in \mathbb{C}^{n \times n}$, $(A - I_n)^n = O$, 且存在正整数 k 使得 $A^k B = B A^k$. 求证 $AB = BA$.

4. 设 $A = \begin{pmatrix} 0 & -b \\ 1 & a \end{pmatrix}$, 其中 a, b 为实数且 $a^2 < 4b$,

$$B = \begin{pmatrix} A & & & \\ I_2 & A & & \\ & \ddots & \ddots & \\ & & I_2 & A \end{pmatrix}_{2n \times 2n}.$$

试求 λ-矩阵 $\lambda I_{2n} - B$ 的不变因子和初等因子.

5. 设 A 为 n 阶实方阵, 且 $\lambda I_n - A$ 的初等因子为

$$(\lambda - \lambda_1)^{m_1}, \cdots, (\lambda - \lambda_r)^{m_r}, (\lambda^2 - a_1\lambda + b_1)^{l_1}, \cdots, (\lambda^2 - a_s\lambda + b_s)^{l_s},$$

其中 $\lambda_i, a_j, b_j \in \mathbb{R}$ 且 $a_j^2 - 4b_j < 0$, $i = 1, 2, \cdots, r$, $j = 1, 2, \cdots, s$. 证明: A 相似于实矩阵

$$\begin{pmatrix} J_{m_1}(\lambda_1) & & & & & & & \\ & J_{m_2}(\lambda_2) & & & & & & \\ & & \ddots & & & & & \\ & & & J_{m_r}(\lambda_r) & & & & \\ & & & & B_1 & & & \\ & & & & & B_2 & & \\ & & & & & & \ddots & \\ & & & & & & & B_t \end{pmatrix},$$

其中对 $j = 1, 2, \cdots, s$, 有

$$B_j = \begin{pmatrix} A_j & & & \\ I_2 & A_j & & \\ & \ddots & \ddots & \\ & & I_2 & A_j \end{pmatrix} \in \mathbb{R}^{2l_j \times 2l_j}, \quad A_j = \begin{pmatrix} 0 & -b_j \\ 1 & a_j \end{pmatrix}.$$

6. 试将上题结论用实线性空间上线性变换的语言来叙述.

9.6 过渡矩阵和 Jordan-Chevalley 分解

我们已经证明了对域 F 上特征多项式分裂的任意 n 阶方阵 A, 必存在可逆矩阵 P 使得 $J = P^{-1}AP$ 是一个 Jordan 形矩阵, 此时可逆矩阵 P 称为 A 到 J 的**相似变换矩阵**或**过渡矩阵**. 那么如何求可逆矩阵 P? 此问题可以从 F^n 上线性变换 l_A 在不同基下的矩阵来考虑, 事实上我们知道循环子空间的循环基之并即为 Jordan 标准基, 而 Jordan 标准基作为列向量构成的矩阵即为 P. 这种方法要基于我们对 Jordan 标准基的理解, 读者可以进一步考虑如何进行具体计算.

另一方面, 也可以直接通过递推计算来求出 $P = (\alpha_1 \ \alpha_2 \ \cdots \ \alpha_n)$. 将其代入等式 $P^{-1}AP = J$, 即 $AP = PJ$ 可得

$$A(\alpha_1 \ \alpha_2 \ \cdots \ \alpha_n) = (\alpha_1 \ \alpha_2 \ \cdots \ \alpha_n)J. \tag{9.20}$$

比较等式两边的列向量, 即可得到向量的递推计算, 这相当于 n 个线性方程组的求解. 现举例说明如下.

例 9.6.1　对复矩阵

$$A = \begin{pmatrix} 2 & -1 & 1 \\ 2 & 2 & -1 \\ 1 & 2 & -1 \end{pmatrix},$$

求 A 的 Jordan 标准形 J 以及可逆矩阵 P 使得 $P^{-1}AP = J$.

解　易求出 A 有三重特征值 1, 且其 Jordan 标准形 J 是一个三阶 Jordan 块, 即

$J = \begin{pmatrix} 1 & 0 & 0 \\ 1 & 1 & 0 \\ 0 & 1 & 1 \end{pmatrix}$. 令 $P = (\alpha_1\ \alpha_2\ \alpha_3)$, 那么 $A(\alpha_1\ \alpha_2\ \alpha_3) = (\alpha_1\ \alpha_2\ \alpha_3)J$, 即得三个线性

方程组

$$(A - I_3)\alpha_3 = \mathbf{0}, \quad (A - I_3)\alpha_2 = \alpha_3, \quad (A - I_3)\alpha_1 = \alpha_2. \tag{9.21}$$

可依次解出 $\alpha_3 = \begin{pmatrix} 0 \\ 1 \\ 1 \end{pmatrix}$, $\alpha_2 = \begin{pmatrix} \frac{1}{3} \\ \frac{1}{3} \\ 0 \end{pmatrix}$, $\alpha_1 = \begin{pmatrix} \frac{2}{9} \\ \frac{1}{9} \\ 0 \end{pmatrix}$ (其中 α_3 是特征向量, α_1, α_2 是广义

特征向量), 从而得到 $P = \begin{pmatrix} \frac{2}{9} & \frac{1}{3} & 0 \\ \frac{1}{9} & \frac{1}{3} & 1 \\ 0 & 0 & 1 \end{pmatrix}$.

注意先后解得的 α_i 可能是不唯一的, 选择时需要求所得向量组线性无关, 从而保证 P 可逆. 那么由 $AP = PJ$ 即可得 $P^{-1}AP = J$.

作为另一种方法, 也可以先求 α_1. 事实上, 由引理 9.2.2, 只需选取 α_1 使得 $(A - I_3)\alpha_1, (A - I_3)^2\alpha_1$ 均非零. 当然根据 Hamilton-Cayley 定理有 $(A - I_3)^3 = O$, 故总有

$(A - I_3)^3\alpha_1 = \mathbf{0}$. 若取 $\alpha_1 = \begin{pmatrix} 1 \\ 0 \\ 0 \end{pmatrix}$, 则由 (9.21) 式可得

$$\alpha_2 = (A - I_3)\alpha_1 = \begin{pmatrix} 1 \\ 2 \\ 1 \end{pmatrix}, \quad \alpha_3 = (A - I_3)\alpha_2 = \begin{pmatrix} 0 \\ 3 \\ 3 \end{pmatrix}.$$

于是有 $P = \begin{pmatrix} 1 & 1 & 0 \\ 0 & 2 & 3 \\ 0 & 1 & 3 \end{pmatrix}$ 可逆且满足 $P^{-1}AP = J$.

由此可见, P 不是唯一的.　　　　　　　　　　　　　　　　　　　　　□

对于多个 Jordan 块的情况, 比较 (9.20) 式两边的列向量, 则可对每个 Jordan 块各得到一个循环子空间的循环基的递推计算, 因此加起来仍归结为 n 个线性方程组的求解.

最后我们简单介绍由 Jordan 标准形得到的 Jordan-Chevalley (若尔当–谢瓦莱) 分解, 它在 Lie 理论中具有重要作用.

定理 9.6.1 (Jordan-Chevalley 分解) 设 φ 是域 F 上有限维线性空间 V 上的线性变换, 其特征多项式分裂, 那么

(i) φ 有唯一的分解 $\varphi = \varphi_s + \varphi_n$, 满足 φ_s 是可对角化线性变换, φ_n 是幂零变换并且有 $\varphi_s\varphi_n = \varphi_n\varphi_s$. 此分解称为 φ 的 **Jordan-Chevalley 分解**;

(ii) 对满足 (i) 中条件的分解 $\varphi = \varphi_s + \varphi_n$, 存在常数项为 0 的多项式 $f(x), g(x) \in F[x]$, 使得 $\varphi_s = f(\varphi)$, $\varphi_n = g(\varphi)$.

读者可自行给出矩阵版本的 Jordan-Chevalley 分解.

证明 我们先证明 (ii), 这将用于证明 (i) 中 Jordan-Chevalley 分解的唯一性. (ii) 的证明通常用到关于多项式的中国剩余定理. 一般形式的中国剩余定理超出了本课程现阶段的范围, 将在《代数学 (三)》抽象代数部分中介绍. 这里我们通过推广 Lagrange 插值公式的方法来具体构造所需满足中国剩余定理的多项式.

假设有分解 $\varphi = \varphi_s + \varphi_n$, 满足 φ_s 是可对角化线性变换, φ_n 是幂零变换并且有 $\varphi_s\varphi_n = \varphi_n\varphi_s$. 我们要证明存在常数项为 0 的多项式 $f(x), g(x) \in F[x]$, 使得 $\varphi_s = f(\varphi)$, $\varphi_n = g(\varphi)$.

设 φ_s 的特征值中所有不同的非零元为 $\lambda_1, \lambda_2, \cdots, \lambda_s$, 对应的特征子空间为 $V_{\lambda_1}, V_{\lambda_2}, \cdots, V_{\lambda_s}$. 为方便统一叙述, 令 $\lambda_0 = 0, V_{\lambda_0} = \mathrm{Ker}\,\varphi$. 那么由 φ_s 可对角化总有

$$V = V_{\lambda_0} \oplus V_{\lambda_1} \oplus V_{\lambda_2} \oplus \cdots \oplus V_{\lambda_s}. \tag{9.22}$$

设正整数 N 使得 $\varphi_n^N = \mathbf{0}$, 定义多项式

$$p_i(x) = \prod_{j=0,1,\cdots,s,\, j \neq i} (x - \lambda_j)^N, \quad i = 0, 1, \cdots, s.$$

显然 $(p_0(x), p_1(x), \cdots, p_s(x)) = 1$, 因此存在 $u_0(x), u_1(x), \cdots, u_s(x) \in F[x]$, 使得

$$u_0(x)p_0(x) + u_1(x)p_1(x) + \cdots + u_s(x)p_s(x) = 1.$$

令 $f(x) = \sum_{j=1}^{s} \lambda_j u_j(x)p_j(x)$, 那么容易验证

$$(x - \lambda_i)^N \mid (f(x) - \lambda_i), \quad i = 0, 1, \cdots, s. \tag{9.23}$$

特别地, $x \mid f(x)$. 我们来证明 $f(\varphi) = \varphi_s$, 从而 $\varphi_n = \varphi - \varphi_s = g(\varphi)$, 其中 $g(x) = x - f(x)$.

由直和分解 (9.22), 只需对 $i = 0, 1, \cdots, s$ 和 $v \in V_{\lambda_i}$ 证明

$$f(\varphi)(v) = \lambda_i v = \varphi_s(v), \quad \text{即} \quad (f(\varphi) - \lambda_i \, \mathrm{id}_V)(v) = \mathbf{0}.$$

由 (9.23) 式, 只需证明 $(\varphi - \lambda_i \, \mathrm{id}_V)^N(v) = \mathbf{0}$. 由于 $\varphi_s \varphi_n = \varphi_n \varphi_s$, 我们有二项式展开

$$(\varphi - \lambda_i \, \mathrm{id}_V)^N = (\varphi_s - \lambda_i \, \mathrm{id}_V + \varphi_n)^N = \sum_{k=0}^{N} \binom{N}{k} (\varphi_s - \lambda_i \, \mathrm{id}_V)^k \varphi_n^{N-k}.$$

显然当 $k > 0$ 时, $(\varphi_s - \lambda_i \, \mathrm{id}_V)^k(v) = \mathbf{0}$, 当 $k = 0$ 时, $\varphi_n^N(v) = \mathbf{0}$. 再由 φ_s, φ_n 可交换即得 $(\varphi - \lambda_i \, \mathrm{id}_V)^N(v) = \mathbf{0}$. 这完成了 (ii) 的证明.

下面证明 (i), 即 Jordan-Chevalley 分解的存在唯一性.

存在性. 由定理 9.3.1, 存在 V 的一组基 α, 使得 φ 在 α 下的矩阵为 Jordan 形矩阵

$$J = \begin{pmatrix} J_{k_1}(\lambda_1) & & & \\ & J_{k_2}(\lambda_2) & & \\ & & \ddots & \\ & & & J_{k_t}(\lambda_t) \end{pmatrix}.$$

定义矩阵

$$J_s = \begin{pmatrix} \lambda_1 \, I_{k_1} & & & \\ & \lambda_2 \, I_{k_2} & & \\ & & \ddots & \\ & & & \lambda_t \, I_{k_t} \end{pmatrix}, \quad J_n = \begin{pmatrix} J_{k_1}(0) & & & \\ & J_{k_2}(0) & & \\ & & \ddots & \\ & & & J_{k_t}(0) \end{pmatrix},$$

那么 J_s 是对角矩阵, J_n 是幂零矩阵, $J = J_s + J_n$ 且 $J_s J_n = J_n J_s$.

设 φ_s 和 φ_n 是 V 上线性变换, 在 α 下的基分别为 J_s 和 J_n, 那么易知 $\varphi = \varphi_s + \varphi_n$ 即为 Jordan-Chevalley 分解.

唯一性. 设有 Jordan-Chevalley 分解

$$\varphi = \varphi_s + \varphi_n = \varphi_s' + \varphi_n'.$$

那么由 (ii) 知 $\varphi_s, \varphi_s', \varphi_n, \varphi_n'$ 均为 φ 的多项式, 故两两可交换. 令

$$\psi = \varphi_s - \varphi_s' = \varphi_n' - \varphi_n.$$

由 φ_s, φ_s' 可对角化且可交换, 我们可以证明 $\varphi_s - \varphi_s'$ 也可对角化. 由 φ_n, φ_n' 幂零且可交换容易证明 $\varphi_n' - \varphi_n$ 也幂零. 那么 ψ 可对角化且幂零, 由此可知 $\psi = \mathbf{0}$, 从而 $\varphi_s = \varphi_s'$, $\varphi_n = \varphi_n'$. $\qquad\square$

在上面的证明中, 我们用到了两个基本结论, 请读者作为练习给出证明:

(i) 若 n 维线性空间 V 上的线性变换 φ, ψ 可对角化且 $\varphi\psi = \psi\varphi$, 则 $\varphi + \psi$ 也可对角化;

(ii) 若 n 维线性空间 V 上的线性变换 φ 可对角化且幂零, 则 $\varphi = \mathbf{0}$.

习题 9.6

1. 设有复矩阵

$$A = \begin{pmatrix} 2 & 1 & 1 \\ -2 & 4 & 1 \\ 1 & 0 & 3 \end{pmatrix}.$$

(i) 求 A 的初等因子和不变因子;

(ii) 求 A 的 Jordan 标准形 J 以及可逆矩阵 P, 使得 $P^{-1}AP = J$.

2. 设 φ 是有限维线性空间 V 上的线性变换, W 是 V 的非平凡 φ-不变子空间, 那么有线性变换 $\varphi_W : W \to W, w \mapsto \varphi(w)$. 定义线性变换

$$\varphi_{V/W} : V/W \to V/W, \quad v + W \mapsto \varphi(v) + W.$$

求证: φ 的特征多项式等于 φ_W 和 $\varphi_{V/W}$ 的特征多项式之积.

3. 令 A, B, C 皆为 n 阶复方阵且满足 $AC = CB$, $C \neq O$. 证明 A, B 有共同的特征值.

4. 设有 Jordan 块 $J_n(\lambda) \in F^{n \times n}$, 定义线性变换 $\varphi : F^n \to F^n, v \mapsto J_n(\lambda)v$.

(i) 求 F^n 的所有 φ-不变子空间 W;

(ii) 对每个 φ-不变子空间 W, 写出 φ 诱导的商空间 F^n/W 上的线性变换.

9.7 应用: 极小多项式与相似对角化

上节中我们描述了如何对特征多项式分裂的线性变换或方阵得到 Jordan 标准形. 由定义, 对角矩阵是 Jordan 形矩阵的特例, 其 Jordan 块均为一阶的, 即为对角元. 因此矩阵的相似对角化问题可视作求 Jordan 标准形问题的特例. 这方面的讨论可以和《代数学 (一)》中相似对角化的研究联系起来. 为此我们在本节中将引入极小多项式的概念, 并用特征矩阵的不变因子来加以刻画.

(一) 极小多项式的定义与刻画

设 V 是域 F 上的有限维线性空间, φ 是 V 上的线性变换. 首先假设 φ 的特征多项式分裂, 其所有不同的特征值为 $\lambda_1, \lambda_2, \cdots, \lambda_s$, 那么关于每个特征值 λ_i 的特征子空间 V_{λ_i} 为广义特征子空间 $\overline{V}_{\lambda_i}$ 的子空间.

我们知道 φ 可对角化当且仅当 $V = \bigoplus\limits_{i=1}^{s} V_{\lambda_i}$. 由定理 9.1.1 有

$$V = \bigoplus_{i=1}^{s} \overline{V}_{\lambda_i} \supseteq \bigoplus_{i=1}^{s} V_{\lambda_i}.$$

因此 φ 可对角化当且仅当 $V_{\lambda_i} = \overline{V}_{\lambda_i}$, $i = 1, 2, \cdots, s$. 作为总结我们有:

命题 9.7.1 (i) 设 V 是域 F 上的有限维线性空间, φ 是 V 上的线性变换并且特征多项式分裂, 那么 φ 可对角化当且仅当 φ 任意一个特征值的特征子空间等于其广义特征子空间;

(ii) 设域 F 上 n 阶方阵 A 的特征多项式分裂, 那么 A 可相似对角化当且仅当 A 任意一个特征值的特征子空间等于其广义特征子空间.

下面对可相似对角化问题作进一步的具体刻画, 即通过 "极小多项式" 判定, 使其判别法更具可操作性. 首先介绍极小多项式的概念和基本性质.

设 A 是域 F 上的任意一个 n 阶方阵. 若 $f(x) \in F[x]$, $f(A) = O$, 则称 A 是 $f(x)$ 的一个**根矩阵**. 以 A 为根矩阵的非零多项式必存在, 事实上, 由 Hamilton-Cayley 定理, 对 A 的特征多项式 $f_A(x)$, 即有 $f_A(A) = O$. 在以 A 为根矩阵的非零多项式中, 称次数最低的首一多项式为 A 的一个**极小多项式**.

类似地, 设 φ 是域 F 上 n 维线性空间 V 上的任意一个线性变换. 若 $f(x) \in F[x]$, $f(\varphi) = \mathbf{0}$, 则称 φ 是 $f(x)$ 的一个**根变换**. 在以 φ 为根变换的非零多项式中, 称次数最低的首一多项式为 φ 的一个**极小多项式**. 不难证明, 若 φ 在某组基下的矩阵为 A, 则 A 的极小多项式即为 φ 的极小多项式, 反之亦然.

如上所述, Hamilton-Cayley 定理即保证了极小多项式的存在性. 下面我们主要对矩阵情形介绍极小多项式的基本理论, 对线性变换的相应结论类似可得.

性质 9.7.1 设 $g(x)$ 是矩阵 $A \in F^{n \times n}$ 的一个极小多项式, 那么 $f(x) \in F[x]$ 以 A 为根矩阵当且仅当 $g(x) \mid f(x)$.

证明 充分性显然.

必要性. 设 $f(A) = O$. 由带余除法, 存在 $q(x)$, $r(x) \in F[x]$, 满足

$$f(x) = q(x)g(x) + r(x), \quad \deg r(x) < \deg g(x).$$

于是 $r(A) = g(A) - q(A)f(A) = O$. 若 $r(x) \neq 0$, 则 $\deg r(x) < \deg g(x)$, 与 $g(x)$ 是极小多项式矛盾. 因此 $r(x) = 0$, 即 $g(x) \mid f(x)$. □

性质 9.7.2 (唯一性)　方阵 $A \in F^{n \times n}$ 的极小多项式是唯一的.

证明　设 $g_1(x), g_2(x)$ 均为 A 的极小多项式. 由性质 9.7.1, 首一多项式 $g_1(x)$ 与 $g_2(x)$ 互相整除, 故 $g_1(x) = g_2(x)$.　□

我们用 $g_A(x)$ 表示 $A \in F^{n \times n}$ 唯一的极小多项式. 类似地, 有限维线性空间上的线性变换 φ 有唯一的极小多项式, 记为 $g_\varphi(x)$.

推论 9.7.1　方阵 $A \in F^{n \times n}$ 的特征多项式 $f_A(x)$ 和极小多项式 $g_A(x)$ 满足 $g_A(x) \mid f_A(x)$.

例 9.7.1　数量矩阵 $aI_n, a \in F$ 的极小多项式是 $x - a$. 特别地, I_n 的极小多项式是 $x - 1$, 零矩阵 $O_{n \times n}$ 的极小多项式是 x. 反之以一次多项式为极小多项式的方阵必为数量矩阵.

对较特殊的矩阵 A, 可以利用 $g_A(x) \mid f_A(x)$ 来求 A 的极小多项式, 即找 $f_A(x)$ 中以 A 为根矩阵的最低次因子.

例 9.7.2　设 $A = \begin{pmatrix} 1 & & \\ 1 & 1 & \\ & & 1 \end{pmatrix}$, 求 A 的极小多项式.

解　由 $f_A(x) = |xI_3 - A| = (x-1)^3$ 可知, $g_A(x)$ 是 $(x-1)^3$ 的因子. 按次数从低到高依次计算得

$$A - I_3 \neq O, \quad (A - I_3)^2 = \begin{pmatrix} 0 & & \\ 1 & 0 & \\ & & 0 \end{pmatrix}^2 = O.$$

因此 $g_A(x) = (x-1)^2$.　□

用此方法可以证明关于 Jordan 块的如下性质, 留作练习.

性质 9.7.3　k 阶 Jordan 块

$$J_k(a) = \begin{pmatrix} a & & & \\ 1 & a & & \\ & \ddots & \ddots & \\ & & 1 & a \end{pmatrix}$$

的极小多项式是 $(x-a)^k$.

性质 9.7.4　相似矩阵有相同的极小多项式.

证明　若方阵 A, B 相似, 则存在可逆矩阵 P 使得 $B = P^{-1}AP$. 那么对任意多项式 $f(x)$, 有

$$f(B) = P^{-1}f(A)P,$$

从而 $f(A) = O$ 当且仅当 $f(B) = O$. □

根据这一事实, 由于特征多项式分裂的方阵 A 相似于 Jordan 形矩阵 J, 只需计算 J 的极小多项式, 所得即为 A 的极小多项式.

需要指出性质 9.7.4 的逆命题不成立, 即极小多项式相同的方阵未必相似. 特别地, 极小多项式相同的方阵特征多项式未必相同. 例如, 不难求出

$$
A = \begin{pmatrix} 1 & & & \\ 1 & 1 & & \\ \hline & & 1 & \\ & & & 2 \end{pmatrix} \quad \text{与} \quad B = \begin{pmatrix} 1 & & & \\ 1 & 1 & & \\ \hline & & 2 & \\ & & & 2 \end{pmatrix} \tag{9.24}
$$

的极小多项式均为 $(x-1)^2(x-2)$. 但 A, B 的特征多项式不同, 因此 A 与 B 不相似.

那么如何计算 Jordan 形矩阵的极小多项式? 性质 9.7.3 给出了 Jordan 块的极小多项式, 而 Jordan 形矩阵是由若干个 Jordan 块组成的分块对角矩阵. 下面我们给出分块对角矩阵极小多项式的一般结果.

性质 9.7.5　设 $A = \begin{pmatrix} A_1 & & & \\ & A_2 & & \\ & & \ddots & \\ & & & A_t \end{pmatrix}$, 其中 $A_1, A_2, \cdots, A_t$ 均为方阵, 那么

$$
g_A(x) = [g_{A_1}(x), g_{A_2}(x), \cdots, g_{A_t}(x)],
$$

即 $g_{A_1}(x), g_{A_2}(x), \cdots, g_{A_t}(x)$ 的最小公倍式.

证明　对任意多项式 $f(x)$, 有

$$
f(A) = \begin{pmatrix} f(A_1) & & & \\ & f(A_2) & & \\ & & \ddots & \\ & & & f(A_t) \end{pmatrix}.
$$

因此由性质 9.7.1, $f(A) = O$ 当且仅当 $f(A_i) = O, i = 1, 2, \cdots, t$, 当且仅当 $g_{A_i}(x) \mid f(x)$, $i = 1, 2, \cdots, t$, 当且仅当 $[g_{A_1}(x), g_{A_2}(x), \cdots, g_{A_t}(x)] \mid f(x)$. 由此即知

$$
g_A(x) = [g_{A_1}(x), g_{A_2}(x), \cdots, g_{A_t}(x)].
$$

□

由上述性质, 我们可对特征多项式分裂的多项式 A 给出其极小多项式的计算方法.

存在可逆阵 P, 使得 $J = P^{-1}AP$ 是 Jordan 形矩阵, 设为

$$J = \begin{pmatrix} J_{k_1}(\lambda_1) & & & \\ & J_{k_2}(\lambda_2) & & \\ & & \ddots & \\ & & & J_{k_t}(\lambda_t) \end{pmatrix}. \tag{9.25}$$

那么由性质 9.7.3, 性质 9.7.4 和性质 9.7.5 可得

$$g_A(x) = g_J(x) = [(x - \lambda_1)^{k_1}, (x - \lambda_2)^{k_2}, \cdots, (x - \lambda_t)^{k_t}]. \tag{9.26}$$

例 9.7.3　对 (9.24) 式中的矩阵 A, B, 由于 Jordan 块 $\begin{pmatrix} 1 & 0 \\ 1 & 1 \end{pmatrix}$, $(1), (2)$ 的极小多项式分别是 $(x-1)^2, x-1, x-2$, 因此

$$g_A(x) = [(x-1)^2, x-1, x-2] = (x-1)^2(x-2),$$
$$g_B(x) = [(x-1)^2, x-2, x-2] = (x-1)^2(x-2).$$

作为定理 9.5.1 及其证明的应用, 我们可以用不变因子描述极小多项式.

定理 9.7.1　设域 F 上 n 阶方阵 A 的特征多项式分裂, 那么 A 的极小多项式 $g_A(x)$ 等于其特征矩阵 $xI_n - A$ 的最高阶不变因子 $d_n(x)$.

证明　设 A 相似于 Jordan 标准形 (9.25), 那么其极小多项式 $g_A(x)$ 由 (9.26) 式给出. 由引理 9.5.2, 特征矩阵 $xI_n - A$ 的初等因子为

$$(x - \lambda_1)^{k_1}, (x - \lambda_2)^{k_2}, \cdots, (x - \lambda_t)^{k_t}.$$

由不变因子与初等因子的关系, 对 A 的任意特征值 λ, 在 $d_n(x)$ 的不可约分解中, $x - \lambda$ 的方幂即为初等因子中 $x - \lambda$ 的最高方幂. 因此

$$d_n(x) = [(x - \lambda_1)^{k_1}, (x - \lambda_2)^{k_2}, \cdots, (x - \lambda_t)^{k_t}] = g_A(x). \qquad \square$$

(二) 可相似对角化的极小多项式刻画

现在我们用极小多项式给出域 F 上方阵 A 可相似对角化的刻画. 显然特征多项式分裂是可相似对角化的必要条件. 设 A 的特征多项式分裂, 那么 A 可相似对角化当且仅当其 Jordan 标准形可相似对角化. 可以看出, 一个 Jordan 形矩阵可相似对角化当且仅当它是对角矩阵, 即每个 Jordan 块都是 1 阶的. 因此我们可以得到如下结论:

定理 9.7.2　域 F 上的 n 阶方阵 A 可相似对角化当且仅当 A 的极小多项式 $g_A(x)$ 分裂且无重根.

证明 必要性. 设有可逆矩阵 P 使得

$$P^{-1}AP = \begin{pmatrix} \lambda_1 I_{m_1} & & & \\ & \lambda_2 I_{m_2} & & \\ & & \ddots & \\ & & & \lambda_s I_{m_s} \end{pmatrix},$$

其中 $\lambda_1, \lambda_2, \cdots, \lambda_s$ 互不相同. 那么由性质 9.7.5 可得

$$g_A(x) = [x-\lambda_1, \cdots, x-\lambda_1, x-\lambda_2, \cdots, x-\lambda_2, x-\lambda_s, \cdots, x-\lambda_s] = (x-\lambda_1)(x-\lambda_2)\cdots(x-\lambda_s)$$

分裂且无重根.

充分性. 设 $g_A(x) = (x-\lambda_1)(x-\lambda_2)\cdots(x-\lambda_s)$, 其中 $\lambda_1, \lambda_2, \cdots, \lambda_s$ 互不相同. 由于 $g_A(x) \mid f_A(x)$, 因此 $\lambda_1, \lambda_2, \cdots, \lambda_s$ 均为 A 的特征值. 令 V_{λ_i} 是 A 关于 λ_i 的特征子空间, $i = 1, 2, \cdots, s$. 要证明 A 可相似对角化, 只需证明

$$F^n = V_{\lambda_1} \oplus V_{\lambda_2} \oplus \cdots \oplus V_{\lambda_s},$$

从而 F^n 有一组由 A 的特征向量构成的基.

首先关于不同特征值的特征向量线性无关, 因此 $V_{\lambda_1} + V_{\lambda_2} + \cdots + V_{\lambda_s}$ 是一个直和. 令

$$g_i(x) = \frac{g_A(x)}{x - \lambda_i} = \prod_{j \neq i}(x - \lambda_j), \quad i = 1, 2, \cdots, s.$$

那么 $(g_1(x), g_2(x), \cdots, g_s(x)) = 1$, 从而存在 $h_1(x), h_2(x), \cdots, h_s(x) \in F[x]$ 使得

$$h_1(x)g_1(x) + h_2(x)g_2(x) + \cdots + h_s(x)g_s(x) = 1.$$

这表明对任意 $v \in F^n$, 有

$$v = v_1 + v_2 + \cdots + v_s, \quad \text{其中} \quad v_i = h_i(A)g_i(A)v, \quad i = 1, 2, \cdots, s.$$

由 $g_A(A) = O$ 可得

$$(A - \lambda_i I_n)v_i = (A - \lambda_i I_n)h_i(A)g_i(A)v = h_i(A)g_A(A)v = \mathbf{0},$$

即 $v_i \in V_{\lambda_i}$, $i = 1, 2, \cdots, n$. 这证明了 $F^n = V_{\lambda_1} \oplus V_{\lambda_2} \oplus \cdots \oplus V_{\lambda_s}$. $\qquad\square$

对角矩阵是特殊的 Jordan 形矩阵, 即 Jordan 块均为一阶的, 或等价地说, 初等因子均为一次的. 又由于不变因子是初等因子之积, 因此总结上述讨论我们有

命题 9.7.2 对域 F 上的 n 方阵 A, 下面的陈述等价:

(i) A 可相似对角化;

(ii) A 的初等因子均是一次的;

(iii) A 的不变因子分裂且无重根;

(iv) A 的极小多项式分裂且无重根.

证明 (i) ⇒ (ii). 对角矩阵作为特殊的 Jordan 形矩阵, 其 Jordan 块均是一阶的, 因此初等因子均是一次的.

(ii) ⇒ (iii). 初等因子即为不变因子的不可约分解中不可约多项式的方幂.

(iii) ⇒ (iv). 若不变因子 $d_1(x), d_2(x), \cdots, d_n(x)$ 分裂, 则 A 的特征多项式 $f_A(x) = d_1(x)d_2(x)\cdots d_n(x)$ 分裂. 那么由定理 9.7.1 有 $g_A(x) = d_n(x)$.

(iv) ⇒ (i). 由定理 9.7.2 即得. □

(三) 极小多项式与循环子空间

9.2 节中引入的循环子空间在 Jordan 基的构造中起到了重要作用. 最后我们讨论极小多项式与循环子空间的关联. 首先我们引入向量的极小多项式.

定义 9.7.1 设 φ 是域 F 上有限维线性空间 V 上的线性变换. 对 $v \in V$, 使得 $f(\varphi)(v) = \mathbf{0}$ 的非零多项式 $f(x) \in F[x]$ 中存在唯一的最低次首一多项式, 称为 v 在 φ 下的**极小多项式**, 记作 $g_{\varphi,v}(x)$.

注意到若 $v = \mathbf{0}$, 则 $g_{\varphi,v}(x) = 1$. 类似方阵或线性变换的极小多项式, 上述定义中 $g_{\varphi,v}(x)$ 的存在性可由 Hamilton-Cayley 定理保证, 其唯一性亦可由性质 9.7.1 的证明方法得到. 进一步地, 易知如下结论.

命题 9.7.3 设 φ 是域 F 上有限维线性空间 V 上的线性变换, 那么

(i) 对任意非零向量 $v \in V$, 有 $g_{\varphi,v}(x) \mid g_\varphi(x)$;

(ii) 对 $f(x) \in F[x]$, $g_\varphi(x) \mid f(x)$ 当且仅当 $g_{\varphi,v}(x) \mid f(x), \forall v \in V$.

关于定义 9.2.1 中引入的 φ-循环子空间 $C_\varphi(v)$, 我们有如下主要结论.

命题 9.7.4 设 φ 是域 F 上有限维线性空间 V 上的线性变换, $v \in V$ 非零. 令 $W = C_\varphi(v)$, 那么 W 是 φ-不变的, 并且对 W 上的线性变换 φ_W 有

$$f_{\varphi_W}(x) = g_{\varphi_W}(x) = g_{\varphi,v}(x).$$

证明 由定义即知 $C_\varphi(v)$ 是 φ-不变的. 由命题 9.7.3 有 $g_{\varphi,v}(x) \mid g_{\varphi_W}(x)$, 又由于 $g_{\varphi_W}(x) \mid f_{\varphi_W}(x)$, 只需证明

$$\deg g_{\varphi,v}(x) = \deg f_{\varphi_W}(x) = \dim W = \dim C_\varphi(v).$$

若令 $d = \deg g_{\varphi,v}(x)$, 则由 $g_{\varphi,v}(\varphi)(v) = \mathbf{0}$ 易知 $\varphi^d(v)$ 可由 $v, \varphi(v), \cdots, \varphi^{d-1}(v)$ 线性表示, 即 $\varphi^d(v) \in C_{\varphi,d}(v)$, 见引理 9.2.1 中定义. 这等价于 $C_{\varphi,d}(v) = C_{\varphi,d+1}(v)$, 从而由引理 9.2.1 知,

$$\dim C_\varphi(v) \leqslant d = \deg g_{\varphi,v}(x).$$

显然又有 $\deg g_{\varphi,v}(x) \leqslant \dim C_\varphi(v)$, 因此 $\deg g_{\varphi,v}(x) = \dim C_\varphi(v)$. □

作为应用, 最后我们给出极小多项式与特征多项式相等的一个刻画.

定理 9.7.3　设 φ 是域 F 上有限维线性空间 V 上的线性变换, 特征多项式 $f_\varphi(x)$ 分裂, 那么下面的陈述等价:

(i) $f_\varphi(x) = g_\varphi(x)$;

(ii) φ 的特征子空间 V_λ 的维数均为 1;

(iii) V 是自身的 φ-循环子空间, 即存在 $v \in V$ 使得 $V = C_\varphi(v)$.

证明　(i) $\Rightarrow$ (ii). 设 $\lambda_1, \lambda_2, \cdots, \lambda_s$ 为 φ 互不相同的特征值. 若 $f_\varphi(x) = g_\varphi(x)$, 则由定理 9.7.1, 有 $f_\varphi(x) = d_n(x)$, 从而 $d_i(x) = 1$, $i = 1, 2, \cdots, n-1$. 这表明 φ 的 Jordan 标准形中对应于每个特征值 λ_i 只有一个 Jordan 块, 从而由推论 9.5.2 即知 $\dim V_{\lambda_i} = 1$.

(ii) $\Rightarrow$ (iii). 由定理 9.3.1 的证明或定理 9.2.1 可知, 每个广义特征子空间 $\overline{V}_{\lambda_i}$ 均为 φ-循环子空间, 即存在 $v_i \in \overline{V}_{\lambda_i}$, 使得 $\overline{V}_{\lambda_i} = C_\varphi(v_i)$, $i = 1, 2, \cdots, s$. 那么由命题 9.7.4,

$$g_{\varphi, v_i}(x) = (x - \lambda_i)^{m_i},$$

其中 $m_i = \dim \overline{V}_i$ 为 λ_i 的代数重数, $i = 1, 2, \cdots, s$. 令

$$v = v_1 + v_2 + \cdots + v_s.$$

由直和 $V = \overline{V}_{\lambda_1} \oplus \overline{V}_{\lambda_2} \oplus \cdots \oplus \overline{V}_{\lambda_s}$ 以及 $\overline{V}_{\lambda_i}$ 是 φ-不变的可知, 对任意 $f(x) \in F[x]$, $f(\varphi)(v) = \mathbf{0}$ 当且仅当

$$f(\varphi)(v_i) = 0, \quad i = 1, 2, \cdots, s,$$

当且仅当

$$(x - \lambda_i)^{m_i} \mid f(x), \quad i = 1, 2, \cdots, s,$$

即 $f_\varphi(x) \mid f(x)$. 这表明 $g_{\varphi, v}(x) = f_\varphi(x)$, 从而由命题 9.7.4 有

$$\dim C_\varphi(v) = \deg g_{\varphi, v}(x) = \deg f_\varphi(x) = \dim V,$$

即 $C_\varphi(v) = V$.

(iii) $\Rightarrow$ (i). 由命题 9.7.4 即得.　　　　　　　　　　　　　　□

注 9.7.1　事实上, 定理 9.7.3 中对任意线性变换 φ 都有 (i) 和 (iii) 等价, 对此特征多项式 $f_\varphi(x)$ 分裂的条件是不必要的. 而本章中的 Jordan 标准形理论亦可推广至任意方阵的相似标准形, 即所谓的有理标准形. 这将在本课程抽象代数部分作为模论的重要应用给出, 从而在更一般的理论下重新理解 Jordan 标准形.

习题 9.7

1. 求矩阵

$$A = \begin{pmatrix} a & b & & & & \\ & a & b & & & \\ & & a & & & \\ & & & c & d & \\ & & & & c & \end{pmatrix}$$

的极小多项式, 其中 $a, b, c, d \neq 0$.

2. 设 $A \in F^{n \times n}$, 令 $g_A(x), f_A(x)$ 分别是 A 的极小多项式和特征多项式. 证明: 存在正整数 k, 使得 $f_A(x) \mid g_A^k(x)$.

3. 设 $g_A(x)$ 是 n 阶复方阵 A 的极小多项式, $f(x)$ 是次数大于零的复多项式. 证明: 对 A 的任意一个特征值 λ 均有 $f(\lambda) \neq 0$ 的充要条件是 $(g_A(x), f(x)) = 1$.

4. 求欧氏空间 $\mathbb{R}^n$ 上反射变换的极小多项式.

5. 设 $A \in F^{n \times n}$, 令 $g_A(x)$ 是它的极小多项式. 证明: 若 λ 是 A 的特征值, 则 $g_A(\lambda) = 0$.

6. 设 V 是域 F 上的有限维线性空间, φ 是 V 上的线性变换.

(i) 证明存在正整数 k, 使得 $\mathrm{id}_V, \varphi, \varphi^2, \cdots, \varphi^k$ 在 $\mathrm{End}_F(V)$ 中线性相关;

(ii) 设 k 是使得 $\mathrm{id}_V, \varphi, \varphi^2, \cdots, \varphi^k$ 线性相关的最小正整数, 求证: 存在唯一的 $a_0, a_1, \cdots, a_{k-1} \in F$, 使得

$$\varphi^k + a_{k-1}\varphi^{k-1} + \cdots + a_1\varphi + a_0\mathrm{id}_V = \mathbf{0},$$

且此时 $g(x) = x^k + a_{k-1}x^{k-1} + \cdots + a_1 x + a_0$ 是 φ 的极小多项式.

7. 求证: 对任意一个 n 次首一多项式 $f(x) \in F[x]$, 存在 $A \in F^{n \times n}$ 使得 $g_A(x) = f(x)$.

8. 设 V 是域 F 上的有限维线性空间, $\varphi : V \to V$ 是线性变换. 求证: 若特征多项式 $f_\varphi(x)$ 在 F 上不可约, 则 φ 没有非平凡的不变子空间, 且 φ 的极小多项式等于 $f_\varphi(x)$.

9. 设 $A \in F^{n \times n}$, 定义线性变换 $\varphi = l_A : F^n \to F^n$, $x \mapsto Ax$. 设 $v \in F^n$ 是非零向量, $g_{\varphi,v}(x) = x^k + a_{k-1}x^{k-1} + \cdots + a_1 x + a_0$. 令 $\beta = \{v, Av, \cdots, A^{k-1}v\}$, $W = \mathrm{Span}\,\beta$.

(i) 证明 W 是 φ-不变子空间, 且 β 是它的一组基;

(ii) 写出 φ_W 在基 β 下的矩阵.

10. 设 n 阶方阵 A 可逆, 其极小多项式 $p(\lambda)$ 与特征多项式 $f(\lambda)$ 相同. 证明: A^{-1} 的极小多项式为 $p(0)^{-1}\lambda^n p(\lambda^{-1})$.

11. 求证: 复方阵 A 正规当且仅当存在酉矩阵 U 使得 $A^{\mathrm{H}} = AU$.

12. 求证: 若 n 阶方阵 A 幂零, 则必有 $A^n = 0$.

13. 证明: n 阶幂零矩阵 A 的特征多项式为 λ^n, 即幂零矩阵的特征值均为 0.

14. 设 A 为幂零复方阵, k 为其 Jordan 标准形中 Jordan 块的最大阶数. 求证: $A^k = O, A^{k-1} \neq O$.

15. 求证: 对任意 n 阶复方阵 A, 存在矩阵 B 使得 $AB = BA$, 并且 B 的特征多项式等于其极小多项式.

参考文献

[1] Axler S. 线性代数应该这样学. 3 版. 杜现昆, 刘大艳, 马晶, 译. 北京: 人民邮电出版社, 2016.

[2] Bass H, Connell E H, Wright D. The Jacobian Conjecture: Reduction of Degree and Formal Expansion of the Inveres. Bull. Amer. Math. Soc., 1982, 7(2): 287–330.

[3] 北京大学数学系前代数小组. 高等代数. 5 版. 北京: 高等教育出版社, 2019.

[4] 陈发来, 陈效群, 李思敏, 等. 线性代数与解析几何. 2 版. 北京: 高等教育出版社, 2015.

[5] 陈建龙, 周建华, 张小向, 等. 线性代数. 3 版. 北京: 科学出版社, 2023.

[6] Colmez P. 分析与代数原理 (及数论): 第一卷. 2 版. 胥鸣伟, 译. 北京: 高等教育出版社, 2018.

[7] 丁南庆, 刘公祥, 纪庆忠, 等. 高等代数. 北京: 科学出版社, 2021.

[8] 杜妮, 林亚南, 林鹭, 等. 高等代数. 2 版. 北京: 高等教育出版社, 2022.

[9] 杜现昆, 徐晓伟, 马晶, 等. 高等代数. 北京: 科学出版社, 2017.

[10] Essen A V D. Polynomial Automorphisms and the Jacobian Conjecture. Birkhäuser, 2000.

[11] Friedberg S H, Insel A J, Spence L E. Linear Algebra. 5th ed. London: Pearson Education Inc., 2019.

[12] 戈德门特 R. 代数学教程. 王耀东, 译. 北京: 高等教育出版社, 2013.

[13] 郭聿琦, 岑嘉评, 徐贵桐. 线性代数导引. 北京: 科学出版社, 2003.

[14] Hungerford T W. Algebra. New York: Springer-Verlag, 1980.

[15] 黄廷祝, 何军华, 李永彬. 高等代数. 3 版. 北京: 高等教育出版社, 2024.

[16] 黄正达, 李方, 温道伟, 等. 高等代数: 上册. 2 版. 杭州: 浙江大学出版社, 2013.

[17] 李方, 黄正达, 温道伟, 等. 高等代数: 下册. 2 版. 杭州: 浙江大学出版社, 2013.

[18] 柯斯特利金 A. 代数学引论: 第一卷. 张英伯, 译. 北京: 高等教育出版社, 2006.

[19] 柯斯特利金 A. 代数学引论: 第二卷. 张英伯, 译. 北京: 高等教育出版社, 2006.

[20] 柯斯特利金 A. 代数学习题集. 4 版. 丘维声, 译. 北京: 高等教育出版社, 2018.

[21] 蓝以中. 高等代数简明教程: 上册. 3 版. 北京: 北京大学出版社, 2023.

[22] 蓝以中. 高等代数简明教程: 下册. 3 版. 北京: 北京大学出版社, 2023.

[23] 李尚志. 线性代数 (数学专业用). 北京: 高等教育出版社, 2007.

[24] 刘绍学. 近世代数基础. 2 版. 北京: 高等教育出版社, 2012.

[25] 孟道骥. 高等代数与解析几何: 上册. 3 版. 北京: 科学出版社, 2014.

[26] 孟道骥. 高等代数与解析几何: 下册. 3 版. 北京: 科学出版社, 2014.

[27] 丘维声. 高等代数: 上册. 北京: 北京大学出版社, 2019.

[28] 丘维声. 高等代数: 下册. 北京: 北京大学出版社, 2019.

[29] 盛为民, 李方, 韩刚, 等. 高等代数与解析几何: 上册. 北京: 科学出版社, 2024.

[30] 盛为民, 李方, 韩刚, 等. 高等代数与解析几何: 下册. 北京: 科学出版社, 2024.

[31] 谈胜利, 陆俊, 吕鑫. 代数几何. 北京: 高等教育出版社, 2024.

[32] 席南华. 基础代数: 第一卷. 北京: 科学出版社, 2016.

[33] 席南华. 基础代数: 第二卷. 北京: 科学出版社, 2021.

[34] 席南华. 基础代数: 第三卷. 北京: 科学出版社, 2021.

[35] 谢启鸿, 姚慕生, 吴泉水. 高等代数学. 4 版. 上海: 复旦大学出版社, 2022.

[36] 许以超. 线性代数与矩阵论. 2 版. 北京: 高等教育出版社, 2008.

[37] 王卿文, 杨建生, 张琴. 线性代数. 2 版. 北京: 高等教育出版社, 2022.

[38] 杨义川, 周梦. 高等代数. 北京: 高等教育出版社, 2023.

[39] 张英伯, 王恺顺. 代数学基础: 上册. 北京: 北京师范大学出版社, 2016.

[40] 张英伯, 王恺顺. 代数学基础: 下册. 北京: 北京师范大学出版社, 2016.

[41] 朱富海, 陈智奇. 高等代数与解析几何. 北京: 科学出版社, 2018.

索引

读者意见反馈

为收集对教材的意见建议，进一步完善教材编写并做好服务工作，读者可将对本教材的意见建议通过如下渠道反馈至我社。

咨询电话　　400-810-0598

反馈邮箱　　hepsci@pub.hep.cn

通信地址　　北京市朝阳区惠新东街4号富盛大厦1座
高等教育出版社理科事业部

邮政编码　　100029

防伪查询说明

用户购书后刮开封底防伪涂层，使用手机微信等软件扫描二维码，会跳转至防伪查询网页，获得所购图书详细信息。

防伪客服电话　　(010) 58582300

图书在版编目（CIP）数据

代数学 . 二 / 李方等编著 . -- 北京：高等教育出版社，2024. 8（2025. 8 重印）. -- ISBN 978-7-04-063033-6

Ⅰ . O15

中国国家版本馆 CIP 数据核字第 20245EA653 号

Daishuxue

策划编辑	高　旭	出版发行	高等教育出版社
责任编辑	张晓丽　高旭	社　　址	北京市西城区德外大街4号
封面设计	王凌波　贺雅馨	邮政编码	100120
版式设计	徐艳妮	购书热线	010-58581118
责任绘图	黄云燕	咨询电话	400-810-0598
责任校对	刘娟娟	网　　址	http://www.hep.edu.cn
责任印制	赵义民		http://www.hep.com.cn
		网上订购	http://www.hepmall.com.cn
			http://www.hepmall.com
			http://www.hepmall.cn

印　　刷	北京盛通印刷股份有限公司
开　　本	787mm×1092mm　1/16
印　　张	15.25
字　　数	300千字
版　　次	2024年8月第1版
印　　次	2025年8月第2次印刷
定　　价	39.80元

本书如有缺页、倒页、脱页等质量问题
请到所购图书销售部门联系调换

版权所有　侵权必究
物 料 号　63033-A0

数学"101 计划"已出版教材目录